产品管理与运营系列丛书

数据产品经理 实战进阶

杨楠楠 李凯东 陈新涛 萧饭饭 胡玉婷 曹 畅
谷坤明 俞京江 赫子敬 贺 园 刘 扬 朱诗倩 著

DATA PRODUCT MANAGER

FROM NOVICE TO EXPERT

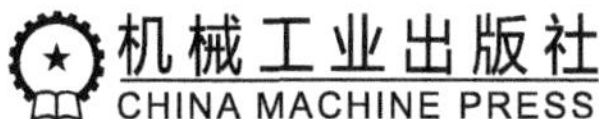

图书在版编目（CIP）数据

数据产品经理：实战进阶 / 杨楠楠等著 . —北京：机械工业出版社，2020.8（2023.3 重印）
（产品管理与运营系列丛书）

ISBN 978-7-111-66239-6

I. 数… II. 杨… III. 数据处理 – 产品设计 IV. TP274

中国版本图书馆 CIP 数据核字（2020）第 142560 号

数据产品经理：实战进阶

出版发行：机械工业出版社（北京市西城区百万庄大街 22 号 邮政编码：100037）

责任编辑：罗词亮 责任校对：李秋荣

印 刷：固安县铭成印刷有限公司 版 次：2023 年 3 月第 1 版第 8 次印刷

开 本：170mm × 230mm 1/16 印 张：20.25

书 号：ISBN 978-7-111-66239-6 定 价：89.00 元

客服电话：（010）88361066 68326294

赞誉

每类产品经理都有自己擅长的武器，有人善于交互体验，有人偏好技术钻研，有人专注于商业模式，还有一类产品经理数据思维特别强，对数据信息的发生、传递、价值特别敏感，因此他们把数据作为自己改变世界的武器。本书系统介绍了什么是数据产品以及数据产品经理需要哪些专业技能。通过阅读本书，你可以快速了解什么是数据中台、什么是指标体系、什么是数据服务应用。希望它可以带你进入数据的世界，掌握数据这把武器。

——任寅姿（影姿） 资深数据产品专家 / 数澜科技创新事业部总经理

数据产品经理是一个“年轻”的职业，但却承载了所有“古老”的难题——从业务的可持续增长，到企业自身的降本增效，再到建立业务和技术上的竞争壁垒等。这样的职业使命为数据产品经理带来了多样的发展方向和复杂的成长路径。本书几乎能满足你对数据产品经理职位的所有渴望，既有概念讲解和求职指南，也有通用的方法论，当然，也少不了对时下流行应用场景的详细拆解。如果你正准备深入学习数据产品经理的相关知识，那么这本书是个不错的选择。

——李阳 京东数科高级数据产品经理 /
《数据产品经理宝典》《产品增长力》作者

在产品演进的过程中，数据扮演的角色越发重要。无数据，不智能，画像、搜索、推荐在产品的后续迭代中甚至都成了标配能力，产品和运营的决策都需要数据做支撑。在搭建产品数据架构的过程中，有很多坑要踩，而市面上并没有好的学习资料，我之前只能盲人摸象，与研发团队一点点在实践中整理出方法论。本书的作者们将自己的经验抽象和提炼出来，提供了很好的辅助和指引，能让读者在开始搭建产品的数据服务时就从长远考虑，从而省去很多不必要的摸索过程。

——李明骏　字节跳动 AI 产品经理

序一

如书中所述，GrowingIO 自创立之初，就希望帮助企业建立水资源使用系统，让数据像水资源一样在企业中流动，准确、高效、易用，提升整个企业使用数据的意愿和效率，赋予企业高效数据驱动的能力。

过去五年，服务了上千家客户后，我越来越深刻地体会到数据规划、数据治理、数据应用等对企业的价值和意义。且随着流量成本倍增、粗放式经营失效等，企业越来越关注用户体验，开始直连用户，沉淀用户数据资产，分析和应用数据来推动业务增长；市场对此的需求和认知在不断提升，实践也越来越丰富和深入。

数据驱动，表面上看是个执行问题，但背后反映的是流程、用户体验、商业、数据四个维度的集合，是给管理者的战略指导方针。这是一项复杂且专业的工作。

我非常开心，看到有越来越多数据产品经理等与数据驱动相关的新职能在帮助企业落地这项工作。以杨楠楠、李凯东、陈新涛、萧饭饭等为代表的优秀数据产品经理不仅在企业内落地实践，还用实践和思考反哺数据增长这个领域，一起出版这本《数据产品经理》，他们既专业又努力。其中陈新涛还是我的前同事，在 GrowingIO 创立初期，我们曾经一起工作过，很开心看到他现在的成长。期待未来能有更多的数据产品经理帮助企业真正实践数据驱动。

很荣幸在这个过程中，GrowingIO 能够帮助年轻一代的产品经理成长，希望未来能够与更多数据产品经理携手，不断迭代和加速数据治理和规划的过程，帮助企业高效增长。

张溪梦

GrowingIO CEO

序二

数据会对业务产生非常直接的影响，会影响业务负责人对业绩现状和团队努力的认知、对驱动因素的深层次思考，进而影响其对业务方向的长期判断。这里面，数据产品经理是极其重要的承载环节，他们直接决定了业务负责人和分析团队的同事对于数据的获取速度、获取准确度及获取方式。我在有限的互联网工作经历中，都深刻感受到了一个优秀的数据产品经理对于整个公司业务的巨大推动作用。

近年来，数据产品经理距离业务越来越近，很多数据产品经理与数据分析师之间的界限日趋模糊。很高兴在这样一个变革的时代，新涛和几个数据产品行业的老朋友基于多年的一线实践和系统思考，总结了很多可被广泛应用的经验，我相信本书会对从事数据产品行业的人士有巨大帮助。

这个行业越来越被强烈需要，这个行业刚刚开始，这本书来得非常及时。

马宏彬

快手高级副总裁

作者简介

杨楠楠

资深数据产品经理，擅长数据分析，为多家世界500强公司提供过数据分析服务，能在数据、产品、运营、市场等多个方面发挥数据价值。擅长策略产品，在广告、电商等领域有较多经验，为多家厂商提供过流量变现服务。维护有数据产品经理的知乎专栏和社群，本书的合著者全部为专栏的粉丝。

李凯东

某视频媒体的大数据负责人，前京东数据中台应用数据平台部负责人、京东商城算法专家委员会核心委员，阿里天池数据科学家。京东研发最高成就奖项“杰出成就奖”获得者，在京东期间曾主导智慧营销，单条产品线GMV增长数十亿；创办京东大数据比赛平台JData，并成功举办全世界最大的单体大数据比赛。有9年创业经历，在社交、电商、O2O等领域有多年经验和深刻见解，公司于2014年以4000万元估值被收购。

陈新涛

58转转前数据总监、美团外卖首任数据负责人，拥有多年数据产品及分析经验，擅长带领团队搭建企业级数据中台，以及结合企业战略分析数据并提供增长策略。曾负责从0到1搭建美团外卖数据平台，其中智能业绩系统为外卖事业部赢得首个美团点评集团大奖。任转转数据总监期间，带领数据产品及分析团队搭建公司数据中台，为各业务线提供分析支持，并连续两年培养出公司最佳员工，获得高管团队及合作方的高度认可。

萧饭饭

高级数据产品经理，擅长用算法解决业务问题。资深策略产品经理，从0

到 1 负责过完整的搜索、推荐、个性化 push 及用户画像项目，并持续优化，曾打造亿级 DAU 产品策略。精通用户增长策略，尤其擅长 C 端产品的打磨和创新型功能设计，以及以提升新老留存为路径的增长模式。

胡玉婷

高级数据产品经理，在内容文娱、电商、大数据等多个行业具备丰富的数据产品经验，具备丰富的埋点设计和数据采集经验。拥有 2B 应用型数据产品及 BI 平台型数据产品经验，主导的大数据分析平台服务于亿级用户量 App 进行用户行为分析。曾多次受到微软中国及微软美国总部表彰，2015 年被微软美国总部表彰为“2014 年度优秀 MSP”。

曹畅

资深数据产品经理，曾就职于国内某大型智能语音技术提供商。主要研究企业数据标准建设与数据管理方法论，以及用户行为数据标准。曾主导制定某上市公司子公司的企业数据标准。

谷坤明

某 TMD 公司大数据平台数据产品经理。擅长智能 BI 类产品，曾提升数千名员工的数据应用效率，实现数据驱动业务发展的目标。擅长数据服务类产品，擅长全套指标体系搭建和可视化、服务化 API 的产品方案。拥有较丰富的数据可视化经验，深度参与公司一站式数据消费应用平台。

俞京江

某知名地产集团金融事业群产品负责人，有 9 年互联网金融行业产品设计经验，多年产品团队管理经验，精通金融行业产品的业务流程及功能设计。独立负责过 500 亿交易规模的 App 的版本迭代，独立负责过单日破亿交易额的营销活动。有丰富的用户增长和营销获客实战经验，善于搭建体系化的营销服务管理系统，包括精细化运营平台、自动化营销平台、SCRM 等。

赫子敬

次元降维创始人，有 8 年数据产品和数据分析经验，曾在多家大型企业担任数据负责人，精通全栈数据链路和数据策略。滴滴现代交通安全数据开创者，2016 年帮助滴滴平台将安全事故降低 20%，在技术方面实现重大突破；2018 年全面负责爱奇艺 AI 产品线，帮助爱奇艺在内容制作、生产、分发环节全链路应用 AI 产品，大幅提升业务指标。

贺园

资深数据产品经理，曾在宜信、京东数科等多家知名互联网金融公司从事数据产品相关工作，擅长偏技术类数据产品的设计。曾负责从 0 到 1 搭建公司的 A/B 测试平台，设计标签和用户画像平台，以及搭建公司级数据资产管理系统。

刘扬

数据产品专家，曾就职于用友、唯品会，在数据采集与埋点、数据 ETL、数据建模与分析、数据应用方面均有丰富的实战经验。先后做过搜索、推荐、算法、大数据平台、A/B 测试系统等不同形态的数据产品。精通 SQL，懂 Python 及主流挖掘算法，擅长基于 A/B 测试的数据驱动理论的价值挖掘和产品落地。

朱诗倩

曾任某 Google 系独角兽公司数据科学产品线负责人，现任某世界 500 强公司科技事业部数据负责人，擅长利用数据驱动业务增长，在集团跨业务板块数字化转型方面有独特经验。在教育、地产、金融领域拥有企业级数据产品和数据营销实战经验，多次完成产品体系和数据平台从 0 到 1 的搭建。

前言

为什么要写本书

本书诞生于数据产品经理社群。

四年前，我开始在知乎上写关于数据产品经理的专栏，几个月间就有几千名读者关注我、加我微信，于是我就建立了数据产品经理的微信群。

很多人在群里问，有没有一本可以让数据产品经理系统学习的书？

市面上并没有这样一本理想的书，问的人多了，我决定自己写一本。

考虑到数据产品经理种类众多，而个人经历只涉及其中的一类，于是我在群里召集大家一起写。

响应者众，有 20 多名数据产品经理报上来 30 章内容，超出了我的预期。而我与他们逐个沟通之后，发现每个人手里都有足够好的项目，且在自己的领域内也有足够深的资历来传播经验。

于是我们与机械工业出版社华章公司的策划编辑杨福川商量，决定出两本书：一本讲专业知识，定名《数据产品经理：实战进阶》；一本讲案例，暂名《数据产品经理：解决方案与案例分析》。

读者对象

- 数据产品经理：完善数据知识体系，规划职业成长路径。
- 企业领导者：了解数据团队如何在数据、产品、运营、市场等多个方面产生价值。

- 想要转行数据产品经理的新手：了解数据产品经理具体的工作内容。

本书特色

- 本书系统讲述了数据产品经理需要掌握的高阶知识。
- 本书有多位知名公司的数据产品经理参与，读者可以体会到在不同的公司中数据是如何发挥价值的。

如何阅读本书

数据产品经理是个年轻的职业，是伴随大数据技术的成熟而诞生的。数据产品经理的职责是围绕数据构建解决方案，从获取数据的埋点到数据治理，从数据提取到数据可视化，从数字营销到广告，从搜索到千人千面的推荐，从风控到规划，从预测到 AI。产品经理的主要能力是产品思维的构建、用户体验和系统功能的综合掌握，而数据产品经理则不仅需要以上能力，还需要对数据有更专业的认知，对业务有更深刻的理解。对于上述每一个数据领域，数据产品经理都需要花费一定的时间深耕才能掌握，再结合对相关业务的深刻理解，才能让数据发挥最大的价值。

在三四年处理众多问题和解答咨询的过程中，我发现数据产品经理的成长主要分为以下两个阶段。

1）初级 / 中级阶段：主要关注自己怎样才能在团队中发挥更大作用。很多产品经理要么是在满足业务或老板的需求，要么是在帮算法工程师标数据，价值感不足。

2）中级 / 高级阶段：主要关注怎么让数据为公司业务创造价值。

本书的每个作者都已经跨越了上述两个阶段，他们是这个行业的中坚力量，也愿意为这个行业奉上自己的经验与思考。

《数据产品经理：解决方案与案例分析》一书，主要以案例的形式回答数据产品经理在第二个阶段关心的问题，每个案例都是业内非常好的项目，给公司带来了较大的收益。

而《数据产品经理：实战进阶》这本书，旨在帮助读者构建数据产品经理的知识结构，渡过第一个阶段。

1）为了让读者进一步了解数据产品经理，我们提供了数据产品的行业视野、产品经理自身的能力要求以及应聘和招聘流程（第 1 章）。

2）为了让读者成为团队的驱动力，我们提供了通用能力模块，包括数据分析能力、产品经理的项目运转能力（第 2、3 章）。

3）仅数据部门使用数据无法做到数据驱动，只有让公司的每个部门、每个人都能方便快捷地使用数据做决策，才算是数据赋能，才能够极大提升整个公司的数据水平——而这需要良好的数据建设能力。所以，我们介绍了从数据采集到数据治理、应用、能力输出整个链条的内容。

- 数据采集：埋点体系（第 4 章）。
- 数据治理：数据中台、指标体系、数据管理。数据治理是数据建设的基础，所以我们用 3 章（第 5、6、8 章）来介绍这一部分。
- 得到不同用户的反馈，有助于快速迭代：A/B 测试系统（第 7 章）。
- 数据能力输出，将数据赋能于各个部门：数据服务（第 9 章）。

4）策略产品可以直接将数据变现，是个非常重要的数据产品方向，我们提供了搜索、用户画像（第 10、11 章）等常见的策略产品知识。

不同的公司对数据的要求不同，有些公司更关注直接进行数据变现的能力，有些公司则更关注数据建设的能力。那一个新手要不要了解这么多内容？

这里提供一个做事的思路：不要自我设限。你只有先留意了这些内容，才会对公司的数据现状进行思考和认知积累，才能知道公司的数据中藏有哪些机会。

产品管理的主动权应该是产品经理自己争取来的，而不能等待别人给你。在你去争取时，我们希望本书中的内容是你最好的武器。

作者分工

本书共有 12 位作者参与撰写，具体分工如下：

第 1 章　全面认识数据产品经理——陈新涛、朱诗倩

第 2 章　数据分析方法论——杨楠楠

第 3 章　产品路线图——俞京江

第 4 章　数据埋点体系——李凯东

第 5 章　数据中台——李凯东

第 6 章　数据指标体系——胡玉婷

第 7 章　A/B 测试系统搭建——贺园、刘扬

第 8 章　数据管理——赫子敬、曹畅

第 9 章　数据服务——谷坤明

第 10 章　策略产品详解：以搜索系统为例——萧饭饭、李凯东

第 11 章　用户画像——萧饭饭、杨楠楠

勘误和支持

由于作者较多，水平有限，写作时间仓促，加之技术不断更迭，书中难免会出现一些错误或者不准确的地方，恳请读者批评指正。如果你有更多宝贵意见，欢迎发送邮件至 yfc@hz.cmpbook.com。

致谢

非常感谢我的 11 名合作者，他们在百忙的工作之余，牺牲自己的休息时间，辛苦写作。

感谢机械工业出版社的策划编辑杨福川，在这半年多的时间里始终支持我们写作，对本书的架构和写作提出宝贵意见。

感谢项目经理徐湲策——同时协调两本书的 20 位作者是件非常辛苦且琐碎的事情。在项目启动后的前半个月，我几乎都在协调，没有时间写书，可见这份工作实在是占用时间和精力。于是我在群里寻找项目经理，小徐主动站出来承担了这个任务，并展现了他在项目管理方面的专业性。

感谢参与本书试读的多名志愿者及早期的忠实读者，他们提出的宝贵意见对

提升本书的质量有很大帮助，他们是黄宇、梦婷、范昱辉、王资涵、陈汶鑫等。

感谢数据产品群千余名成员，大家的讨论和分享很有价值。

谨以此书献给数据产品经理路上的前行者！

杨楠楠

2020 年 8 月

目录

第1章 全面认识数据产品经理

近些年来，产品经理的一个新的分支——数据产品经理正在兴起。一方面，很多企业开始意识到大数据对于企业管理和精细化运营的重要性，着手招聘大量数据相关的从业人员，开发各种数据产品。其中数据产品经理是企业数据化战略的重中之重。另一方面，作为一个新兴且需要大量理论基础及实战经验培养的职业，市面上优秀的数据产品经理寥寥可数，整个人才市场供远小于求。基于此，本章会先从数据产品的定义开始介绍，然后逐步延伸到不同类型的产品特征、设计思路以及优秀的数据产品代表。对数据产品有了基本概念后，我们再介绍数据产品经理的职位类型、能力模型，以及应聘和招聘流程。最后，我们会通过若干个案例来帮助读者更好地理解本章内容。希望通过这一章的介绍，能够让大家更全面地了解数据产品，进而更全面地认识数据产品经理。

1.1 什么是数据产品

这一节介绍最基础的概念，包括什么是数据产品、数据产品的组成部分及产品类型，做到知其然，亦知其所以然。

1.1.1　数据产品定义

数据产品是一种降低用户使用数据的门槛，并发挥或提高数据价值的产品类型，与之对应的有用户产品和商家产品等。负责设计、维护和优化数据产品的人，我们称其为“数据产品经理”。

1.1.2　数据产品组成

一个完整的数据产品通常由采集清洗、计算管理、分析展示和挖掘应用四个部分组成。

（1）采集清洗

采集指的是产品通过各种技术手段，将现实世界的信息线上化之后，再传输到企业的服务器和数据库中。根据采集源头的不同，可以分为日志信息采集和业务库表采集两种。前者主要是从各种联网设备中采集，有 App 日志、服务器日志和智能设备日志等；后者一般从企业的业务数据库中获取，如电商企业中用户的下单数据、支付数据等。为了准确采集这些内容，我们会构建一套埋点系统来进行规范和管理（具体参见第 4 章）。由于采集的信息一般会存在数据缺失或冗余、数据错报等情况，因此不能直接使用，需要一个预定义的清洗流程进行整理和优化。

（2）计算管理

从严格意义上说，这些经过初步采集和清洗得到的信号尚不能称为“数据”，因为此时人们并不能根据这些信号扩大自己对客观世界的认知。这就仿佛川流不息的车辆在你面前呼啸而过，但你却不知道这意味着什么。这些信号，只有根据不同的业务场景和需求汇总计算之后，才能称为“数据”。此时，你便可以知道，在刚才过去的 10 秒里你面前驶过了 25 辆车，和昨天同段时间对比略微偏高，因为今天是周五，大家下班早。

数据分为度量、指标和维度，它们随着业务的进展会逐渐膨胀，变得十分复杂。我们可以构建一套元数据管理系统来更好地管理这些数据（详见第 8 章）。

（3）分析展示

存放起来的这些数据，就像乐高积木一样，需要经过合适的分析思维和展示方案进行组装，才能变成漂亮的模型，发挥相应的数据价值。合适的分析模型可以大幅降低用户使用数据的门槛，更好地获取数据背后的洞察，如漏斗分析模型和留存分析等。同时，这些分析思维需要搭配一定的可视化工具才能更好地传达。

（4）挖掘应用

除了分析展示外，数据的价值还体现在与业务结合的挖掘和应用上。通用的业务场景有搜索、推荐、排序和风控四种，数据通过构建合适的策略和模型来提高这些场景的业务效率，如用户画像、反作弊模型、推荐展示策略等（第 11 章系统介绍了用户画像）。同时，也有基于某些特定业务场景的数据应用，如针对销售推广人员的数字化绩效系统和针对客户留存唤醒的精细化用户运营系统等。

1.1.3　数据产品类型

根据产品的使用对象，我们可以将数据产品分为三大类：用户数据产品、商用数据产品和企业数据产品。

用户数据产品一般面向普通用户提供数据查询服务，如 Google 推出的 Google Trends，其特点是任何用户均可访问，数据经过一定程度的提炼便于使用和分析。商用数据产品则是由企业开发，为其他企业或商家等实体提供数据服务，如 GrowingIO 和阿里巴巴的生意参谋。而企业数据产品则是由企业自建自用，主要目的是降低员工使用数据的门槛，辅助人员作出决策和提高业务效率。1.2 节将会详细讲解每一类数据产品的特性、市场情况和设计理念。

更加宽泛地来讲，我们甚至可以再分出一类叫“泛化数据产品”，特指那些看起来与数据没有太大关系，但本质上也是利用数据来优化用户使用体验和提高商业效率的互联网产品形式。举例来讲，Google 通过收集互联网上所有的网页内容并分析它们的访问数据，经过一套基于 PageRank 的复杂算法，大幅提高用户搜索内容的精确度。同时根据用户的搜索和浏览习惯，推测他们的偏好再精准投放广告，实现商业变现。从这个角度讲，包括 Google、百度在内的搜索引擎都是数据产品。无独有偶，马云在多年前就提出“阿里巴巴要做的不是 GMV 公司，而是数据公司”，逻辑大体类似。更甚于此的是，《人类简史》作者尤瓦尔·赫拉利（Yuval Harari）宣称：“数据将取代以往的宗教成为人类未来的信仰，数据宗教将在下一个时代征服世界。”可以看到，无论是在经济、政治还是宗教领域，大数据和数据产品在可预见的未来都将扮演越来越重要的角色，新一轮的爆发指日可待。

1.1.4 数据产品衡量

我们一般采用准确性、及时性、全面性、易用性四个维度来评估数据产品，排列的顺序也是其重要性的体现。

- 准确性。准确性是数据产品的根本，是最重要的评价维度。如果数据不准确，一切上层工具和应用都是空中楼阁。数据的准确性可以用“数据错误频次”来简单判断，但如果涉及范围较大，还需要对指标进行分级，不同级别会有不同权重的考量。
- 及时性。衡量数据准备的及时程度。这里分为实时和离线两类场景，“实时”类场景会衡量刷新频率和顺畅程度，比如能否做到分钟级甚至秒级的更新。这在双十一等公共场景下十分重要。衡量指标一般是“更新频率”及“刷新失败频次”等实时类指标。“离线”一类场景则会衡量数据在第二天指定时间点前是否就绪的情况。一般团队遇到的问题是员工上午 9 点后陆续上班，但数据计算量太大导致 10 点多了数据还没准备好。衡量指标则是“未及时就位频次”等指标。
- 全面性。衡量数据覆盖的指标全面性及业务全面性。
- 易用性。衡量数据产品的用户体验：一方面可以通过平台内监控各项功能的使用量（如 PV、UV 及使用时长）来进行量化；另一方面也需要定期进行用户访谈和问卷调研，来获得用户的使用反馈。

这四个衡量维度可以满足数据产品一些常见的衡量场景。不过因为数据产品本身的特殊性，有时候需要考虑各自权重的分布和引入新的辅助指标。数据产品的特殊性主要体现在以下三个方面。

- 价值间接性。数据价值主要体现在使用方手上，而非产品本身。在某些场景下，数据能否发挥价值，只能看使用方是否依靠数据作决策，是否用数据说话。业务的增长也无法直接归因到数据身上。这不像一些强业务相关的产品，一些具体的动作能与业务指标直接挂钩。
- 自上而下性。数据建设是件耗时长且很难短时间见到成效的工作，加上第一点的“价值间接性”，便决定了数据工作一般只能自上而下推动。
- 行业异构性。数据链条涉及行业的每个细节，这就导致了不同行业里，数据的采集、使用、清洗和挖掘逻辑迥异。比如，互联网公司、连锁超市、现代化汽车厂三者的数据产品必然天差地别。

以上提到的这些数据产品要素会贯穿本书各个部分，建议大家在后续的阅读中，多结合这些要素进行思考，会有意想不到的收获。举例来讲，在 1.1.4 节“数据产品衡量”中，我们提到“准确性是数据产品的根本”，这个“根本”的重要性会体现在产品的设计流程上，会有各种工具来保证数据的准确与统一，如指标字典和数据血缘等；也会体现在人才的招聘上，如重点关注候选人对数据质量的看重程度等。

1.2　数据产品详解

从 1.1.3 节我们了解到常规的数据产品有三种类型：用户数据产品、商用数据产品及企业数据产品。在这一节里，我们将详细介绍它们的设计思路及优秀的代表产品。在提供广阔知识面的同时，也希望帮助产品经理们了解数据行业的全貌，知道其各自应用的场景和公司，从而能够在职业选择上或者为公司选择数据产品时，更有方向性和洞察力。

1.2.1　用户数据产品

在三类数据产品中，用户数据产品是普通用户接触最多也是最容易的一类，因此，我们先从用户数据产品讲起，为大家展现数据产品的独特魅力。

根据数据来源，可将用户数据产品细分为指数型、统计型和生活型。这三类产品的区别见表 1-1。

表 1-1　三类用户数据产品的比较

数据类型	数据来源	应用场景	是否付费	举　例
指数型	企业自有数据	分析社会趋势	免费	Google Trends、百度指数、微指数
统计型	企业爬取数据或者与数据来源合作	分析行业或产品具体趋势	基本功能免费，部分高级功能收费	SimilarWeb、七麦数据、2020 年的疫情数据地图
生活型	用户数据	提高生活便捷性	免费	LifeCycle、网易有钱

下面针对三类用户数据产品进行具体介绍。

1. 指数型

指数型数据产品一般由企业利用自己的数据提炼出相应观点和洞察趋势，提供给用户分析使用，如 Google Trends、百度指数、微指数等。这些企业往往自身拥有非常庞大的用户数据，可以据此得出整个社会群体对某个领域的关注度。

我们以图 1-1 中的 Google Trends 为例来说明指数型用户数据产品的设计和使用过程。Google 是全球知名的搜索引擎，每天有数亿人在使用它搜索各方面的信息，能产生数十亿次的搜索请求。为了更好地发掘这些用户搜索数据的价值，Google 在 2006 年推出了 Google Trends。它的数据来自大量没有过滤的真实搜索需求，具备匿名化、分类化和聚合化的特点，因此人们能够依此探寻从全球到城市的每个区域的热点情况。它采用从 2004 年直到用户搜索那一刻的数据，涵盖范围非常广。

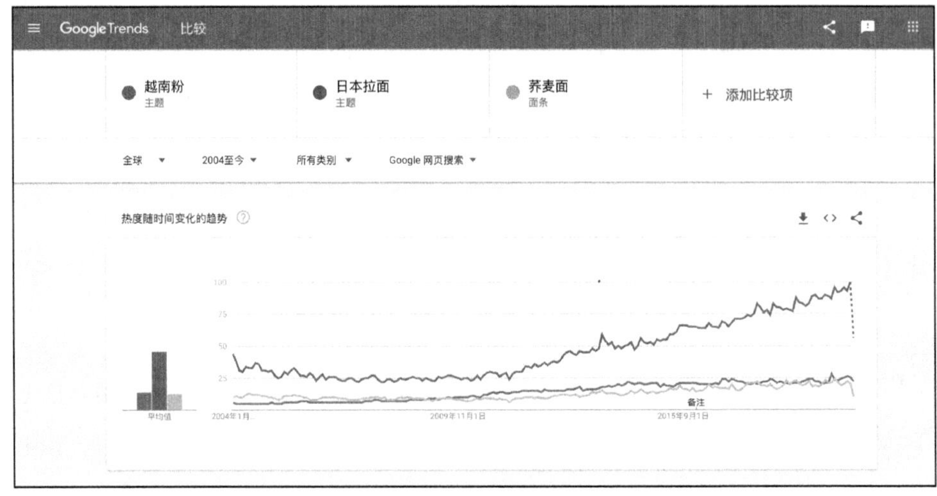

图 1-1　Google Trends 产品截图

指数型数据产品的设计精髓是“比较”，通过比较各种关键词在不同区域和不同时间段内的出现频次，形成热度的高低演化。Google 会先将某关键词搜索次数除以与之相关的地域和时间段内的总搜索次数，实现数据标准化，落在 0 ～ 100 的区间内。同时 Google 会过滤掉由少数人发起的搜索请求、重复搜索和一些特殊字符，以保证指数的呈现质量。可以看到，指数并非全面反映搜索情况的镜子，它更多是一个抽象的描述。这和我们常见的上证指数是类似的概念，上证指数并不能反映全部市场的表现情况，但能比较概括地说明当前市场的走势。

在百度指数里，用户甚至能看出某个搜索词的来源和去向，了解搜索用户的一些兴趣特征。通过这些工具，用户可以一窥行业走势，对市场调研、产品分析也有一定用处。甚至，Google 在 2009 年曾经推出根据搜索词预测流感的案例，识别速度比当时美国的疾控中心更加快速，一时间被引为大数据浪潮的明星例子。虽然后来预测效果有所下降，但始终不失为一个优秀的参考，帮我们了解如何用这些身边触手可及的数据信息更好地认知这个复杂的世界。

2. 统计型

统计型与指数型产品相比，最大的差别是数据均来自外部采集，然后经过企业内部整理呈现。这些产品往往可以供用户免费试用，同时有商用版本。目前国内外的统计型产品种类多样、方便易用，既有专注于企业融资信息及创始团队信息的，如企查查、IT 桔子、美国的 CrunchBase；也有重点分析互联网产品用户数据及下载数据的，如分析下载量和排名数据的七麦数据（原 ASO100）、国外的 SimilarWeb；还有提供政治、气候、经济等统计分析数据的，如 Tradingeconomics 网站，它展示了各个国家每年的通货膨胀率、GDP 等宏观经济数据。

如图 1-2 所示的产品是 SimilarWeb，它是一款浏览器插件，用户只需要在浏览网站时打开该插件，便能大概分析出该网站的访问量、跳出率、来源和去向网站等重要信息，非常强大。其基本原理是在用户安装该插件后，它便会自动分析用户浏览网站的路径和频次，然后通过一定的抽样放大算法，推测出该网站的流量情况。

统计型数据产品的关键是可靠的数据源和数据清洗。一般来讲，数据源都来自网络爬虫或者统计模块（SDK 或插件）植入，前者存在一定的法律风险，且有数据容易脏乱的问题；后者获客难度较大，好处是能拿到比较优质的数据。

3. 生活型

生活型数据产品是收集用户自身数据并进行一定程度的归类、分析与可视化的产品。数据对于公司来说，作用是通过统计分析来提升效率和节约成本；数据对于个人来说，则可帮助人们量化并提升自己的生活品质。这种产品可以大致分为记账类、运动类、天气类、时间管理类、信息记录类、机器信息类等。这些产品早期只是简单记录和统计，使用起来大多比较烦琐，而随着技术越来越成熟，此类产品慢慢地朝着智能化、便捷化和游戏化三个方向发展。下面介绍两个常见的产品。

图 1-2　SimilarWeb 产品截图

（1）网易有钱：智能归因记账

记账类的产品最令人头疼的地方是每次消费后的记录，打车、买早餐都得掏出手机记一下，不但烦琐，而且容易遗漏。网易有钱（见图 1-3）利用智能匹配技术，只要用户绑定了信用卡 / 借记卡，每次支出都会根据他的支付对象自动归类到相应的类别，如餐饮、交通或购物等。用户最多只需要补录下现金支出的部分，而在如今这个无现金的社会里，操作次数完全可以忽略。

网易有钱现在支持的支付渠道越来越广泛，除了上面提到的信用卡和借记卡外，支付宝、校园卡、公交卡等也都支持，同时支持投资类产品的计算，完全做到了记账的傻瓜化。这其实很简单，但就是这简单的一步给用户带来了极大的便利。

全功能记账

手动与自动相结合的多维记账方式

图 1-3　网易有钱官网截图

（2）Life Cycle：便捷版的柳比歇夫时间统计

“柳比歇夫时间管理法”是因苏联昆虫学家柳比歇夫 56 年如一日对个人时间进行定量管理而得名的。这种方法建立在数学统计的基础之上，重点是对消耗时间的记录进行分析，使人们能正确认识自己的时间利用状况，并养成管理自己时间的习惯。而图 1-4 展示的 Life Cycle 就是该方法的便捷版。

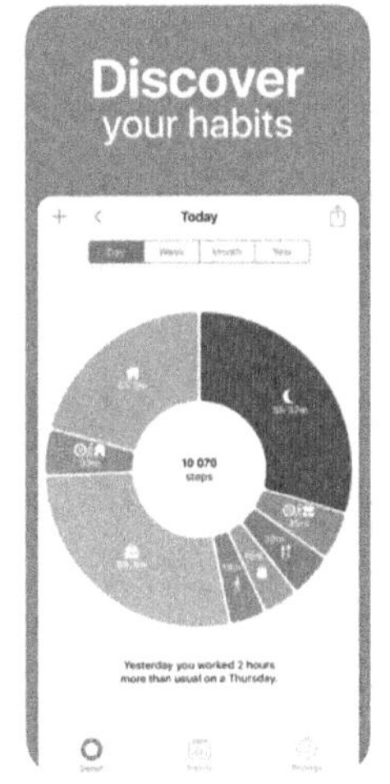

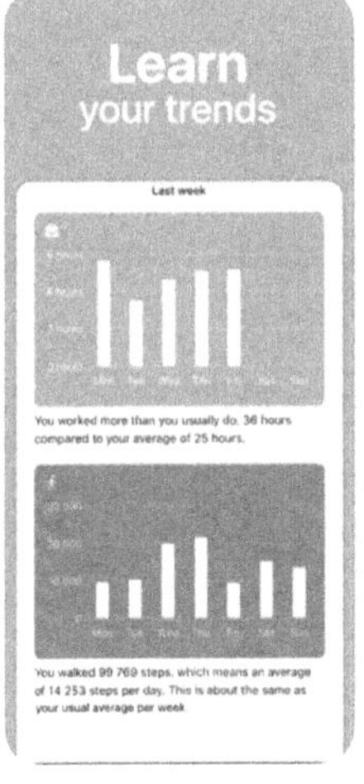

图 1-4　Life Cycle 官网截图

与网易有钱类似，Life Cycle也不需要用户做任何手动记录，其原理是根据用户的GPS定位来推测他的生活场景。比如用户夜晚在小区里待了很长时间，那大概可以推测他是在家。如果遇到一些无法识别的场景，用户只需要标记一次，后续便能正常记录。

这个App在数据智能上显然比网易有钱更进一步，毕竟对人们生活习惯的挖掘并不像识别支付机构那么容易。有趣的是，App下载后，必须等待7天的数据收集时间，这段时间打开App只有几个等待界面，到期后会自动提醒你。这个App的七日留存率想必不错。

4. 小结

数据行业早期有BI（Business Intelligence，商业智能）的说法，专为商业服务。随着各项技术的成熟，数据产品在用户端应该有更好的应用前景和表现，做到普惠的DI（Data Intelligence，数据智能）。有时候一个简单的改进，就可以给用户带来极大的便利和价值。

当然，其中也隐含着诸多问题，比如数据安全和数据隐私。从上面的例子也可看出，只要简单知道用户的GPS定位，就能推断出他的生活习惯和职业内容等。数据是把“双刃剑”，如何做到便利性与用户隐私之间的平衡，是个非常艰深的命题，希望业内将来可以有比较完善的解决方案。

1.2.2 商用数据产品

商用数据产品，即由企业或个人开发，提供给外部企业使用的，具备数据采集、计算、存储、展示和分析等功能的产品。随着社会分工日益细化，这类产品在国内外逐渐增多，从最早期的Webtrends、Omiture，到后来的Mixpanel、Amplitude，再到最近一两年在国内名声渐起的GrowingIO等，不一而足。

值得一提的是，国外在商用数据产品的分类上已经做得非常细致，在数据链条的每个环节都有大量企业竞争，导致整个行业分布非常碎片化和广泛。而因为国内外的企业市场成熟度等方面的差异，目前国内尚处于行业的起步阶段。

1. 商用数据产品之分类

从图1-5及图1-6中可以看到目前商用数据产品的具体分类及领域中的相关产品。它们可分为数据分析师平台（Data Analyst Platforms）、数据科学平台（Data Science Platforms）、机器学习（Machine Learning）产品、BI 平台（BI Platforms）、Web/ 移动端 / 交易分析（Web/Mobile/Commerce Analytics）、可视化产品（Visualization）、社交分析（Social Analytics）和数据源产品（Data Source，在下图中并未标识）等 8 个类型。分类角度可以多样，这里提供其中一种以供读者参考。

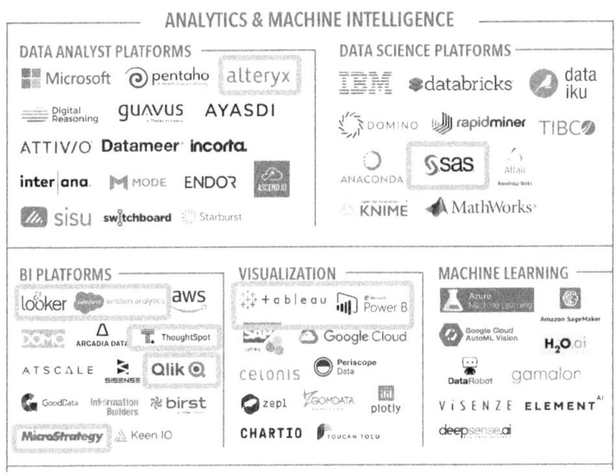

图 1-5　商用数据产品 1

图 1-6　商用数据产品 2

数据分析师平台定位于数据科学家和分析师，正如 Alteryx 的 CEO 乔治 · 马修对 Alteryx 的定位一样：

让分析师和数据科学家能够在一个平台上就完成数据输入、建模及数据图形化，而且使用简便，用户界面美观，用户体验比市面上的统计分析软件都要好。数据分析师们要完成这些工作可能需要用到两三个独立的产品，但是用它就可以一站式全部搞定，无须其他任何软件。

这类产品的特点是集合了数据清洗（不包括采集）到数据展示、数据挖掘等近乎全链条流程，数据工作者可通过该类平台一站式解决所有问题。

数据科学平台则只专注于提供各种数据挖掘及算法工具，不像数据分析师平台有专门的人群定位及整合式平台，因而灵活性更强，算法更强大，如 SAS 和 MathWorks。与之对比，机器学习产品更专注于机器学习领域的研究和应用。

BI 平台专注于数据清洗、展示和应用环节，定位于通过商业智能的方式，使企业内各个环节提高效率和降低成本。数据来自业务数据库、Excel 等线下数据、云服务商等第三方数据接口，不一而足。国外最知名的产品莫过于在 2019 年被 Google 以 26 亿美元收购的 Looker 公司。图 1-7 介绍了 Looker 的工作模式，从连接数据源，到自动生成数据模型，然后改进模型以适应公司独特的指标和商业逻辑，到最后建立基础 KPI 看板和部门看板，让用户基本做到自给自足。

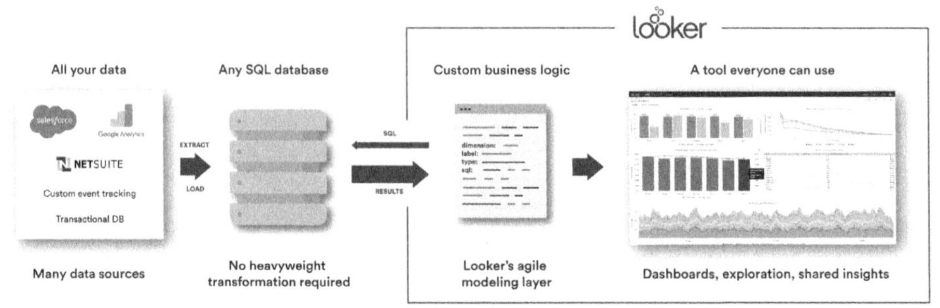

图 1-7 Looker 官网示例

Web/ 移动端 / 交易分析是互联网从业者接触最多的商用数据产品类型，更关注于互联网产品本身的分析，而 BI 平台虽然也会部分涉及产品分析，但其服务对象一般包含企业各个部门，如提供针对财务部门或者人力资源部门的分析模块，这是前者不会提供的内容。国外比较知名的产品有 Google Analytics 和 Mixpanel 等，国内就是早期的百度统计、CNZZ 和友盟统计（现已被阿里收购，改名为友盟+)，后期的 GrowingIO 和神策数据等。产品形式多为端到端的分析，从数据采集、分析到展示所有环节都会囊括进去。

可视化产品就很好理解了，见名知义，这类产品都专注于数据的可视化部分。最知名的可视化产品是长期霸占 Gartner Data 榜单第一名的 Tableau，Tableau 公司也是目前主打可视化产品的上市公司中市值最高的。它在 2019 年被 Salesforce 以 157 亿美元收购。从行业发展来看，BI 平台和可视化产品与客户丰富、资源强大的 To B 企业合作是个大趋势，如微软拥有 Power BI，阿里巴巴有友盟+和数加，Salesforce 收购 Tableau，谷歌很早就推出了 Google Analytics，2019 年又收购了 Looker。与之对应的是，Domo 作为一个曾经备受好评的公司（1.6 节会专门介绍），上市前估值曾高达 20 亿美元，2018 年 6 月于纳斯达克流血上市，2019 年 12 月市值仅剩下 6.43 亿美元，算是此趋势的一个反面例证。

社交分析产品则主要是利用市面上已有的社交产品数据进行分析并得到公关舆情、社交情绪等方面的结果。数据源产品则是利用应用商店、自有 SDK 或者运营商数据，进行清洗、挖掘和整合后，单独售卖的商用数据产品，国内的 Questmobile 即为此类。

2. 商用数据产品之挑战

商用数据产品作为 To B 市场一个很大的组成部分，在比较成熟的美国市场发展得如火如荼。近年来这种趋势渐渐蔓延到了中国市场，在 2019 年伴随着数据中台概念的大热，商用数据产品更是如雨后春笋，比比皆是。不同类型的商用数据产品有其特定的市场和产品特征。我们这里以国内常见的 Web/ 移动端 / 交易分析类产品和偏产品分析的 BI 平台为例，来研究下商用数据产品目前面临的挑战和抉择。

首先，企业市场产品不可避免地要在平台型和项目型间游走。要想以低成本扩充用户群体，获得更高价值，必然得走通用型产品的路子。但企业与消费者不同，需求计划性及业务特性较强，通用型的产品往往不能满足其需求。为了满足这些大客户，并在竞争中获胜，企业可能慢慢滑向定制化，变成高科技外包公司。对于数据产品来讲尤其如此，不同行业的公司，甚至一个行业的不同公司，对数据的需求也会千差万别。举例来讲，同样是 O2O 的餐饮行业，美团外卖和回家吃饭关心的数据类别、分析方式有很大不同。而对于协作类、流程类产品来讲，这种差异性可能没那么大。

其次，数据的价值体现在使用者手里，不在数据产品身上。这点也和其他类企业产品不同。沟通类、协作类和流程类企业产品的价值体现在自身产品上，只要有人用了就有价值。而对于数据产品来讲，更重要的是企业如何根据数据作出行动。这要求企业本身具备浓厚的“用数据说话”的文化，并且能够由上往下推动此事进展，而这不啻又一座大山。如果不能翻越这座大山，数据产品的价值就无法被客户感知，从而导致产品黏性下降，客户流失。

最后，因为数据的安全性和重要性，此类公司价值存在一定的天花板。在未来的时代里，数据的重要性越来越大。马云曾给阿里巴巴定下“五新战略”，数据就是其中之一：新资源。公司但凡成长到一定阶段，具备挖掘数据的技术能力，都会开辟一个新战场，好好挖一挖这种新时代的“石油”。而数据安全性也必然会引起拥有用户隐私的企业（如银行类、航空类公司）前所未有的重视。基于以上两点，大公司势必会选择将数据紧攥在手心，成立团队独自开发。这就限定了此类公司的目标群体只能在中小型企业身上，成为此类型企业最明显的边界。在大型企业中，它们最合适的定位是作为企业数据战略的补充者存在。

3. 商用数据产品之机会

在高山地见攀登者，于远洋处有渡航人。尽管上文列出了一些挑战，但这个行业之所以发展旺盛，自有它的迷人之处。

机会一，数据价值的广泛性。相对于企业数据产品价值只局限于一个企业，商用数据产品则天然为更多的企业服务，既能对外输出产品服务，提供商业价值，也能通过更多企业使用来发挥更大的数据价值。数据产品就像中世纪的骑兵，培养成型后纵横沙场、威震四方，但一般国家承担不起，因为既无钱财人马又无机制传承。中小型公司因为人员和精力的问题，并没有机制和能力管理数据，更别谈专业的数据分析。商用数据产品冲进来后填补了这块市场空白，解决用什么（What）和怎么用（How）的问题，以此将数据能力赋予中小企业。这如同提供可供雇佣的骑兵队伍，帮助他们征战沙场取得胜利，而骑兵的价值在这个过程中也被相应地放大了。

机会二，数据需求的抽象性。如果旨在做一个通用的分析平台，那么如何将多样化的数据需求抽象成一个个产品就是关键。甚至可以针对不同行业、不同职位的人提供对应的分析模板，以及有普适性的分析功能。商用数据产品要求产品本身要拥有较高的行业洞察力和理解能力，并将需求进行更高一层的抽象。如果说企业数据产品的抽象是部门级或企业级的，那么商用数据产品的抽象就属于行业级别。

机会三，数据需求的实现程度。可以投入大量精力开发在企业数据产品中投入产出比较小的功能，如更智能、适应性更广的分析产品等。对数据相关的从业人员来讲，它有着另外一个魅力：数据产品也开始注重产品设计和用户体验。虽然这并不是此类产品成功的核心要素，不过也算是告别了企业数据产品“做出来你就得用”的时代，需要考虑数据如何以更便捷、更友好的方式展现给用户。

4. 小结

随着中国市场人口红利的消失及劳动力价格的上升，专注于提高企业效率的 To B 产品渐渐受到投资行业和众多公司的关注。商用数据产品作为其中一员，亦将在这波浪潮中受益。如上文所提，此行业内挑战与机会并存，对比已经发展成熟的美国市场，中国在优秀的企业服务公司上还是一片空白。期待中国商用数据产品市场迎来丰收的一天。

1.2.3　企业数据产品

1. 什么是企业数据产品

企业数据产品，由企业自建自用，主要目的是降低员工使用数据的门槛，辅助人员作出决策和提高业务效率。根据内部定位，企业数据产品可再细分为应用型和平台型。应用型的企业数据产品专注于解决某个具体的业务问题或者部门问题，如客服数据监控系统和建立在集团平台的事业部决策分析系统；而平台型的目的就是为前者提供更好的支撑。

（1）企业数据产品之数据

数据界定了产品的性质和边界。企业数据产品关注核心在于降低数据使用门槛，利用数据优化业务，从而提高数据资产价值。因此，我们既需要关注数据在企业员工中的使用情况，改进体验不流畅的部分，也需要关注业务需求，为业务效率服务，最后还需要从数据资产本身出发，思考如何最大化发挥它的价值。

我们来看下转转公司利用企业数据产品提高业务效率的例子。企业内负责数据的部门往往会遇到很多提数需求。此类需求在数据部门看来价值不大，在业务部门看来需求紧迫但流程漫长，效率低下。一个需求提到数据部门后，要先经过需求评审，然后开发排期，最后到校验产出等若干个环节，业务部门可能会因此错过关键的运营时间点。基于此，转转数据中台设计了一个代号为“天枢”的数据产品，将针对用户UserID、Token、订单、商品等分析对象的常见属性和筛选条件组合起来，并横向整合了大数据、搜索、推荐、风控等部门的标签结果。同样的需求，业务方只需要在“天枢”上点点选选，就能完成数据提取和分析，原来需要耗时1~3天的工作，在“天枢”里几分钟内就能完成。“天枢”上线9个月，用户就自主完成超过13 000个分析任务，效率提升显著。在这个例子中，转转通过降低业务方使用数据的门槛，间接提高了他们的运营效率，同时使沉淀于企业内各部门的数据资产得到了更好的发挥和利用。

这里有一个小小的提醒是，数据产品不产生数据，只是数据的搬运工，要和非常底层的业务逻辑保持适当距离。对于日志打印、业务库设计等这些数据“原材料”，我们可以根据经验提出更优的方案，但不适合进行具体的落地和执行。很多数据产品经理在一些业务需求的实现过程中觉得比较低效和别扭，部分原因就是参与业务需求太深，导致在数据聚合层次掺杂了太多业务逻辑，不能实现数据层和业务层的有效隔离。

（2）企业数据产品之企业

面向企业内部的定位决定了此类需求具有受众集中、反馈回路短、用户体验要求低、需求繁杂琐碎、层级明显、看重数据安全6个特征。这些特征对数据产品经理来讲，有利有弊。

受众集中很好理解，本身就是面向企业内部的数据产品，相对于To B和To C类型的产品来讲自然用户比较集中。这里的集中有两个概念，一个是地理意义上的集中，一个是业务认知和群体素质的集中。使用者和设计者的沟通在这两个集中概念下变得相对高效。这也决定了后面两个特征：反馈回路短和用户体验要求低。

反馈回路短有需求反馈和价值反馈两个方面。用户数据产品和商用数据产品面向的都是外部的使用群体，其到数据产品经理的反馈回路较长，大部分需要用户调研、上门拜访、产品使用分析等比较间接的手段。而在企业内部，可能就是业务方走到你工位旁直接告诉你。这样的好处在于，能够更直接地了解业务方的需求和产品落地的价值，便于随时对产品进行调整；坏处在于很多时候短回路无法提供一个缓冲期，有很多临时变卦的可能性。因此我们需要扬长避短，把控好短回馈的节奏。

与用户数据产品和商用数据产品性质相同的是，企业数据产品也对用户体验要求较低。一方面因为受众集中，一些操作起来比较麻烦的产品，可以通过举办定期的培训和讲解来解决；另一方面，不存在类似 To B 和 To C 产品有竞争的问题，因此体验问题显得不那么重要。当然，即使优先级低，产品依旧需要着力降低数据的使用门槛，比如数据提取、指标分析、结果分享等过程。如果不重视数据方面的使用体验，比如业务方需要费很大劲才能弄清楚两个指标间的差别，甚至错误地使用指标，那么对于数据部门的声誉和数据价值都是很大的伤害。

需求繁杂琐碎，但其核心是需求控制和分级问题。各公司数据部门的定位不同，可能会有差异，但大部分情况下，基本所有数据相关的需求都会落在该部门头上，有些是临时探索，有些是长期分析。如果不先进行分门别类再进行排序筛选，数据产品就可能陷入数据泥沼里，脱不开身。需求的控制和分类，我们会在下面讲搭建企业数据平台型产品时介绍。

企业内用户层级明显，越到高层越能体现数据的价值。我们经常开玩笑说，老板的需求是最重要的。从数据这一方面来看，未必有错。因为“数据价值取决于数据使用者”，高层们看待数据的方式以及据此作出的决策，影响面往往更大，效果更明显。有层级的不仅是用户，更是数据发挥的价值。

最后，市场竞争激烈，数据安全及权限也是头等大事。但凡是企业内的数据中台，都躲不开权限设置的问题。常见的权限模型为 RBAC（Role-Based Access Control，基于角色的访问控制）。它抽象出用户、角色、权限三个概念，通过角色控制菜单权限，再为用户赋予相应角色。角色一般根据业务部门和领导层级综合划定。这里需要多提一句的是，数据权限与安全和降低数据使用门槛是不冲突的，合适的划分是关键所在。同时，要尽量简化权限申请和审批流程，提高业务部门的使用效率。

（3）企业数据产品之产品

这里企业数据产品分为应用型和平台型两种。应用型的核心是业务敏感度，根据不同的业务需求设计对应的数据产品，如根据风控部门的需求来实时更新对应的风控标签和数据阈值，并且提供对应的监控和分析工具，完成从策略应用到分析落地的闭环。平台型强调的是面向各个业务提供服务，这要求产品具备较高的标准化和抽象化水平。标准化指的是主动出击，定下一些关键的数据资产规范，方便在企业中流通使用，如埋点管理、指标管理和数据库表管理等。抽象化指的是不能只关注于解决一两个具体的需求点，而是关注整个面的抽象和满足，是一个由点及面的过程。

2. 企业数据产品之平台型

（1）企业数据平台的目标

借用 GrowingIO CEO Simon 的理念，企业如同人类建立的水资源使用系统，而数据如水。企业数据平台的建设目标，应当是让数据像水资源一样在企业中流动，如图 1-8 展示的水循环系统一般。这意味着数据要像水一样做到干净无害、随用随取、场景丰富，而这恰好对应着数据准确、及时、易用、全面四个衡量维度。

图 1-8　数据像水资源一样流动

进入人类资源使用系统的水资源需要经过一定的清洗和沉淀，确保“干净无害”，然后根据不同的水用途存储，进入不同的管道，这对应着数据的“准确”。而这里的“随用随取”指在人类社会中，拧开水龙头就能出水，对应着数据的“及时”与“易用”。“场景丰富”则意味着在不同场景里，水会有不同用途，饮用水、清洁用水、灌溉用水各取所需，单单饮用水就又分城市用水、矿泉水、纯净水等不同使用方式，这对应着通过挖掘和丰富数据的使用场景，深化数据本身“全面”的含义。

达成这个目标的企业数据平台，便能通过丰富场景、赋能业务来提升整个企业使用数据的意愿和效率，赋予业务方高效使用和挖掘数据的能力。企业数据平台的主要使用场景如下：辅助企业决策（如市场动向、用户分析和财务分析等）、建立数据流程、优化用户体验、挖掘数据资产等。

建立数据流程，从产品上，是帮助业务方更好地完成使用数据的流程，包括采集存储、展示分析到最后的挖掘落地三个层次；从需求上，即建立一个比较完善的需求分流解决机制，将零散需求、常规需求、业务需求等分类处理完毕，并能将进展和结果及时反馈给需求方。优化用户体验是通过掌握用户数据为用户提供更加顺畅的使用体验、更加精准的营销等。挖掘数据资产包括标准化数据资产，以及不断挖掘回馈原有数据，丰富已有数据维度。

（2）如何搭建企业数据平台

一个完善的企业数据平台应该由技术框架、数据框架和产品框架三部分组成，如图 1-9 所示。技术框架非本书重点，此处暂不介绍。数据框架主要有数据模型、安全及质量这三个模块。其中，数据模型负责根据业务抽象出对应的领域模型，如电商、社交、游戏等，然后确定对应的主题域划分和维度模型。产品框架上，遵循 What-Why-How 的划分方式。首先解决采集存储，即“是什么”（What）的问题，将数据采集后清洗存储下来；其次解决“为什么”（Why）的问题，利用分析架构和数据可视化展示，帮助用户寻找原因；最后解决“怎么做”（How）的问题，通过价值的深入挖掘、与业务紧密结合等方式，来确定具体的内容和方向。

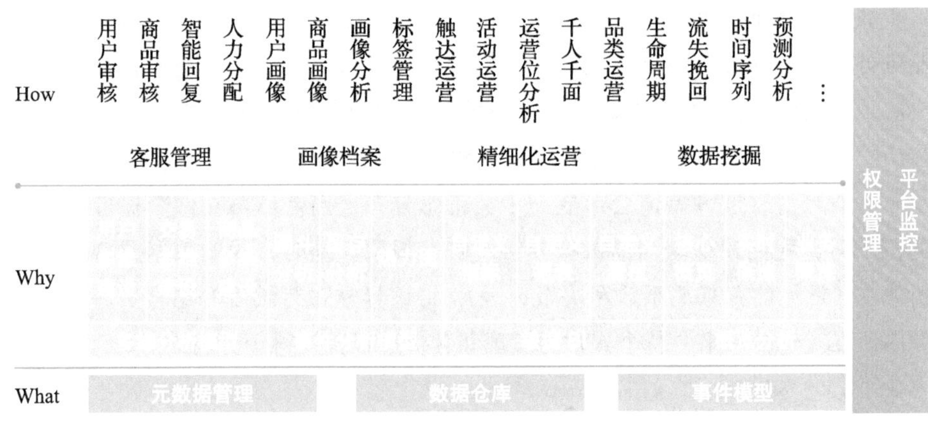

图 1-9　企业数据平台之产品框架

对于具体的需求，我们根据其层次不同，通过三种递进的方案来满足。

- 自定义分析。基本不需要数据和分析部门介入，提供工具就能满足业务需求。面对这种需求，基本有三个解决方案：一是采用开源方案 HUE 搭建的 SQL 查询功能，解决非常零碎且无法产品化的临时需求；二是基于埋点的自动分析功能，只要按照数据规范进行的埋点，都可以在页面查询并分析数据；三是采用自定义报表分析界面，支持业务方导入数据表后进行可视化展示。这三种方案解决三种不同层次的需求，可以帮助节省大量人力。

- 事件分析。需要数据部门进行一定程度的抽象，常见的就是留存 / 漏斗分析。这类需求的典型特征是寻求事件之间的留存转化规律，抽象后可以落地成对应的数据工具。这些工具有一定的培训成本，适用特定场景。
- 多维交叉分析。需要数据部门根据业务进行规划和设计对应的分析体系，包含合理的维度和指标。一般来说，这会是一个部门的基准需求，使用频次高，用于每天监控及分析业务异常原因。

3. 企业数据产品之应用型

企业数据应用，更多是结合业务场景设计对应的工具来提高效率。本书的姊妹篇《数据产品经理：解决方案与案例分析》（暂名）一书中有很多大数据和各行业结合的案例，这些案例本质上就是企业数据应用的一种形态。企业数据应用按内容可分为数据策略、数据化运营、智能分析等若干个方向。

我们以智能分析中的一个场景为例。背景是当某一时刻发生数据异常时，业务方希望能够第一时间发现这个异常，并定位背后的原因，进而提高决策效率。目前市面上的常见方案是先通过时间序列预测算法（Hot-Winters）根据过往历史数据，产出对下一时刻数据的预测值，然后与现实值对比，如图 1-10 所示。一般来讲，这种差值会形成一个类正态分布，当差值落在两个标准差之外的范围时，我们就认为当前数据异常，触发报警。同时，我们根据异常维度分析算法（常见的有基尼系数和决策树等），将该异常进行维度和组合拆解，定位原因所在。这样一来，整个异常的发现和分析过程就变得十分高效。

4. 小结

上面提到的很多模块，这里只是一笔带过，留待后面章节详细介绍。综上，企业数据产品在设计和开发上有很多独有的特点。首先，企业数据产品承接了来源众多的业务需求，在抽象和管理上难度较大，很容易产生冗余浪费，历史依赖混杂不清，整个 BI 平台变成数据的垃圾场、泥沼地。其次，数据开发工作长期来看是个细活、脏活、累活，要想长期保证数据安全、质量和规范，需要设计各种机制进行监测，并不断优化。最后，在发挥企业数据资产价值的路上，我们还需要不断丰富场景，设计与开发符合业务场景的数据产品。尽管如此，作为企业管理和挖掘数据资产的抓手，企业数据产品在未来企业竞争中依然显得无比重要。

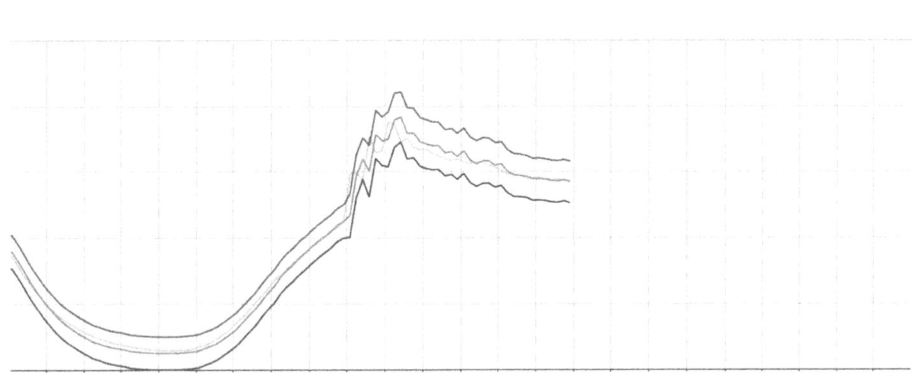

图 1-10　企业数据应用之智能分析

1.3　数据产品经理能力模型

一名数据产品经理，既需要作为“产品经理”的普适技能，也需要“数据”相关的专业知识，同时需要一些职场中通用的软能力。我们从这三个角度来阐述数据产品经理的能力模型。

1.3.1　产品经理能力

对于产品经理，核心能力是为需求或问题提供最有效的解决方案。

定义需求或问题是首当其冲的。我们常说要分清需要（Need）、想要（Want）和要求（Demand）这三个需求类型。举个例子，有个人说他要一瓶可乐，这是“要求”，本质上是因为他渴了，要解决口渴的“需要”，而真正“想要”的是一杯可以解渴的饮料。需要是本质的痛点或需求，而“想要”是解决需求的手段，要求是用户自己认为能解决需求的方法，也就是说当用户表达需求的时候，中间已经经过两层转化，辨认不出本质问题了。这种情况在数据相关的需求场景里经常出现。业务方提出需要 ×× 数据或 ×× 标签，这时候便需要深入了解业务方提出需求的场景来判断其类型。

接触一个需求，我们除了判断其是否存在及所属类型外，还需要判断其合理性，以及可能被满足的方式。如果是平台型的数据产品，我们要做到该需求尽可能被抽象化的平台或工具解决，避免重复制作轮子。应用型的数据产品则要尽可能贴合业务场景，力求提供更好的解决方案。

提供解决方案时，我们需要具备主人翁意识，对方案的效率进行反复琢磨和优化。用"用户产品经理"的心态做数据产品，力求提供最好的分析体验和数据使用体验。业界诸多成熟的数据产品、公司实践得到验证的数据策略都是学习的对象，消化吸收前人的思路，再设计出符合公司业务场景的解决方案。比如对于企业数据产品的产品经理来说，GrowingIO 和神策数据的产品帮助文档就是很好的学习对象。

1.3.2 数据专业能力

数据专业能力的核心部分是数据产品设计能力、数据分析能力，如果还有余力，可以再多了解大数据技术架构及数据挖掘算法等方面的基础知识。这些知识只需了解其原理，以更准确地判断需求实施的可能性或复杂度。

数据产品设计方法属于产品设计的一个分支，一样需要从需求和问题出发，着力于提供优秀的解决方案，同时有自己的独特要求——发挥数据价值，突出表现在数据资产管理和数据业务效率提升两方面。数据资产管理是数据产品绕不开的话题，从采集清洗到存储管理，无处不在，核心是将数据这条四处奔涌的"水流"规范在稳定的"河道"上，以使其为民所用。这体现在能力上，即数据规范设计、落地产品及推动能力。这部分具体可参见第 8 章。数据业务效率提升，则是为了更好地发挥数据资产的价值，从产出各种分析功能，比如多维分析、漏斗分析及留存分析等，到设计合适的数据可视化，利用图形精准地传递信息，设计各种复杂的数据策略。这里考验的是定位业务场景及需求，设计高效的数据解决方案能力，在平台型产品上是以面覆点的抽象能力，在应用型产品上就是精准贴合应用场景的业务理解能力。

数据分析也是数据产品经理有别于其他产品经理的特质能力之一。虽说数据分析一般会有专门的数据分析师负责，但数据产品在与业务结合的过程中，经常需要通过分析的过程来体现价值，所以数据产品经理必须熟知甚至精通数据分析。在基础理论上，无非是细分—对比—溯源：细分上可以通过多个维度或指标组成进行划分，然后通过时间对比（日、周、月同环比）或者维度对比等方式定位异常原因，最后溯源到现实的原因进行改进和优化。常用的工具有 Excel、SQL、Python 和 R 等，在少数情况下会用到 SPSS 等统计挖掘软件。（具体可参考第 2 章。）

除此之外，一些技术相关知识也必不可少，主要是数据仓库、数据采集传输、大数据架构和数据挖掘等方面的基础知识。在某些深入的职业细分类别，比如数据仓库设计师，则需要对该领域知识有更深入的钻研。数据仓库是为了提高数据分析效率的产物，其权威定义是“一个面向主题的（Subject Oriented）、集成的（Integrate）、相对稳定的（Non-Volatile）、反映历史变化（Time Variant）的数据集合”。它用于支持企业或组织的决策分析处理。通过设定业务主题域，将数据库表分为明细层、聚合层、应用层和维度表等来实现对其分层管理。设计良好的数据仓库在提高分析效率的同时，还能兼容未来可能的业务升级，真切反映历史变化。

1.3.3　软能力

在产品经理的职业生涯中，软能力的重要性不言而喻。洞察需求后，我们需要知道背后的商业模式和业务运转原理，从而更好地服务用户和公司，这是“商业认知能力”。为了落地产品方案，推动项目按时按质上线，我们经常要和团队内外的同事一起合作，协调时间、排期和平衡利益，这是“沟通协调能力”和“项目管理能力”。这些能力并不能一蹴而就，而是需要经过长时间的观察和修炼，才能最后修成正果。以商业认知能力为例，只有经常和业务方待在一起，了解各种业务逻辑和决策动机，同时多了解商业世界的一些基础常识，包括商业模式、利润计算、财务分析等，然后将这些知识应用在实际操作中，才能一步步收获对商业运转体系的客观认知，提高自己的知识水平。

1.3.4　不同级别的能力要求

在数据产品经理成长的不同阶段，对能力的要求和侧重点都是不一样的。

表 1-2 中为某公司对不同职级的要求，定义清晰，区分明显，在这里供大家对标借鉴，找准自我定位。

表 1-2　某公司职级体系

职级	能力要求
P4	1）有相关专业教育背景或从业经验 2）在专业领域中，需要主管或高级别人员对负责的任务和完成的产出进行清晰的定义和沟通，并随时提供支持以达到要求；能配合完成复杂任务 3）在专业领域中，具有学习能力和潜能
P5	1）对公司职位的标准要求、政策、流程等从业必备知识基本了解，对本岗位的任务和产出很了解，能独立完成复杂任务，能够发现并解决问题 2）在项目当中可以作为独立的项目组成员 3）能在跨部门协作中沟通清楚
P6	1）在专业领域中，对公司职位的标准要求、政策、流程等从业必备知识理解深刻，能够和经理一起探讨本岗位的产出和任务，并对经理具备一定的影响力 2）对于复杂问题的解决有自己的见解，善于寻求资源解决问题；表现出解决复杂问题的能力 3）可独立领导跨部门的项目，在专业方面能够培训和教导新进员工
P7	1）在专业领域中，对自己所从事的职业具备一定的前瞻性了解 2）对于问题的识别、优先级分配见解尤其有影响力，表现出解决问题的能力 3）可独立领导跨部门的项目，能够培训和教导新进员工 4）是专业领域的资深人士 5）行业外或公司内培养周期较长
P8	1）在某一专业领域中，对于公司内外及业界的相关资源及水平比较了解 2）开始参与部门相关策略的制定，对部门管理层在某个领域的判断力产生影响 3）对事物和复杂问题的分析更有影响力
P9	1）是某一领域中的资深专家 2）对某一专业领域的规划和未来走向产生影响 3）对业务决策产生影响 4）使命感驱动
P10	1）在公司内部被认为是某一方面的专家或者在国内的业界范围具备知名度和影响力 2）对公司某一方面的战略规划和未来走向产生影响 3）在本领域的思想和研究在公司内具备较大的影响力 4）使命感驱动
P11	1）业内知名，对国内 / 国际相关领域都较为了解 2）对公司的发展作出重要贡献或在业内有相当突出的成功记录 3）所进行的研究或工作对公司有相当程度的影响 4）使命感驱动，坚守信念 5）成为公司使命感 / 价值观的守护者、布道者 6）对组织和事业的忠诚

（续）

职级	能力要求
P12 及以上	1）业内顶尖人才，对国际上相关领域的思想与实践都有独到的见解并颇受尊重，较有名望 2）对公司的发展作出重要贡献或在业内有相当突出的成功记录 3）能领导公司相关方面的研究，开创业界一些实践 4）所倡导或所开创的一些做法对公司的未来有深远影响 5）使命感驱动，坚守信念 6）成为公司使命感 / 价值观的守护者、布道者 7）对组织和事业的忠诚

从表 1-2 可以看出，对于初级阶段（P4 ～ P6）的员工，企业最看重的是其解决问题的能力。这意味着在早期阶段，对数据产品经理来说最关键的是不断提高自身的专业水平，努力学习和吸收数据领域的各种内容，如数据仓库、数据分析方法、数据产品设计理论等，形成属于自己的知识体系。在“产品经理能力”和“数据专业能力”这两项上要做到能够基本解决公司常见问题，如指标统一、工具落地、数据准确等。

从 P7 ～ P9 开始，对专业上的要求进一步拔高，此时仅解决公司内的问题已经远远不够了。一方面，需要不断抽象该领域的知识，形成通用的方案或流程；另一方面，需要跨公司交流沟通，扩大自己的知识面，提升影响力。同时，从这个阶段开始，要求具备一定程度的领导力，需要有跨部门的沟通和协作，推动更大范围和更复杂的项目落地。体现在日常工作上，即跨过了最初解决问题的阶段，转向了主动提出问题，进而影响部门和事业群决策的层次。在数据工作上，从开始带领团队、培养新人和规划平台未来方向，到集合部门或公司内更多的数据资源，主动谋求为业务创造更多价值。数据的价值和影响力在这一级别数据产品经理的手中能得到指数级提升。

从 P10 开始，已经是该领域具备相当影响力的人物，业内知名，在公司甚至行业内拥有举足轻重的话语权，能参与公司高层次的决策，是公司非常重要的人才资产。在数据工作上，要么是某些数据创业公司的 CEO 或高管，要么就是公司或集团内数据方向的负责人，除了让数据在部门或事业群内发挥作用外，还谋求跨部门甚至在行业内体现价值。管理带宽随之大幅增加，同时培养出来的员工也有不少已经担任高级职位。

以上层级划分仅一家之言，不同个人或公司都有自己的层级定义和划分。

这里核心是想让大家了解不同层级间的差别，从而为自己职业上升方向的选择提供借鉴参考。

数据产品经理在能力模型上的多重要求，加上这个职位的培养需要有合适的公司及业务场景，是近些年来数据产品经理较为稀缺的原因。毕竟专业知识、产品能力和软能力对一个数据产品经理来讲都缺一不可。这也是我们写作此书的初心：凝聚一批志同道合的数据人，整合大家的经验和知识，为这个行业贡献一分热、一分光。

1.4 数据产品经理分类

前面提到，数据产品包括采集清洗、存储管理、展示分析、挖掘应用四个环节。与之对应的，数据产品经理分为应用型、策略型、平台型三种。应用型主要负责展示分析和挖掘应用环节，目的是在特定的业务场景下，利用已有数据提高业务效率。策略型集中在挖掘应用环节，业务场景聚焦在搜索、推荐、风控的数据策略和模型部分。平台型则比较复杂，一般会负责采集清洗和存储管理两个模块，同时会根据情况抽象提取后两个环节的通用部分，提高企业的使用效率。

1.4.1 平台型

平台型数据产品经理定位于提供通用能力或方案，能够横向支持多个业务方、多个行业或者行业内多个客户的数据需求，力求以面覆点，达到产品效率的最大化。以下是市面上常见的平台型产品经理的招聘内容。

岗位描述：

- 独立负责 ×× 商业数据产品线的规划、设计、落地实施，为 ×× 生态中的某一业态的商业用户提供一站式的大数据产品及解决方案服务；
- 深入客户一线，能跨部门与客户方高层角色沟通对接，能敏锐洞见行业及客户痛点，并结合 ×× 已有的商业数据能力，为客户定制行业性的大数据解决方案，捕捉商业机会。

能力要求：

- 有良好的沟通协调能力，能够跨部门、跨职能沟通及与高层有效对话，有出色的文笔；

- ❑ 善于跨部门合作，争取相关资源，协调相关团队将产品策略执行落地，实现业务结果。

将这些要求进一步提炼，核心便是提供一站式 / 行业性的解决方案，跨部门 / 职能 / 层级的沟通合作。对场景的抽象汇总能力、对通用解决方案的设计能力和各种跨越式的沟通能力，这些便是平台型产品经理不可或缺的部分。这些能力在前面的模型中都提到过，只是在不同类型的产品经理身上各有侧重。

从具体细分来看，在企业内部，平台型数据产品经理专注于抽象各需求部门的共同点，落地成对应的数据产品，提高整个公司的运转效率。常见的产品有数据资产管理、标签库设计与统一、埋点平台管理等。而在商用数据产品上，他们则专注于发现各行业或行业内主流客户的通用需求，抽象出对应的产品、功能或组件，以期能以较低的成本实现较大的商业产出，提高整个公司的资本效率，如面向各行各业电商卖家的阿里巴巴生意参谋、面向互联网公司提供数据服务的 GrowingIO 等。对于数据产品经理来讲，只为单个业务方或单个客户提供服务会明显降低投入产出比。

1.4.2　应用型

定位于针对某个业务场景，提供对应数据产品或工具来提高业务效率。在分析上，就是多维分析、漏斗分析、画像分析等功能；在业务工具上，就是和数据结合较为紧密的用户精细化运营工具、偏数据化的 CRM 系统等。以下是市面上常见的应用型产品经理的招聘内容。

岗位描述：

- ❑ 能敏锐洞见行业及客户痛点，并结合已有的商业数据能力，为客户定制行业性的大数据解决方案，捕捉商业机会；
- ❑ 设计产品商业化模式，深入商家完成一些中台型的必要的产品运营工作等。

能力要求：

- ❑ 有出色的执行力，熟悉产品设计、开发工作流程，高质量产出 MRD、DEMO、PRD，能独立承担一个产品的全生命周期工作；
- ❑ 对数字极其敏感，具有较强的产品运营思路，同时有产品和运营的背景优先；

- 有良好的沟通协调能力，能够跨职能、跨部门沟通推进项目。

上面的职位描述里，与平台型有一个明显的不同是强调了“运营”的重要性。虽然应用型数据产品经理不一定需要承担运营的职责，但对于数据应用来讲，只有被用起来才能体现价值，才能收到一线的反馈并不断改进。这里的使用方既可能包括公司内的业务人员，也可能包括公司外某个具体模块的使用方，比如阿里巴巴生意参谋当中的竞争情报模块。对于应用型产品经理而言，出色的需求洞察能力是建筑在深入一线收取反馈和运营核心用户之上的。

1.4.3 策略型

与应用型产品经理类似，策略型产品经理的定位是针对某个业务场景，如搜索、推荐、排序、风控等常见场景，提供提高业务效率的数据策略。有时候策略的通用模块，如用户 / 商品画像标签也会划到策略型产品的负责范围。以下是市面上常见的策略型产品经理的招聘内容。

岗位描述：

- 负责首页的内容策略工作，包括但不限于设计并跟进 A/B 测试以促进策略迭代等；
- 完善社区内容推荐体系，与运营团队紧密配合，承接数据沟通职责，对重点项目输出数据分析报告并给出合理方案。

能力要求：

- 熟悉统计学原理，有较强数据分析能力，能对上线效果进行准确评测；
- 对数据敏感并有很强的洞察能力，能快速从繁杂数据中发现问题；极强的业务学习能力，能够将数据和业务紧密关联；
- 具备搜索、排序、推荐类算法工作经验者优先考虑。

可以看到，“业务”一词被提到的次数明显多余其他两个岗位。原因在于策略一般会和业务强绑定，即使存在一些通用策略或托底策略，但对于具体业务，还是需要因地制宜、进行针对性的优化。因此，策略型产品经理的定位一般适用于企业数据产品，为企业内某个具体场景定位问题，提高效率。

本节对数据产品经理的划分依据是他们工作性质的不同，还有很多其他划分方式，如前面提到的用户、商用和企业三种数据产品类型。这些划分互有交叉，都不失为了解数据产品经理这个新兴职业的好角度。在实际工作中，这三个类别并不是泾渭分明的，工作内容常常互有交叉，其实只要遵循“让数据发挥更大价值”的理念，在哪个岗位上何尝不是一样的呢。

1.5　数据产品经理的应聘与招聘

在数据产品经理的成长过程中，应聘与招聘是两个必定会多次经历的流程。这其实是一件事情的正反两面，你如何规划和考量自己，也会反映在你对别人的衡量方法上。在这一节，我们希望通过对这两个流程的梳理和总结，为大家在未来的职业道路上提供一抹微光。

1.5.1　如何应聘

应聘不仅是职场人寻找新机会的必经之路，也是一场对自我知识体系和职业规划的全面检阅。一个令人满意的面试结果，取决于你在几轮面试几个小时里的表现，而这几个小时则取决于你经年累月的奋斗经历。作为一名数据产品经理，如果想获得理想的职业机会，除了在平时的工作里夯实自己的理论水平和提升实操经验外，也需要按照初级到高级的路线规划好自己的职业路径，并针对应聘流程做好充分的准备。

1. 职业规划

从 20 岁左右毕业开始计算，到中国法定退休年龄（男 60 周岁，女 50 周岁），我们的工作年限有三四十年的时间，占据了超过三分之一的人生。对于工作这么重要的事情，显然需要经过一个清晰的职业规划。展开来讲，这又是一本书的量，这里仅提供三点简单的建议。

- 明确你的职业目标，并明确你每个职业阶段的目标。
- 珍惜每段工作经历。每段工作经历要尽可能长，至少不能短于一年。时间太短你根本无法在该公司有所沉淀，用人单位也会有所顾忌，如京东有“五三原则”，即五年内不能经历超过三家公司，否则不予面试。
- 珍惜每个跳槽机会。人生可以跳槽的机会其实不多，建议大家从长远的角度来思考问题。甚至可以这么反向思考：下家公司能否为你跳下下家，实现下一个职业目标提供有力支撑？

如果你的目标是在数据产品领域走得更远，那么可以将 1.3 节中讲解的各个阶段能力作为制定规划时的参考。如果你的职业目标是“发挥数据的更大价值”，则对于每一个机会都要考虑它能否让数据的价值一步步放大，比如从一个小数据量公司到一个大数据量的公司，从一个只负责某个数据环节的职位到负责全链条数据的职位，从单一的应用场景到丰富多样的应用场景。这样你才能积跬步以至千里，积小流以成江海。

2. 简历梳理和公司调研

简历梳理不仅能让你复盘以往的工作经历，也能让你在面试中有更好的表现。首先要做的是，在上面所提的职业规划目标的引领下，梳理清楚每段工作经历的转换逻辑。其次，挑出重点数据项目进行描述，着重讲明产品的价值、数据分析的结果对业务的推动等，能以数据量化最佳。这里需要着重梳理该数据项目前后环节的沟通和准备情况，并在内心从准确性、及时性、全面性和易用性四个角度对这些项目进行剖析。最后，关注产生的业务价值，这样才能在面试过程中游刃有余，滴水不漏。

在公司职位调研上，平时就需要尽可能多地积累互联网或者垂直行业内的知识和判断。作为一名数据产品经理，更要懂得利用 1.2 节提到的用户数据产品，从各种数据工具了解公司的实际运行情况。另外，因为数据工作与很多岗位不同，比较适合从上到下推动，所以在调研公司时尤其需要调查对方对数据的重视程度，“用数据说话”的氛围是否浓厚。笔者见过不少例子，本来是不错的人才，结果误进了不合适的公司，蹉跎了好几年的职业时光。

3. 面试

面试在整个招聘过程中最受人关注，很多人甚至把应聘和面试画上等号。其实不然，一个满意的面试表现，很大部分取决于清晰的职业规划和充分的职业调研，其次才是面试中一些实际技巧的应用。以下是一些面试过程中需要注意的地方。

- ❑ 客观展现自己，不夸大或贬低自己的价值。
- ❑ 表述清晰，逻辑严谨，善用段落或者总分逻辑表达观点。
- ❑ 面试是个双向筛选的过程，你也需要考虑面试官是否符合你的要求。
- ❑ 注意反馈和改进，无论成功与否，都建议在事后进行总结反馈。

面试本质上是自身平时工作和思考的集中展现，因此这里不建议大家去学习所谓的面试技巧，而是把心思放在日常的积累上。笔者有个习惯是定期研究市面上各种优秀的数据产品，并截图记录在 PowerPoint 上，附以当时的体验笔记。有时候则会就某个具体的功能进行专题性的研究和分析。同时，笔者也会定期阅读网络上可信度较高的第三方数据报告，提升自己对当下竞争环境的认知，有时还会做一定的预测，事后进行校验。做这些事情不一定能马上让你升职加薪，但能让你更加全面地了解数据产品这个行业，并进行更深刻的思考。

4. 小结

重新出发是机会，也是挑战，既可能抓住职业生涯升华的关键时间点，一跃龙门，也可能面临着跳出自己的舒适区，重新适应新环境的痛苦，甚至还要承担跳入表面繁花似锦，实则无底深渊的风险。核心便是做好职业规划和调研准备，给自己在这风险之处系上一根安全带，减少“事故”发生的概率。而下一节，我们便转换角色，从招聘者的角度来看待整个人才流转的过程，两相结合，角度更加全面。

1.5.2　如何招聘

在数据产品经理成长到一定阶段后，一般都会遇到需要自己招聘下属、组建团队的情况。一个完整的招聘流程包括以下阶段。

1）需求确认：提出需求、工作描述和人才定向。

2）筛选及面试：简历筛选、面试人员和面试反馈。

3）人才跟进：跟进人才的入职和入职后表现。

一如上文，常见的流程这里会一笔带过，核心是突出在招聘数据人才时，需要特别注意的部分。

1. 人才需求确认

人才缺口的出现，经常会伴随着业务的高速发展、数据产品价值受到重视且规划超出现有人力范围或原同事离职三种情况之一。除了第三种可能会按照原有岗位要求和定位进行补招之外，其他两种情况都需要由团队或个人主动向上提出人才需求，经过讨论确认后才能进入招聘流程。

提出人才需求时，需要结合公司价值和实际工作量综合考虑。业务高速发展时，团队的扩张会显得理所当然，阻力较小。在业务平稳期，除了工作量之外，就得额外关注数据产品价值。一方面，我们需要注重通过产品来连接数据与业务两端，产出价值；另一方面，我们也需要适时地对外和对上展示价值，才能获得公司或部门层级对人才需求的认可。

因为数据部门不同于业务部门，价值比较隐晦，很多人不能直观感受到数据对其所在部门的价值，所以这里建议大家平时多搜集对接业务方对数据部门的评价，固定周期发放针对数据产品的调研问卷，以及对数据平台各功能的 PV/UV 指标监控，在合适时机进行展示，以便公司更加了解当前数据平台的价值。

工作描述，简称为 JD（Job Description），是招聘时必备的文案，从数据方面的招聘来讲，基本就是工作年限、经验范围（需要有多少年的数据产品或者数据分析经验）、专业技能要求（数据产品设计能力、分析能力）、软技能要求（沟通协作能力等）四大部分，根据实际情况再自行增删。具体撰写时，可以多参考大公司在招聘类似岗位时的描述。

2. 筛选及面试

在简历筛选及面试过程中，对于不同级别的候选人考察点是不一样的。

对于初级数据产品经理（级别的划分参考 1.3.4 节），核心考验对方的基本功和解决问题的能力。企业招聘这类员工的诉求主要是上手快、有培养潜力，能解决一些简单问题。关注点会集中在对数据产品理解、数据专业能力水平（如数据质量校验和数据产品设计流程等），以及项目沟通推进能力上。第三点属于常见考察，这里不赘述，主要讲前两点。

在数据产品理解上，笔者通常会通过差异性或者定义性的问题来了解对方的思考，如“数据产品经理和数据分析师 / 普通产品经理的区别”“数据产品经理的核心能力”“体验过最好的数据产品及原因”等。这些问题每个人都可以有自己的答案，只是要做到逻辑自洽、严谨，有属于自己的看法。这样才能证明候选人在日常工作中对本职业有过深入的思考和规划，有一定的培养潜力。这里以第一个问题的常见答案来分析，有些人会从工作内容上看，认为数据产品经理是将分析流程固化，分析师更多是直接进行分析；有些人则从工作产出上看，认为数据产品经理设计产品，分析师则交付报告或建议。笔者个人更认可这种观点：数据产品经理的核心职责是利用企业数据资产发挥价值，包括降低使用门槛和管理数据资产等，而分析师的核心职责是结合具体业务问题交付对应的报告和建议，进而解决问题。这些答案都没有错，只要能自圆其说，经得起推敲即可。

在数据专业能力上，首先要考察对方对数据准确性的重视程度，在涉及的项目中，询问对方是如何进行数据校验和数据质量建设工作的。如果候选人几乎没有接触过这些，那么基本可以判断对方公司及本人对数据准确性的重视程度远远不够，他不是一个合格的数据产品经理。其次，则考察相关项目中数据产品的负责模块、设计思路、逻辑和后续验证，这里尤其要注意后续的验证模块。数据产品因为其价值的间接性，交付只是一个开始，只有持续跟进业务方使用情况并不断优化才能更好地体现产品价值。

对于应聘高级数据产品经理的候选人，则着重考察其对于数据领域的深入程度，大范围、高复杂度项目的落地能力，团队管理能力及职业规划情况。企业招聘此类人才的主要诉求是带领或建立一个团队，搭建或维护一整套数据平台，并推进公司的数据资产建设。这里着重讲前两个考察项。

在数据领域的深入程度上，一方面需要考察其对数据全链条的思考深度，另一方面也要着重看其在业务场景的结合经验和数据价值输出模式。数据产品涉及采集清洗、计算管理、展示分析、挖掘应用四个环节，数据产品越发展到后面越需要全盘考虑，避免因一节而坏全局，所以需要着重考察其全链条掌控能力。最常见的问题是“某项目的数据上游如何把控质量”“某项目的数据资产管理思路”等。同时，这一阶段的产品负责人，不仅要考虑数据产品本身的情况，还需要思考如何让数据结合业务场景发挥价值，提升公司对数据部门的认可程度。所以需要看候选人在平常的工作中，如何深挖对应的业务场景，再反馈到产品设计中，体现数据价值。这些从简历上的描述能看出一二，在面试过程中也能围绕项目的“发起—设计—Kickoff—推进—反馈”流程，深挖对方在这些环节上的思考，多问几个“为什么这么做”和“为什么不这么做”，想必双方都能够在这样的讨论中获得非常多的信息量。

到了较高阶的职位，所面临的项目复杂度和影响范围必然会上升几个数量级。为了招聘到能解决此类问题的人，我们在招聘时也需要着重考察候选人对复杂数据问题的解决能力。首先是上面提到的数据全链条掌控情况，这往往涉及多部门的合作，包括客户端、服务端、交易系统等。如何协调多部门时间和利益，最后促使链条上的每个环节都能正常工作，这是面试时必须考虑的问题。其次是面临复杂问题时的落地推进能力，如“项目进行中遇到的最困难的问题是什么，你是如何解决的”“如何确保一个项目的有效性并持续提高和改正”“如何在老板预期、开发部门和需求方多方之间寻求平衡”等。这个环节可以适当考虑“压力面”的方法，围绕着一个问题深入讨论、“穷追猛打”，看对方在这些方面的抗压能力和思考深度。最后也可以询问在团队的搭建和分工合作方面的经验，以及如何在团队没有完备的情况下开展工作，即所谓“一边换轮子，一边上高速”。

面试过程中注意了解候选人的诉求和规划，还需要根据面试结果与 HR 或上级沟通。如果有拿捏不准的部分，可以在反馈中表达出来，让他们再帮忙把下关。如果你觉得人才难得或者需求紧急，则需要多表达候选人与职位的契合度，争取能够以有利条件将其留下来。此外，建议将每次反馈都记录下来，方便后续的人才跟进和对入职后的表现进行综合比较。“记录—分析—反馈—优化”毕竟是数据人的本分工作。

3. 人才跟进

如果你已经走到了这一步，恭喜你终于找到了合适的候选人，这场漫长的面试流程接近尾声。不过还不能松懈，优秀的候选人手里都有若干 Offer，如果要争取对方入职，需要和 HR 甚至候选人本人保持紧密沟通。

入职后的一段时间内，其实也应该被纳入整个人才招聘的流程里。因为很多分析证明，人才在入职的前三个月是离职的高发期。作为用人方，我们一方面需要分配给新人合适的工作，帮助他从易到难逐步了解深入业务，快速融入团队；另一方面也需要通过具体的工作来复查之前的人才招聘流程是否存在纰漏，以保证招聘到合适的人才。

4. 小结

招聘是个漫长的过程，有时候可能历经四五个月都找不到一个合适的候选人。这个过程，考验的不止应聘者，也有招聘者本人。如 1.5.1 节所言，应聘是一场对自我知识体系和职业规划的检阅，这句话对招聘者同样适用。如果遇到优秀的候选人，即使最后不能一起工作，但能够一起深入交流某块业务亦是难得的机会。因此，作为招聘者或面试官，我们更应该做到的是，以平等心和空杯心待之，不因身为面试官而自觉高人一等，亦不因工作指派而心焦烦躁，所谓“三人行必有我师”。

1.6　数据产品相关案例

本节将通过两个案例来分别讲解商用数据产品的设计模式及数据产品经理面试时的常见背景和问题。1.6.2 节的面试案例由数据产品经理朱诗倩撰写，该案例对提升产品经理的面试能力应该大有裨益，因此在此一并分享给大家。

1.6.1　商用数据产品研究案例——Domo

1. CEO：数据创业的领衔人物

Domo 的 CEO Josh James 早在 1996 年就创立风靡一时的网站统计产品 Omniture，后于 2009 年以 18 亿美元的高价将其卖给了 Adobe。2011 年，他创立现有的公司 Domo，4 年后公司估值已达 20 亿美元。虽然 Domo 最后在 2018 年流血上市，2019 年 12 月市值仅剩下 6.43 亿美元，但 James 作为数据领域创业的先驱，主导设计的 Domo 产品（见图 1-11）依旧不失为一个绝佳的商用数据产品研究案例。

图 1-11　Domo 产品宣传页

2. 产品：直击国外企业痛点

Domo 的核心功能是将公司内各种来源的数据汇总起来，提供给管理层及一线员工使用。一方面，国外企业倾向于使用各种办公自动化的软件或服务，如人力资源管理用 Workday，销售管理用 Salesforce 等，数据散落的情况十分普遍。另一方面，企业中因精细化运营的理念，经常需要用数据说话。因此 Domo

的功能可谓直击国外客户痛点，解决了他们实实在在的需求。对于产品经理来讲，我们要从 Domo 等优秀产品上学习如何通过抽象、简化和复用来降低企业使用数据的门槛，从而让更多人使用数据，爱上数据。

Domo 现有 1000 多个签约客户，包括 Master Card、国家地理、日产、施乐等。据福布斯报告，Domo 按使用用户收费，年费最低为 2.5 万美元，按 12 人的最小规模团队计算，每用户约 2000 美元。有些公司每年在其中投入 100 多万美元。即便如此高价，它的年复合增长率也超过了 100%。

Domo 的功能分为以下 7 个环节，涵盖了数据的整个链条。

- ❑ Connect（数据连接）：提供多数据源接入，实时更新（对 CEO 而言十分重要）。
- ❑ Store（数据存储）：提高数据交付的速度和规模。
- ❑ Prepare（数据计算）：提供了现成的 ETL 工具、DataFusion 调取数据，甚至支持自动化预测。
- ❑ Visualize（数据可视化）：提供拖曳式设计的 Card Builder，再用 Pages 来组织 Card，以及利用 Domo App 默认生成图表；根据角色和行业提供对应方案。
- ❑ Collaborate（数据协作）。Domo Buzz 可针对数据开展讨论，且只要和你相关的指标变动都会通知你。Domo Profiles 提供个人在组织内的位置和行为。支持数据在组织内和组织外的分享。结论会形成任务，分派到具体的人身上。
- ❑ Predict（数据预测）：利用平台内置的 AI 工具，预测商业世界的下一步动作，以便企业未雨绸缪。
- ❑ Extend（数据扩展）：利用预置或定制化的应用，扩展客户使用数据的能力。

这 7 个环节分拆到每个功能上，就是图 1-12 所示的流程图。

在上面 7 个环节中，多数据源的接入、存储和准备是 Domo 的基础，基于数据的协作则是 Domo 将数据落实为业务动作的关键。只有当数据结论落实到人身上并且可追踪的时候，数据才能真正发挥价值。而提供各种分析 App 的 Appstore 则真正让 Domo 具备成为新一代商业大平台的可能。它通过连接开发者与企业，来满足更多企业个性化的需求，完成 Extend 的战略诉求。

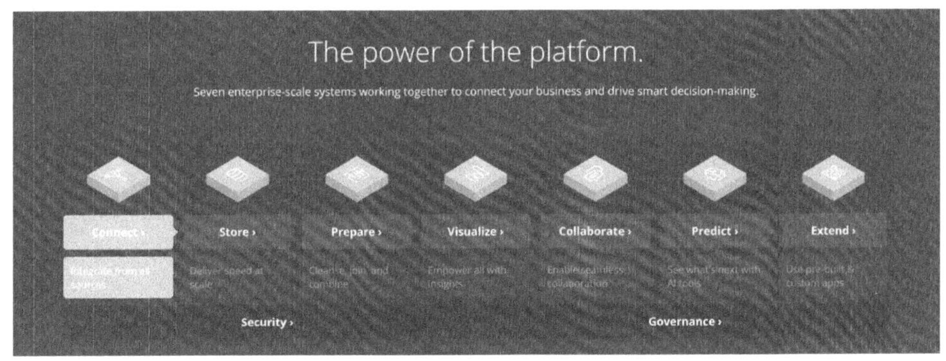

图 1-12　Domo 功能模块示意图

以上这些环节汇总成一句话，就是降低企业使用数据资产的门槛。在以下详细介绍几个重点环节时，我们会发现，这种理念渗透在产品的每个细节里，令人叹为观止。

3. Connect & Prepare：让数据干净地来，干净地走

（1）Connect：多数据源的接入

Domo 提供当前各种主流数据来源的接入库（Connector Library）。当接入完成后，会有现成的模板提供分析思路，避免重新做图分析。可供接入的内容如图 1-13 所示，具体包括以下几类：

- 广告后台，如 Google、Bing；
- 分析产品，如 GA、Adobe Analytics；
- 表格软件，如 Excel、Google Sheet；
- 数据库，如 MySQL 等；
- 提供接口的 SaaS 产品，如 New Relic、Salesforce、SurveyMonkey、Jira 等 APM、CRM、调查类与协同类产品；
- 社交产品，如 Twitter。

内容接入后，会根据 Domo 的内置模板直接生成对应的分析框架。这也印证了 Domo 让数据变得更简单的产品理念，帮用户自动完成作图这个烦琐的过程，直接将一盘美味佳肴端到他的面前。图 1-14 是这部分的产品截图。

（2）Prepare：多数据源的融合

数据的准备一直是很多企业头疼的环节，但这恰恰是 Domo 的强项，亦是

其产品逻辑的底层基础。Domo Prepare 包含 3 个功能——ETL、DataFusion 和数据预测，旨在提供极其简单易用的工具，将不同来源的各种数据以可视化的方法整合到一起。

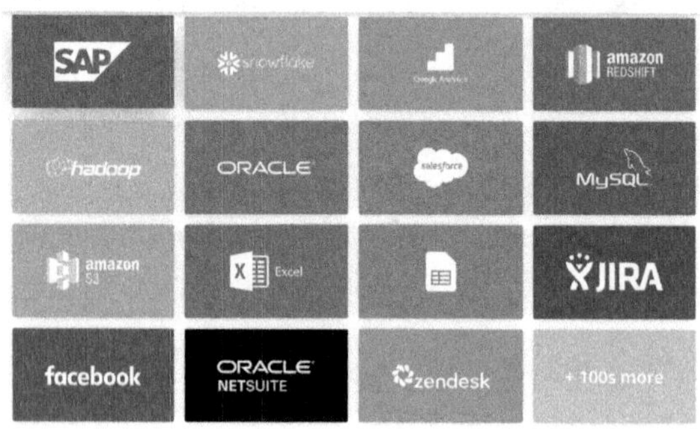

图 1-13　Domo Connect 支持内容

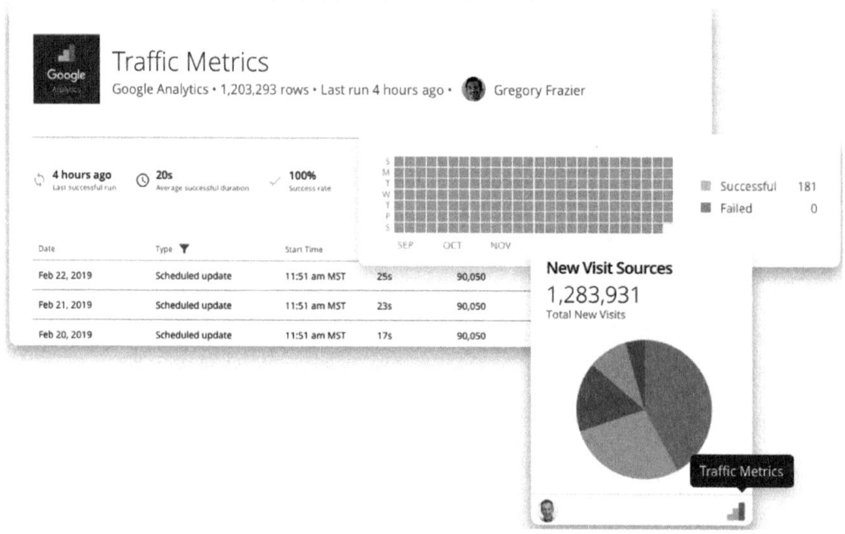

图 1-14　Domo 为 Google Analytics 设计的模板

图 1-15 所示的 ETL 工具以可视化的方法，让新手用户也可以进行数据清洗、转换和加载等高级工作，连 SQL 都不用写了。

DataFusion（见图 1-16）可以帮助用户直接在数据源中进行增删合并，生成新的内容。

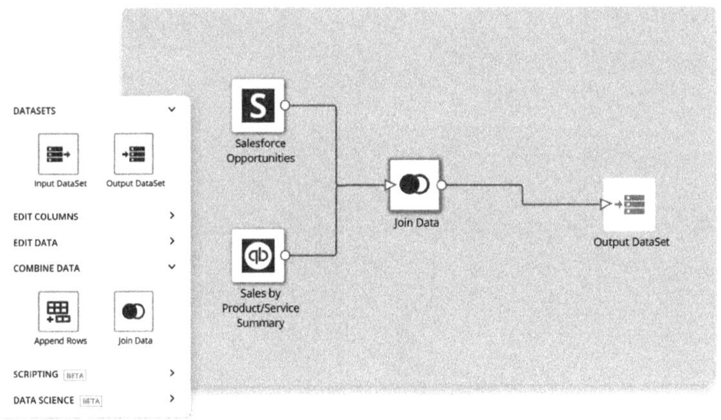

图 1-15　Domo 可视化 ETL 工具

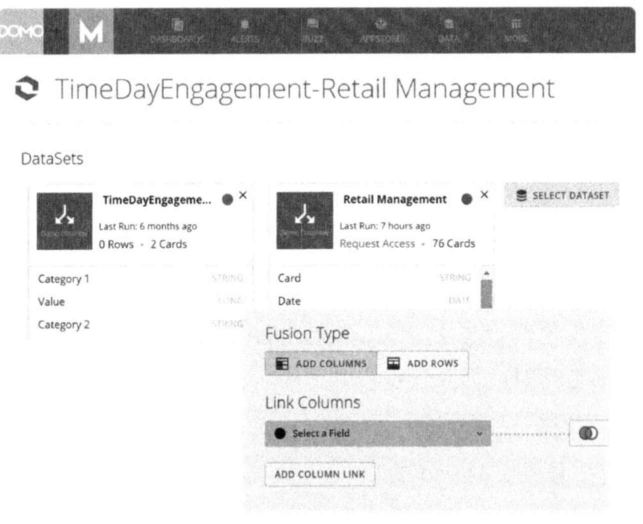

图 1-16　Domo DataFusion

在这个基础上，Domo Magic 甚至提供了自动化的预测模型，如图 1-17 所示。即使你不是数据科学家，依旧可以通过内置的模型进行数据预测。当然，Domo 也提供了 R 和 Python 语言的接口，用户可以在 ETL 的过程中进行更加复杂和自由的定制开发。

ETL 在很多大公司里都有专门的数据工程师负责，而 Domo 竟然用这么一款简单的产品节省了这些工程师大部分的工作量。当然，完全取代是不可能的，毕竟存在效率问题和更深层次的聚合表和主题表的创建过程。不过能够做到这一点，已经大大降低了很多数据的使用门槛。

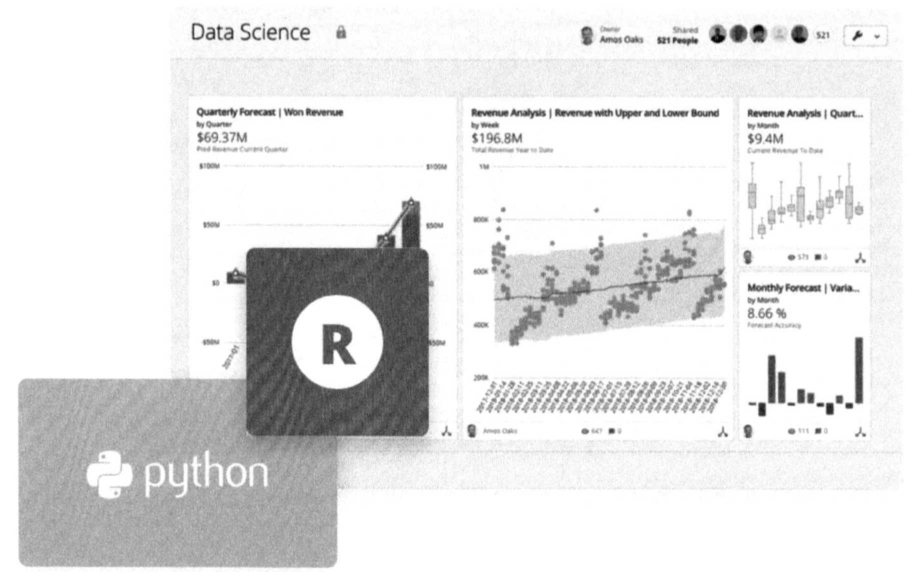

图 1-17　Domo Magic 的预测模型

4. Visualize：数据可视化和分析

Domo 的可视化部分主要由 Card Builder 和 Analyzer 支撑，前者属于制图部分，而后者则是针对已做单图的分析。

（1）多样的数据可视化

如图 1-18 所示，在 Domo 的可视化数据部分，支持以拖曳的方式建立单图，并且提供了超过 50 个图标样式。一个值得注意的细节是，添加数据源后会提供默认单图，而非一片空白。在创建完图标后，会以一种固定的格式罗列在页面上，便于用户查看和整理。

（2）针对行业的呈现模式

在 Domo 的菜单里，可以看到顶栏按照各职业做了区分。其实 Domo 在产品设计上，会根据不同行业、不同角色和不同数据来源提供默认 Card。在通用性数据平台解决深入性业务问题的这个方向上，Domo 迈出了重要一步。

图 1-18　Domo 的可视化功能——Cards

（3）分析功能

Analyzer（见图 1-19）提供了以过滤、下钻、提醒和变更图标形式等方式进行分析的方法。下钻可以层层下探到数据源，帮助用户了解各种颗粒度上的问题。

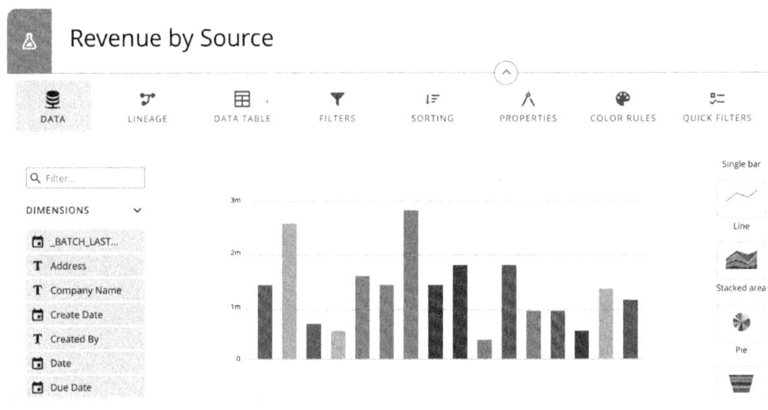

图 1-19　Domo 可视化功能——Analyzer

5. Collaborate：完成数据管理闭环

Domo 的 Collaborate 模块通过 3 个部分实现协作：以团队为中心的讨论并分配项目和任务，以组织关系为基础的数据分享，以及多端同步的实时通知。这样的设计实际是扩展了当前 BI 的内涵，从对数据的分析升华到对数据的使用上，进一步发挥了数据的价值。

（1）从讨论开始

如图 1-20 所示，基于每个图表都可以发起针对性的讨论，解决了在数据分析项目中常见的图表协作问题。

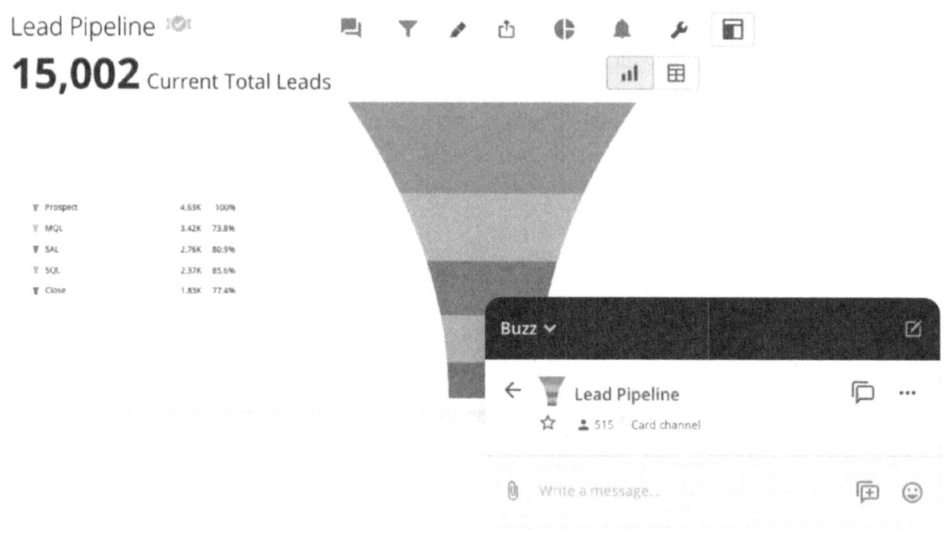

图 1-20　Domo Buzz 界面

（2）了解你的同事

如图 1-21 所示，Domo 将用户权限内可见的同事关系通过可视化的方式进行展示，所在群组、汇报关系、当前进行中的项目一目了然。做过权限管理或审批的产品经理应该会对这种不同群组的权限关系颇感棘手，Domo 倒是提供了一个不错的思路。

（3）跟踪项目进展

有了数据分析结果，如何跟踪落地一直让很多企业头疼。Domo 的做法是将分析任务直接分配到对应的人头上，并按项目和任务的层级进行可视化展现。

落地的进度因此尽在掌握之中，如图 1-22 所示。

图 1-21　Domo 的组织关系界面

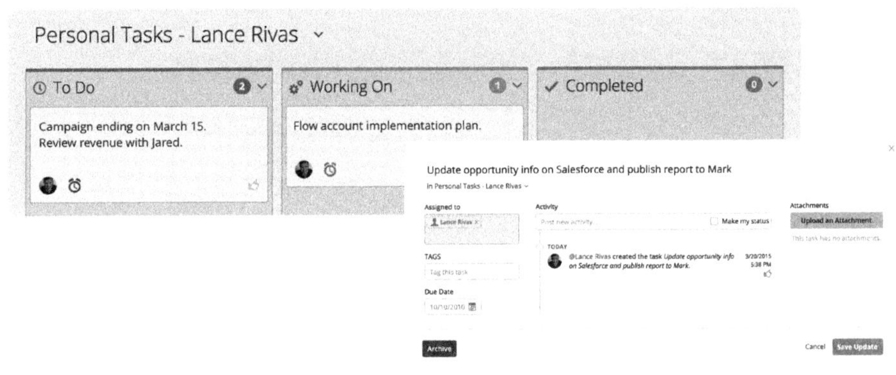

图 1-22　Domo 的项目协作

6. Predict & Extend：成为新一代商业平台的可能

近些年来，AI 技术的成熟赋予商业数据产品更多的可能性。Domo 尝试将 AI 能力引入进来，以达到“降低企业使用数据资产门槛”的目的。

Predict 模块除了在前面提到的 Prepare 准备环节中发挥作用外，在实际的分析过程中也能帮助用户更快地找到原因，得出结论。如图 1-23 所示，Domo 能够利用深度学习及描述性统计模型自动监测数据异常，并以文本化的语言撰写简短的报告，如同一个人工智能版的数据分析师。

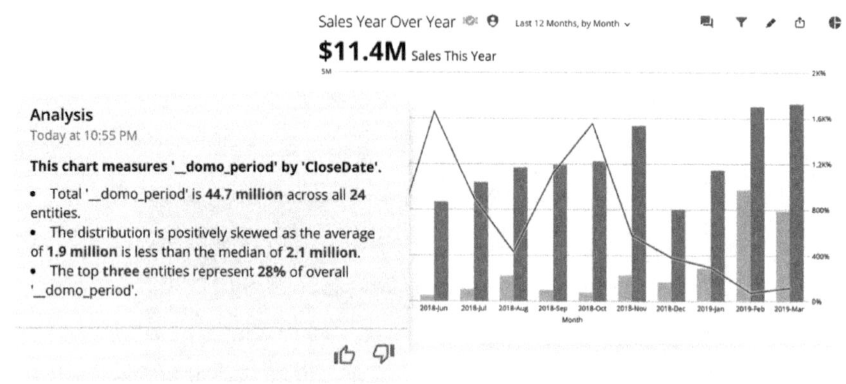

图 1-23　Domo 自动化洞见

同时，Domo 支持用户通过搜索的方式得到结果，而非从图表的茫茫大海中寻求结果。这对很多高管级别的用户来讲，无疑是个非常贴心的设计，如图 1-24 所示。

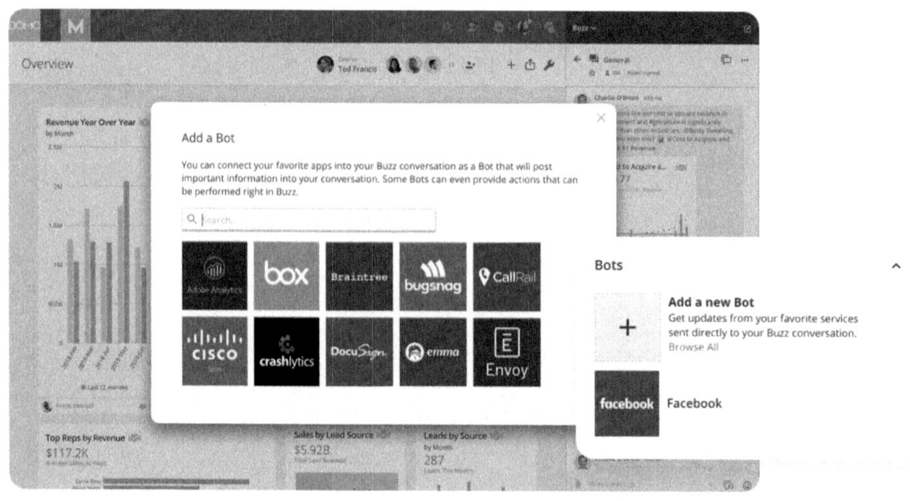

图 1-24　Domo 的自动化问答

Domo 的 Appstore（见图 1-25）让它有成为一个大平台的可能。首先它满足了更多贴近业务的分析场景。Appstore 里提供了各种行业、职位、部门、活动等方面的数据应用，让数据的使用和分析变得更为简单。其次它也支持更多的信息源，完成了更全面的数据来源覆盖。

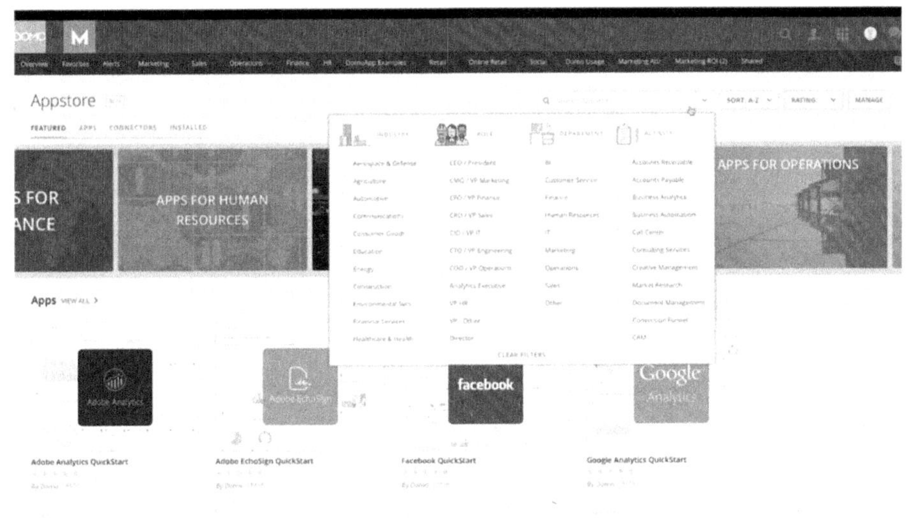

图 1-25　Domo Appstore

类似的分析工具还有很多，它们旨在利用 Domo 提供的数据接口及工具，创造出更贴近客户使用场景的分析应用。这些应用就像苹果公司 App Store 中的 App 一样，丰富了整个平台的商业生态。2016 年的 Domopalooza 大会发布了一个耗资 5 亿美元、面向移动端的应用商店，致力于打造全球第一个“商务云”的概念。它宣称在其新的 Appstore 中已经有 1000 家合作商。借此，Domo 铁蹄铮铮，正一步步地拓宽自己的商业版图。目前来看，因为 Domo 本身的生态问题，其 Appstore 里的应用还不是很丰富，期待他们在下一步的战略规划中能够加强这一方面。

1.6.2　数据产品经理面试案例

笔者在一家电商公司担任数据产品经理一职，由于业务发展要求，团队需要新增一名小伙伴来负责设计一款企业内部的数据产品，主要对接运营同事，在开展线上营销活动时可通过点选条件进行用户筛选，快速选择推送用户并记录运营效果。笔者与公司 HR 沟通，希望面试者至少具备以下能力，希望 HR 在筛选简历时重点关注。

- 产品方面，这是一个偏初级的职位，希望候选人有 2 年左右相关工作经验，经历过完整的产品需求收集、分析、定义、设计、落地和迭代过程；

有较强的逻辑思维能力和解决问题的能力，可以独立与运营同事对接产品需求。

- ❑ 数据方面，了解电商相关领域常见数据指标体系，熟悉公司数据流的采集—清洗—管理—展示—分析—挖掘的处理过程及公司常见数据分析应用场景。
- ❑ 其他方面，良好的跨团队沟通能力和项目管理能力，具备较强的求知欲和创新意识，如果有电商运营、增长等业务相关经验更佳。

2 天后，HR 反馈有一位不错的人选，在电话沟通过程中得知候选人的项目经验比较丰富，表达能力良好，与这次职位的需求比较契合。等笔者赶到会议室，候选人和 HR 已经在会议室待着了。

1. 自我介绍

一般来说，自我介绍部分持续 3~5 分钟，候选人需要开门见山地介绍自己的学习背景、从业背景和项目经历。在自我介绍的过程中候选人务必注意紧扣核心——我为什么来面试这个职位，对于这个职位我有什么优势，引出最为相关的从业经历，并用一定的数据来表征所做工作为公司带来的意义，为后续深入介绍相关工作（项目）经验做准备。

笔者：辛苦辛苦，路上过来还顺利吧？我是数据产品这边的负责人，欢迎你过来面试，请你先简单介绍一下自己吧。

候选人：好的，面试官您好！我是 SJ，毕业于北京某 211 高校。我有两年的工作经验，毕业后一直在一家在线教育公司担任数据产品经理，主要职责是帮助公司完成内部数据支持系统的搭建，并且为不同部门提供数据应用产品，让数据更好地帮助业务进行决策。

不同的部门有不同的目标，比如销售部门的目标是提升成单率，我就为销售部门提供了线索分析的工具，能够清晰看到用户对于课程的偏好程度，方便销售跟进。这个线索分析工具上线之后，成单率提升 8%。再比如市场部门的目标是提升 ROI，我为市场部门提供了渠道能力监控工具，可以看到不同的投放渠道后续的漏斗转化能力，让市场部的同事更好地分配和调整预算。

为了更全面地获取数据，首先要对底层的数据支持系统进行搭建，包括埋点、质量检测等，这部分的工作我会跟平台产品经理和开发同事一起沟通。

我觉得我目前具备了一定的数据产品设计经验和数据分析能力，想来试试贵公司的初级数据产品经理职位，请面试官多多指教。

该候选人的自我介绍按照学历背景—经验背景—主要职责—工作成果来展开，整体逻辑清晰，最后强调了自己与面试职位的关联性，体现出自己能够把握这个机会的自信，整体时长也控制得比较合适。

此环节大忌：长篇大论

2. 围绕项目和数据产品能力展开

笔者：嗯，听上去你做的事儿还挺丰富的，就拿销售部门的线索分析工具来说吧，你考虑了哪些维度，销售部门又是怎么用这个工具的呢？

候选人：我们的用户路径是各类广告推广渠道—公司官网 / 落地页—课程详情页—下载课程大纲等各种评估—点击付款按钮—下单成功，因此我们在销售的线索分析工具中会围绕这些用户行为展开。我们根据历史数据对这些特征进行提取，用逻辑回归来搭建模型，提取出对于最终决策最有影响的因子，作为销售部门的跟进依据。最终我们还会输出一个总体的用户价值评分，让销售部门在跟进之初就预判优先级和成单可能性。

笔者：嗯，那么你们是怎么获取这些数据的呢？

候选人：我们通过页面的埋点来获取这些数据，包括各个页面的浏览时长、跳出率、按钮点击率等。

笔者：嗯，你们怎么去做这些埋点的？

候选人：我们用的代码埋点，包括页面统计和事件统计。页面统计就是统计页面的访问情况、次数、时长和流向关系，事件统计主要是操作行为，比如按钮的点击和执行结果等。

笔者：代码埋点有什么优劣势？

候选人：代码埋点是我们自己工程师埋点，所以可以非常精确地选择什么时候发送数据，发送什么样的数据，数据的事件类型都可以自定义设置，比较灵活。但是代码埋点的代价比较大，每次更新都会带来很大的工作量。而第三方的 SDK 虽然部署起来比较方便，但是其准确性和多样化肯定不足以与代码埋点相提并论。

围绕项目和数据产品能力展开的环节往往是面试中的核心环节，面试官在此环节的主要考察目标包括：

- 针对职位所需的专业能力对候选人进行考察，确认候选人与所招聘职位的专业要求的匹配程度；
- 针对候选人的工作经历和项目经历进行细节考察（如技术细节、业务逻辑、设计思路、上下游工作关系等），确认候选人经历的真实性和基本功。

该候选人在这个环节表现得比较好的地方：对于自己所负责产品的业务逻辑比较清楚，了解销售部门在使用过程中的痛点，也了解产品研发过程中与埋点相关的技术细节，能够对比不同埋点方法的差异。

还可以表现得更好的地方：候选人没有明确说明销售线索分析工具的需求是来自销售部门还是自己团队的创新。如果是自己团队的创新，自己是如何说服销售部门使用和推广的，反馈如何，有哪些是开始没有想到的需求，有哪些又是鸡肋功能，这些信息能增加工作经历的可信度，同时展现候选人深度思考的能力。

此环节大忌：弄虚作假

虽然大家的项目经历不尽相同，但对于数据产品经理来说，所负责产品的数据运转流程包括采集清洗、计算管理、展示分析和挖掘应用的逻辑大体是相通的，因此项目涉及的埋点体系、数据指标及管理体系、统计分析工具和数据挖掘应用结果需要在面试之前好好回顾，做到心中有数。第 4 ～ 11 章将会对数据产品的组成和应用进行详细阐述。

3. 围绕数据产品经理职位的思考

笔者：你觉得数据产品经理与其他产品经理的角色有什么不同？

候选人：我觉得首先是工作内容上，其次是能力上。从工作内容上看，一般产品经理都重在对功能类需求的把握和对产品进度的管理，目标是提升用户体验，让用户更开心、更长时间地留在产品上。而数据产品经理的工作内容是建立数据指标体系，产出合适好用的数据工具或应用产品，数据产品经理相对来说是偏 B 端的，对于业务痛点的熟悉程度更高。

从能力上看，有的时候公司不是没有数据，而是有太多的数据，不知道怎么去看，不知道如何解读，这个时候需要数据产品经理设计恰当的数据指标以供用户分析。所以数据产品经理对于指标体系搭建、算法模型和数据平台建设都需要有比较深的认知，而拥有一定的数据分析能力或编程能力，沟通起来会更顺利。

笔者：你工作的上游部门和下游部门分别是谁？

候选人：一般来说，我的上游部门是各个业务部门，比如销售、市场、售后等，他们会给我们提需求，我也会主动了解他们工作中的难点和痛点，看能不能用数据来帮助他们作决策。下游部门包括数据分析部门和开发工程师，我们会一起研究模型，对数据质量进行检测，对数据来源进行部署。

面试官围绕数据产品经理职位的思考主要是希望考察候选人在工作中是否对数据产品经理这个角色的工作内容、边界、方法及未来发展方向有清晰认知，同时在之前工作经验中是否积累了通用的方法论。

该候选人在这个环节表现得比较好的地方：回答比较有逻辑，拆分成工作内容和关键能力两个方面来解释数据产品经理跟其他产品经理的角色，并分别提到了与自己经验能力相关的指标体系建立、数据分析能力和业务痛点把握这类关键能力，强化了在面试官心中的印象。

还可以表现得更好的地方：由于业务领域的细分，除了功能型产品经理以外，市面上逐渐涌现出策略产品经理、商业产品经理、B 端产品经理等多种职位。候选人可以尝试其他的角度，例如在产品研发的不同阶段分别需要什么类型的产品经理介入，或者从公司业务的发展和团队建设的规模来看，职能细分是如何发生的。

此环节大忌：过分夸大职责范围

围绕数据产品经理职位的思考是通用型的问题，无论是初级、中级还是高级职位都可能会遇到。相对初级的职位一般侧重于业务问题的解决，而面试越高的职位越看重对于本领域知识的抽象、跨团队的协作和通用方法论的沉淀。对于不断成长的数据产品经理而言，这类软实力的提升不可谓不重要。第 2 章和第 3 章将对数据产品经理的工作职责和技能提升进行详细阐述。

4. 开放性问题

笔者：好的，有一个开放性的问题，有一个放满玩具的仓库，现在乱糟糟的，需要你对玩具进行一些分类，你会怎么思考这件事？

候选人：嗯……方便问一下分类的目标是什么吗？是为了更快地找到想要的玩具，还是为了更快地发货，又或者是更合理地利用空间？

笔者：这是一家玩具店的仓库，主要是为了更快地发货，当然也为了更合理地利用空间，毕竟空间也是成本嘛。

候选人：如果是这样的话，从空间利用的角度上，我会先按照大件和小件来作区分，因为大件和小件的发货所需要的工具是不同的。除此之外，我会考虑按照店铺本身的宝贝分类来进行排序，最热销的品类放在最方便获取的位置，相对冷门的品类放在较里面的位置。再者，如果考虑季节性、节假日、活动促销之类的影响，还可以对目标客户群体进行细分，观察走势，对于仓库的分布进行调整。

笔者：如果让你给大老板设计一张报表，每天早上供他查看，你会怎么设计？为什么？

候选人：我觉得会分三个部分吧。第一部分是公司最主要的目标，也就是我们的北极星指标（例如营收，具体参见第6章）当年和当月的完成情况，以及与上周的同比情况。第二部分是对北极星指标进行拆解得到的二级指标。假设营收 = 用户数 × 客单价，报表会对用户数和客单价进行明细展示，包括新用户数、老用户数、整体客单价、不同课程的用户比例和营收情况等。如果大老板看这个报表的时间比较短，比如只有一两分钟，那么这两部分基本就满足要求了；如果他有更多时间，想要更好地指导下属工作的话，第三部分可以进行更细地拆分，考虑更丰富的维度，例如财务上不同渠道花了多少钱、ROI如何、不同的课程表现趋势如何、是否需要考虑课程更替、近期的投诉率和NPS如何变化等。

在开放性问题的环节中，面试官主要考察候选人在一个不熟悉的场景下解决问题的能力和逻辑思维能力。在这个环节中往往没有唯一的正确答案，因此，候选人在接到开放性问题时不要紧张，可以假设有多种情况，每种情况的解决方案能自圆其说即可。如果真的完全没有思路，也不要冷场或埋头苦想，可以就不清楚的地方向面试官提问，来获取思路。

这个候选人做得比较好的地方有两个，一是针对开放性问题的目的与面试官互动，缩小思考范围。将一个大问题拆解成一个个小问题，针对不同场景进行逐个解决，这种思考方式是面试中很可取的。往往面试中留给候选人的思考时间并不会很多，分拆问题有助于将双方都聚焦在其中一个点上，像抽丝剥茧一样找到最终的“线头”。二是将问题带入自己熟悉的环境。结合已有经验来解答，会比设计一个不熟悉的场景更得心应手。

此环节大忌：天马行空或支支吾吾

5.“你有什么问题”

笔者：嗯，好的，你的情况我们大致了解了，请问你有没有什么想了解的？

候选人：我想了解一下这个职位所在的团队和团队规模。

笔者：这个职位属于我们公司数据中台的部门，大团队有 20 人左右，按照不同的业务模块分成 3 个小组，我分管其中一个小组，目前加上我有 8 个人。你还有其他问题吗？

候选人：好的，那我想请问下后续的安排如何？

笔者：我们后面还会有一轮面试，是我们中台的负责人来面试你，有新消息我们 HR 会跟你联系！

候选人：好的，谢谢面试官，今天辛苦您了。

在面试的结尾，一般面试官会问一下候选人对于公司或者团队有什么问题，这个时候面试官可以从候选人问的问题来了解他关注的东西，甚至是离职原因和求职动机。例如该候选人问了团队规模，可能是想知道团队是不是初创，大致的业务量和分工如何，是否有比较完善的流程。笔者也遇到过候选人提问公司福利、假期、收入等问题的，这类候选人往往对薪酬福利比较看重，可能是因为待遇不够而离开。

对于候选人而言，这是面试过程中一个典型的化被动为主动的机会，可以趁此机会主动提出自己比较关心的问题，请面试官回答。这里有两个陷阱请尽量避免。

- 薪水，如果整体面试过程没有谈及薪水，最好不要主动提起薪水相关的话题。如果迫不及待地关心待遇或者福利，面试官或 HR 会认为你比较关心个人利益，在薪资上可能会斤斤计较。
- 态度，在这个环节尽量不要回答“我没有问题”，既然来面试，肯定会希望有更好的职业发展，对于面试的职位理应有充分的准备，如果直接回答没问题，显得太过随意，对面试岗位没有充分的思考。

候选人可以针对职业发展、挑战和仍需提升的能力角度来发问，体现出上进心和求知欲，让面试官和 HR 认为你是积极上进的，加深对你的良好印象。例如面向面试官，你可以这样提问：

- 您能帮我介绍下，我们部门的整体架构吗？平时对接比较多的上下游部门有哪些？
- 我们部门是如何推动业务发展的？未来 1 ～ 3 年的规划是什么？如何看待行业 / 某个细分领域未来的发展？

面向 HR，你可以这样提问：

- 这家公司的文化有哪些特点？比较欢迎什么类型的员工加入团队？
- 这个岗位为什么会开放出来？这个部门的人员设置是怎样的？

第 2 章 数据分析方法论

如第 1 章所述，一名数据产品经理既需要具备产品经理的通用技能，也需要掌握数据相关的专业知识。

经常有读者感到困惑：每天都很忙，要提取数据、跑数据、清洗数据，但是不理解为什么个人工作的效果不明显。

因为这些事情不足以成就一名真正的数据产品经理，这些接近程序化的工作无法驱动业务，只是跟随业务做支持辅助。而真正的数据产品经理要学会发挥数据的价值，通过数据驱动业务，提升业务。只有完成一系列的数据驱动业务，产品经理才能被所有人接受，成为团队的核心人物，才能体现数据产品经理的最大价值。

要想驱动业务，需要有专业的数据分析框架和完整的产品思维框架，两者缺一不可。本章会详细讲解数据产品经理需要掌握的数据分析能力，因为市面上介绍产品思维的图书和资料已经有很多，所以第 3 章不会介绍产品思维，而专注于产品经理的进阶能力——做产品路线图。

虽然数据产品的细分类型很多，但是每个方向的数据产品经理都需要具备数据分析能力。

- 如果是做辅助决策的数据产品，比如 BI 和数据可视化，那么数据产品经理要学会对各业务模块数据进行指标拆解，才能通过量化找到业务增长点，才能知道需要哪些数据支持决策，进而提前规划数据获取、埋点等。

- 如果是做智能决策类的数据产品，也就是策略产品，那么对数据产品经理的数据分析能力要求会更高，因为思路的维度必须再多一层，即“某一策略制定的原因”，而且要细究到根本原因，这需要非常细致和全面的数据分析。如果不了解策略制定原因，只单纯分析数据，得到的结果有可能是无法实施和验证的，这会导致工作时间的大量浪费和工作目的跑偏。因此做策略产品必须要穷追到底。

本章会介绍数据产品经理需要掌握的一些数据分析方法，以及怎么在实践中使用这些方法。

2.1 数据分析的基础流程

在介绍数据分析的方法之前，我们要先讲清楚数据分析的基础流程，具体如下。

（1）发现问题

发现问题是指数据人员知道数据可能有问题，可以分为两种情形。

- 知道有明确问题。通过现有数据系统或者业务反馈，就能知道哪些数据有问题，比如
  - 日常监测数据，有异常数据时报警。
  - 日常分析数据，对于核心指标进行分析，经过细分、对比、趋势的分析，认为指标是可以改进的。
  - 接到业务需求。
  - 重要指标没有达成 KPI，或者希望继续提升。2.4.1 节的案例就属于这种情况。
- 没有明确问题。当产品经理级别上升的时候，会经常碰到没有明确需求的情况，业务部门或者公司高层只是提出希望业务得到提升、找到新业务方向这样的需求。2.4.2 节的案例就属于这种情况。

解决这类问题需要相对高阶的能力，因为此时没有明确方向，需要产品经

理用数据探索出方向和策略，这也是笔者日常收到咨询最多的问题类型。

（2）定位问题

发现问题后，需要定位问题到底出在哪一步，这个时候，就要用到将在 2.3 节中介绍的以下数据分析方法：

- 全链路分析，有助于发现每个环节的问题；
- 组成因子分解，有助于发现不同部门、不同项目的问题；
- 影响因子分析，有助于发现是哪个重要的因素造成了影响；
- 枚举法，有助于快速发现重要客户、商品、流量等问题对整体的影响。

（3）分析问题

分析问题时用到的方法论和定位问题这步是一样的，不过需要综合使用多种分析方式，在 2.4.1 节的案例中会讲解这部分。

注意，基础的数据分析方法包括细分、趋势、对比，这些方法虽然本章不会讲，但是读者要具备这些入门知识。

（4）提出有价值的数据结论

这一步提出解决方案。

因为对每一种数据分析方式的讲解都会涉及不同的案例，以便让读者理解其实际价值，所以为了让读者清楚，下面先系统介绍什么是有价值的结论，然后再详细讲解数据分析方法，最后用两个案例介绍本章知识点的综合应用。

2.2　有价值的数据结论

优秀的数据分析绝对不是图表堆积的产物，它一定有明确有价值的结论。以终为始[㊀]，本节先讲什么是有价值的数据结论。

2.2.1　什么是有价值的数据结论

有些数据人员做了很多数据报表，但是并没有得到意想中的效果，因为他们不知道什么结论有价值，也就不知道从什么数据能够导向价值。

㊀ “以终为始”思维是一种反向思维方式，就是从最终的结果出发，反向分析过程或原因，寻找关键因素或对策，采取相应策略，从而达成结果或解决问题。

正常来说，有用的结论就有两种：增加收益和减少损失（下文用“增减思路”替代）。如果一个数据不能帮助你得到上述结论中的任何一个，说明这个数据价值不够大，不应放在你输出的结论中。

2.2.2 怎样得到有价值的数据结论

怎样得到“增减思路”呢？一般步骤如下。

1）了解业务目标。

2）进行“增减思路”分析。为任意业务分析时，需要掌握这块业务能够增加的收益有哪些，能够减少的损失有哪些。以产品部为例，产品部需要的“增加收益”一般有以下几项：

- 增加收入；
- 增强体验；
- 增加用户参与感；
- 增加转化率。

产品部需要的“减少损失”一般有以下几项：

- 减少用户操作的步骤；
- 减少用户投诉失败的概率；
- 减少用户收到损坏物品的概率；
- 减少公司的人工空闲时间；
- 减少作弊，降低损失。

如果你要给产品部做数据分析，每一页输出的结论都要能够帮助你达到上述业务目标之一。如果做不到，就要继续改。

3）了解达成某项收益的业内常用办法。比如产品部的每种增加收益的业内常用方法如下。

- 增加收入：增加销售方式，提升转化率等。
- 增强体验：增加展示方式，比如放大图片、增加视频、增加直播等。
- 增强用户参与感：添加社区、社群等能给用户带来参与感和归属感的方式。
- 提高转化率：针对不同用户，提供不同的产品促进转化。

因为增加收益对任何公司都很重要，所以本章不同小节都针对收入这一点，提出了各自的常用办法，读者可以留心收集下。

4）对业务进行数据分析，并根据分析结果，结合自己对步骤 2）常用办法的了解，给出达成增减效果的结论。

5）为自己的结论给出数据支撑。

2.2.3 得到数据结论的案例

本节用一个虚拟案例串起上面的流程。假设业务目标为增加收入。如何得到数据结论呢？

方法一：高级与初级用户维度

1）用组成因子分解（将在 2.3.1 节介绍），将用户拆分成高级、初级两种，并查看能否从用户群中分出高级用户的行为特征。

2）进行增减思路分析。可以增加高级用户的收入，从而增加整体用户收入。为增加高级用户收入，业内常用的办法是为高级用户提供以下专享内容。

- VIP：可以增加一对一人工客服。
- 会员：可以提供高级用户折扣。
- 社群：高级用户的社群维护。

方法二：高频与低频用户维度

1）用组成因子分解，将用户拆分成高频、低频两种，并查看能否从用户群中分出高频用户的行为特征。

2）进行增减思路分析。

- 可以增加高频用户的使用次数，从而增加整体用户收入。业内常用的办法如下。
  - 产品方面，推出日报功能，早中晚推送日报信息。（参见知乎日报。）
  - 数据支撑方面，查看每天的停留时间，发现早中晚用户停留时间最长。
- 可以强化高频用户的购买习惯，从而增加整体用户收入。业内常用的办法如下。
  - 产品方面，推出每周特定销售的功能。（参见“花点时间”的“每周一束鲜花”。）
  - 数据支撑方面，查看每周有什么规律。

当自己负责的产品有增加收入的需求时，要能想到上述这些方式，才算是合格的数据产品经理。

说明：这里分别写了几个业内常用的办法，是为了辅助读者理解本章的方法论，实际上业内常用办法非常多，需要读者在工作中自行积累。

数据不分大小，关键是思路要多。比如，每家公司都有每天不同时段的流量数据，这是一个再寻常不过的数据了，但你考虑过怎么使用吗？

笔者（杨楠楠）以前跟过一个项目，下沉市场人群，每天早上 6 点左右是部分用户全天使用项目的高峰，那么就可以从用户群中分出 6 点的用户，针对这部分用户，市场人员就应该 6 点推送广告，产品经理就应该设计 6 点早报功能。

这样一个小小的数据就可以让公司各个部门利用起来，让这部分用户的数据（留存率、点击率等）增长。

这才是价值！如果只是单纯拿出每日的按小时流量数据的数据分析，那就没有价值。

总的来说，本节讲解了这么多，就是希望读者知道，有价值的结论是方向，数据分析要向着那个方向走。

而产品经理要得到结论，还需要掌握足够多的数据分析方法，才能找到足够充分的数据支撑你的建议。下一节我们就讲常用的数据分析方法。

2.3 数据分析基础方法

提到数据分析的基础方法，大家肯定很容易想到对比、细分和趋势，但是这些都是非常基础的入门理论，本节不会涉及。本节主要介绍产品经理在管理整个项目、解决整个项目的问题的时候，需要用到的数据分析方法。

2.3.1 全链路分析

全链路分析是指对全链路的每个节点进行分析和研究，它是一种非常重要的分析思路，也是对产品经理而言最重要的思路。大家所熟知的漏斗分析、AARRR 模型都是典型的全链路分析（见图 2-1）。

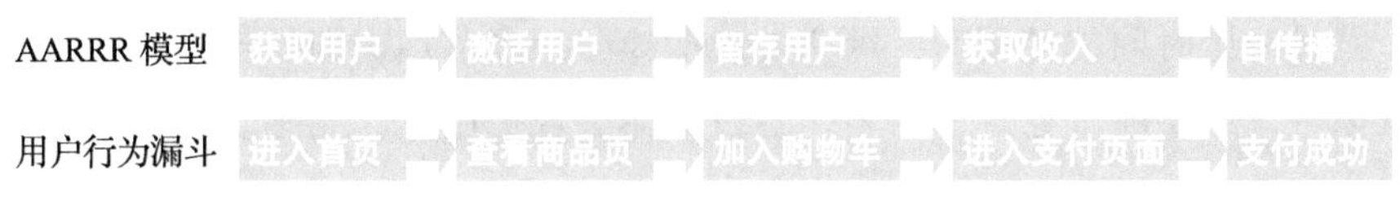

图 2-1　常用全链路分析模型举例

还有很多常用的业务模型都属于全链路分析中的整体节点监控，比如生命周期（用户生命周期、商品生命周期、产品生命周期等）的思路。

全链路分析的步骤如下：

1）梳理链路关键节点，确定每个节点指标；

2）进行节点洞察，分析每个节点的数据，查看问题点和增长点。

我们用一个背景是广告平台的案例来讲解全链路分析的步骤。广告平台的作用就是统一对接各个媒体，让广告主在广告平台上可以买到各个媒体的流量。

第一步：梳理关键节点，确定每个节点指标

最开始，梳理的广告行业的全链路流程是这样的：

1）媒体发送广告请求；

2）广告平台对其中的部分请求返回广告；

3）媒体展现广告；

4）用户点击广告；

5）广告平台扣广告费（这是广告平台的收入）。

梳理出来的关键节点和指标如图 2-2 所示，图中，每个比率指标是下一个节点数据与上一个节点数据的比值。注意，节点指标除了指这个节点的指标值，也可以指比率指标。

广告请求量 → 出广告的请求量 → 展现次数 → 点击量 → 消费
PVR　ASN　CTR　CPC

图 2-2　广告行业全链路分析

全链路公式是 CPC，即收入 =PV × PV 展示广告的比例 × 广告位数量 × 点击率 × 平均点击价格。

到了这一步，指标体系就建好了，可以用来做关键节点监控。要把中间的每个节点都梳理出来，如果中间有漏掉的节点，那么就说明思路有遗漏，容易出现问题。特别是当数据量大、数据流转系统多的时候，节点就要更细。

经过一段时间的使用后，笔者发现漏掉了很多节点，即广告平台把数据返回媒体后，还要经过竞价、排名才会被媒体展现给用户，完善后监控的节点变成图 2-3 中的第二种方式。

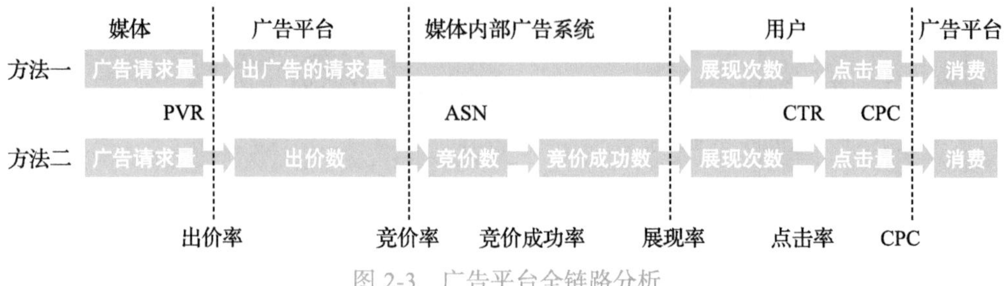

图 2-3　广告平台全链路分析

此时全链路公式变成

$$收入=实际请求数 \times 出价率 \times 参与竞价率 \times$$
$$竞价成功率 \times (1-响应超时率) \times 点击率 \times 平均点击价格$$

这个公式和上一个公式基本一样，只是为了让监控更完善，加了几个节点。

第二步：对每个节点进行深入洞察

如果只是完成第一步，全链路分析只能用于监测，要想得到具体的问题及解决方案，还要对每个节点进行深入洞察，梳理每个节点的影响因素，如图 2-4 所示。

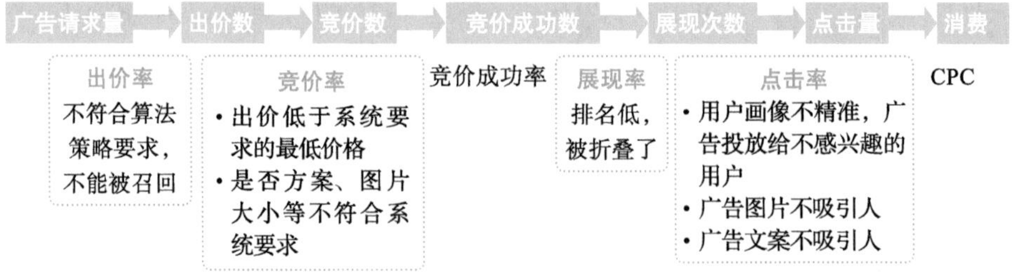

图 2-4　全链路分析的节点排查

在每个节点，都有非常多的原因导致这个节点的流量转化效率低。经过这样的梳理，才能找出根本原因，进而有针对性地给出解决方案。

当产品经理负责一个项目时，就是这样一个节点一个节点地优化，才能做好整体数据。由此可知，全链路分析是产品经理必备的思路和技能。

2.3.2　组成因子分解

把整体指标数据按照某种分类标准分成不同的因子的过程，称为组成因子分解。整体目标等于所有的组成因子之和。以广告平台总收入为例，其组成因子分解如图 2-5 所示。

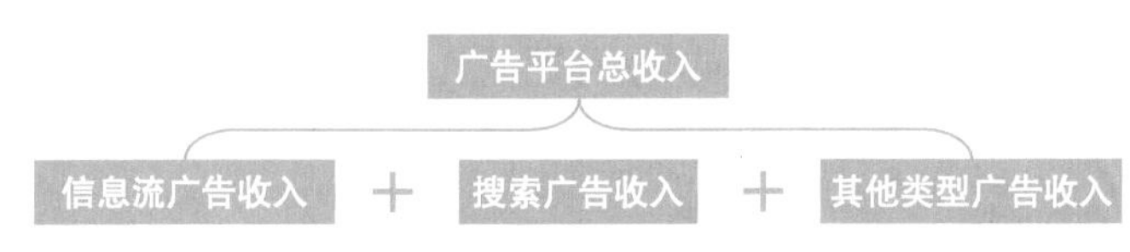

图 2-5　广告平台总收入的组成因子分解

整体指标数据只能让人看到目标达成的结果，但是不能知道是如何达成目标的，也不知道执行中的细节，更不知道如何改进。组成因子分解首先可以明确思路，把组成结果的因素清晰地列出来，并且可以针对不同的因子，制定对应的策略。

案例：笔者曾经有一次在做渠道分析时，用了这样的组成因子分解：总费用 =A 类渠道费用 +B 类渠道费用。但之后发现，A 类渠道的花费是 B 类渠道的 1.6 倍，而有效用户却是 B 类的 2.4 倍（见表 2-1）。在这之前，B 类渠道在其他项目的经验中效果是非常好的，所以市场人员都在 B 类渠道花精力，看到这个数据后，立刻决定去接触市面上所有的 A 类渠道，以便扩充优质流量。

表 2-1　多个组成因子对比的案例

渠　道	有效用户数	营销费用	单个用户费用
A 类渠道	17 000	80 万元	47 元
B 类渠道	7000	50 万元	71 元

如果只看整体费用，就得不到这样的结论，也就不能提出有用的建议。

任意一个指标可拆解的方式都是非常多的，比如，针对总流量的组成因子分解，就有以下几种方式。

- 按时间拆分。不同时间段数据是否有变化。
- 按渠道拆分。不同渠道的流量也会不同。

- 按用户拆分。新用户和老用户的流量会有明显的区别。笔者待过的一家公司，老用户的流量就远远大于新用户，这种情况，就需要想办法促进新用户的流量。

要尝试多种方式，试验出最好的因子分解方式。

需要注意的是，如何进行组成因子分解，代表着思考问题的第一维度，直接影响能否得到有用的结论。后面的所有策略和解读都是根据第一步因子分解而来的。

1）优先考虑业务团队习惯的拆解思路，比如广告类公司会把客户分为大客户、中小客户。

2）要勇敢尝试，不要固化思路。

案例：以前做过一个项目，我们按“收入 = 移动端收入 +PC 端收入”来分解组成因子，发现移动端收入快速上涨。但是当时高层的思路还是“销售额 = 流量 × 转化率 × 客单价”，他们盘算的是“客单价提升 x 元，就会提升 x 元的销售额”。按照这样的思路，资源就投给了客单价提升，没有在移动端投入。等到发现移动时代来临，再开始建团队和买流量，成本已经变得非常高。

从这个案例中可以看出，如何进行因子分解，决定了如何思考目标的组成因素，即如何思考解决方案、资源调配等更深层的问题。所以要经常尝试是否有其他的因子分解方式，如果囿于经验、思路固化，可能就会错失机会。

2.3.3 影响因子拆解

很多时候，因子对结果的影响是定性的，并不能完全把结果拆成多个因子的相加，这时候就可以采用影响因子拆解的方式，列出对结果有影响的所有因子，逐个分析。比如对于销售额，影响因子就是商品、会员、客服、流量、活动等，但是不能说销售额 = 商品 + 会员 + 客服 + 流量 + 活动。

图 2-6 所示为 B2C 订单转化率的常用影响因子拆解。

影响因子对结果的影响是定性的，并不能直接推出来，如果想通过影响因子分解这种方式做增长，测试是一个好办法。

案例：有一个 SaaS 软件团队，客户是小型创业公司。经过分析后，这个团队认为影响购买转化率的因素之一是客户团队人数，如果团队人少，就不会购买这种提高效率的软件。所以他们在客户团队人数这个指标上做了一个测试：3

个人、10 个人、5 个人，不断尝试，看哪个数值使转化率最高。

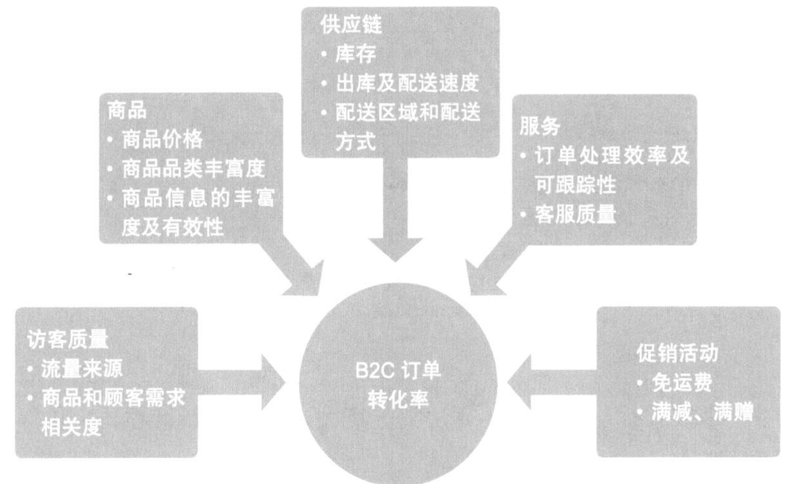

图 2-6　B2C 订单转化率影响因子拆解

影响因子还可以用于制作 PPT 的框架。在做数据分析之前，如果我们已经知道了分析的目的，需要考虑从哪些角度去达成分析目的，一般用这种思路。

案例：某客户的需求是查看一场活动效果。对于品牌类的客户，我们认为活动效果包括品牌分析和人群分析。在这样的拆分下，PPT 的框架就出来了，如图 2-7 所示。

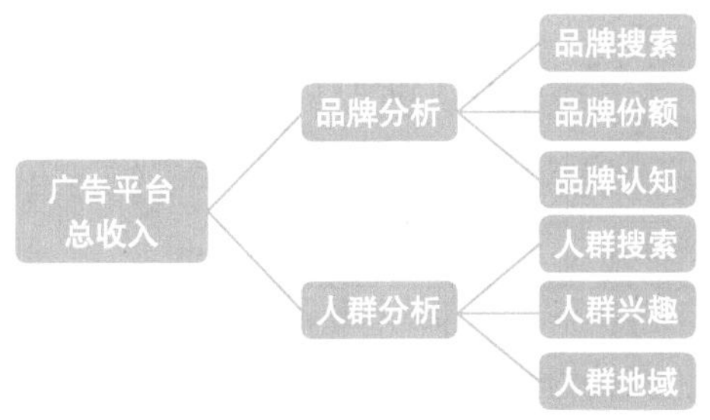

图 2-7　影响因子用于制作 PPT 框架

2.3.4　枚举法

枚举法是把所有的数据一一列举出来，然后进行后续的分析。枚举法是策略产品经理日常分析数据用得最多的方法，当然对于其他类型的数据产品经理而言，也非常好用。

枚举法的通用分析步骤如图 2-8 所示。

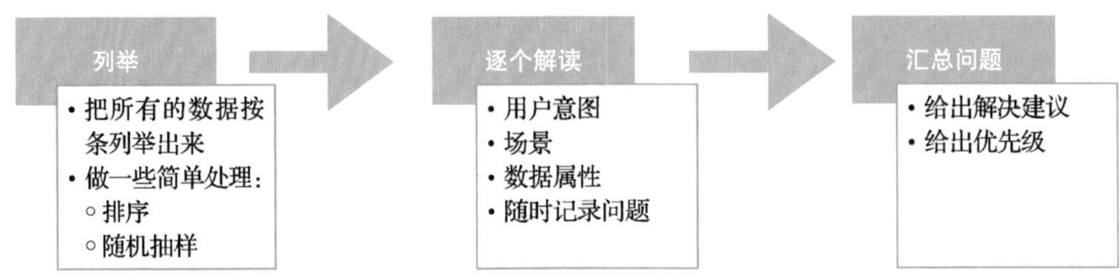

图 2-8　枚举法分析过程

再举一个搜索优化的例子。算法类的产品，如搜索、推荐、广告等，在使用枚举法时都可以用这种思路。

案例：搜索点击率的分析如下。

1）数据列举：取出搜索 query 列表和分析用到的数据指标（见表 2-2）。

表 2-2　搜索 query 列表示例

搜　索　词	PV	点　击　量	点　击　率
泸州老窖	10 000	203	2%
一级庄	2000	2	0%
老酒	100	1	1%
泸州老窖客服电话	80	0	0%

2）逐个解读：逐个解读其数据和特征，一步步地努力通过这些数据还原出用户的真实使用场景和想法，从而得到用户不点击的原因（见表 2-3）。

表 2-3　搜索词解读示例

搜　索　词	PV	点　击　量	点　击　率	问题分析
泸州老窖	10 000	203	2%	品牌词
一级庄	2000	2	0%	专有名词搜索不识别
老酒	100	1	1%	专有名词搜索不识别
泸州老窖客服电话	80	0	0%	专有电话

通过上面的解读，我们得出以下问题或增长点。

1）专有名词搜索不识别。有一些行业专有名词，搜索引擎不识别，就不能找出对应的结果，只能找出文本识别的结果，比如搜索“老酒”，就会展示“泸州老窖酒”等商品，所以点击率低。

2）品牌词。对于品牌词，一般搜索结果没有太大问题。但是，用户搜索品牌词时，如果给用户更权威、更专业的内容，比如品牌的官网、旗舰店等，用户体验岂不是更好？比如用户搜索“泸州老窖”这样的品牌词，直接给用户泸州老窖的官网，让用户看到权威、专业、全面的信息。图 2-9 为 QQ 浏览器的搜索 sug 页的处理方式。

图 2-9　品牌词在 QQ 浏览器的搜索 sug 页结果

3）对于搜索客服电话的词，可以直接把客服电话显示在页面内，用户不用跳转到搜索结果页内的链接就能看到，从而减少用户操作，体验也会更好。图 2-10 所示为百度的处理方式。

图 2-10　电话类的词在百度的搜索结果页

4）汇总问题，给出解决建议和优先级。问题汇总一般类似于表 2-4 这样。

就这样，通过枚举法，产品经理就可以很清楚地了解产品现有问题，并给出解决方案和优先级。

表 2-4　问题汇总表

序　　号	问　题　点	数　　量
1	专有名词搜索不识别	10
2	品牌词	8
3	专有电话	2

在枚举的时候，一条一条地看固然是产品经理的基本功，但是当面临大量的数据时，这种办法效率太低了。要想快速抓住重点，还需要借助两种思维：排序思维和抽样思维。

1. 排序思维

排序指把某个指标降序排列和升序排列，然后按上述的枚举方式进行分析。排序的目的是确认关注范围。产品经理面对大量数据时，需要先确定关注哪一部分数据能带来最大收益。例如，可以按照以下方式进行排序和分析。

- 将 PV 降序排，看占 PV 总量 90% 的搜索词有多少个，重点关注这几个词，调用所有资源优化它们。
- 或者按点击量降序排，看 90% 的点击量发生在哪几个搜索词上，调用所有资源优化它们。
- 会员和商品的数据也可以用这种方法来看。笔者之前做过很多类目的淘宝店代运营，虽然那些店铺一年能有上亿元的销售额，但实际上有销售量（日订单量大于 100）的商品很可能就两三个。

案例（来自客户陈述）：我们虽然买了很多关键词，但是只有两个关键词能带来流量。所以只要把这两个主要的关键词优化好，就能够把花在数据上的钱挣回来。我们把这几个词就当宝贝一样，对其进行各种测试、各种优化。

在实际使用中，只排序一次得到的结论都不全面，为了得到更全面的信息，产品经理一般会使用多次排序，并且对多个指标进行排序。

对一次完整的搜索进行每周的点击率分析，如下。

1）按 PV 降序排，筛选出高频词，即 PV 大的搜索词。高频词能贡献绝大部分最优结果和最高点击率。

- 按 PV 上升量降序排。筛选出飙升词，飙升词是高频词里需要特别注意的，因为往往代表的是新的用户需求或者新的市场变化。
- 按点击率升序排。这样可以看到高频词中点击率较低的词，优化它们能带来较快的提升。

2）按 PV 升序排，筛选出低频词。2% 的搜索词占了 98% 的 PV，剩下 98% 的词可以归为低频词。低频词是最能衡量搜索引擎好坏的，因为量大代表用户多。低频词包括大部分长尾词、同义词、问答词、未召回词、无结果词、没有点击的词和没有成交的词，badcase 基本上都是从这里产生的。

低频词的召回是件十分令人头疼的事情，算法很难取舍，因为这些都是长尾需求，并没有足够多的用户行为可以学习，如何给予相应的匹配，需要非常深入的学习和分析。

2. 随机抽样

枚举的方式可以快速看到问题，但是不能保证问题的典型性；加入排序思维后，可以划定范围，但是可能会造成偏差，因为不代表全部用户行为。那么，怎样既能看到全部的用户行为又能保证问题的典型性呢？答案就是随机抽样。

可以对所有的数据进行随机抽样，也可以分层抽样，即先对整体数据分层，然后针对每层抽样。

随机抽样比较简单，常用的场景有以下几种。

- 产品经理日常工作。
  - 每周至少要看一次随机抽样的数据，以对产品用户行为有所了解。
  - 日常上线前后都会看，以了解新策略对用户的影响。
- 项目可行性判断。要想知道一个项目是否可行，可以先抽样看一下。笔者有段时间频繁接触各个媒体的数据，评估媒体质量，主要就是用的抽样的办法。媒体会给我们一部分真实数据，我们抽样出来后，就开始做评估，包括是否有商业价值、需要的技术难度等。举这个例子主要是想告诉大家，抽样这个简单的办法有时候是直接影响战略决策的。
- 需要了解全貌的任何需求。比如在项目功能上线后，需要整体了解用户，以便制定推广方案等，这个时候就可以抽样。

本节讲了枚举法及枚举法需要使用的思维，用的是搜索的案例，那么是不是只有策略产品经理才需要这种思维呢？当然不是。枚举法是所有产品经理的基本功。举例来说，如果你每天抽出 100 个用户来看他们的行为，坚持一段时间，你就会对用户有非常深入的了解。你会看到用户经常在哪些页面徘徊，你也能够推测出这些用户的年龄和职业。

枚举法会潜移默化地提升产品经理对用户的了解。我们每多看一次枚举的数据，就会多一些对用户行为的理解。

产品经理经常面对突发情况，或者是领导的询问，或者是大小事情的决策。比如项目存在一个小问题，是上线还是回退；忽然发现原方案会导致性能问题，要临时换一种解决方案；开发和测试人员都建议采用其他方案；领导忽然问你要不要跟进竞品的新变动。

在这些情况下，产品经理几乎都是要立刻给出结论的，没有时间做细致全面的分析，既来不及做分析报告，也来不及找出详细数据来查看，那么产品经理可以依靠什么呢？依靠的正是你对用户的了解。

因此我们每天都要从各种角度看数据，这样才能有深入的洞察，知道每一种问题的影响范围，才能处理各种情况。

以上四种就是我们常用的数据分析思路，是不是很简单？实际业务情况一般都很复杂，没有一种数据分析思路是通用的，需要结合使用多种思路。

我们下面用案例把所有的数据分析方法串起来。这些案例重在展示洞察的思路，借假修真，主要是为了让大家看到数据分析在实际中是怎么用的。

2.4 数据分析方法使用案例

首先复习前面讲过的数据分析基础流程：发现问题—定位问题—分析问题—提出有价值的结论。本节的案例会按照这个流程，综合展示之前讲过的内容。

2.4.1 案例一：多种分析方法寻找增长点

背景：这是一个大型车购买的案例，目标是增长。在一次推广后，我们发现客户成交数量较少，于是通过梳理客户购车的每个环节，查找增长点和止损点，最终带来增长。（因为数据保密需要，本案例中的所有数据均是虚构的。）

客户购买车的流程如下。

1）客户在网上看到广告，留下自己的手机号，我们称之为有效用户。

2）客服给客户打电话，问客户是否想买车。

3）客服把有买车意向的客户记录下来，转给当地的供应商，供应商就派销售员拜访。

4）销售员拜访时，向客户介绍车，并了解客户准备什么时候买车。

5）客户购买。

分析过程如下。

1）发现问题：成交用户数少。

2）定位问题：用全链路分析法，将业务流程拆解，定位问题出在哪个环节。

3）分析问题：用组成因子分解和枚举法分析问题。

4）提出有价值的结论：针对问题给出解决方案，提效降本。

分析所用图表见图 2-11，大家先有个整体的认知。

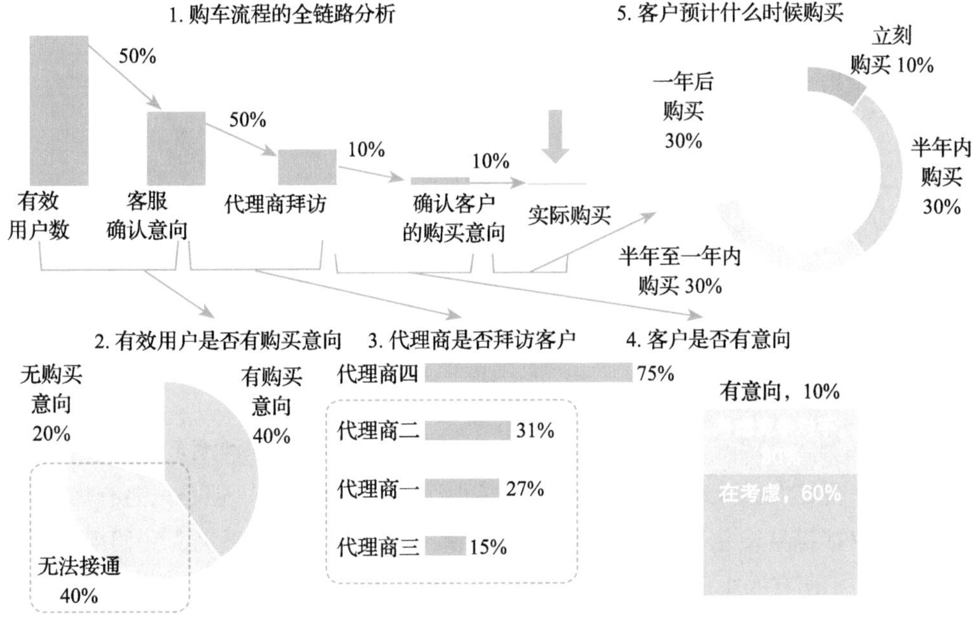

图 2-11　大型车购买转化率分析案例

详细步骤如下。

1）发现问题：如背景中所说，实际购买的用户非常少。

2）定位问题：使用全链路分析，对从有效用户到实际购买的每个关键节点进行分析，如图 2-12 所示，图中的数字表示节点之间的转化率。因为每两个节点之间的转化率都比较低，所以我们把问题定位到了每个环节。

定位到问题后，发现问题较多，产品经理可以在这一步得出以下两个结论。

- 粗略判断优化目标。如果把每个环节转化率提升 10%，那么整体提升就是（1.1^4-1）×100%，也就是 46%。而每个环节的转化率都较低，这样的目标应该可以完成。

有了这样的预期后，产品经理推动项目、申请资源，就有了足够的底气。

- 着手分析
  - 方法一：哪一个环节的转化率与预期相差最大，就优先看那个环节的数据。

■ 方法二：每个环节都涉及较多的小环节，所以应该先把所有小环节都梳理出来，再决定先优化哪个。

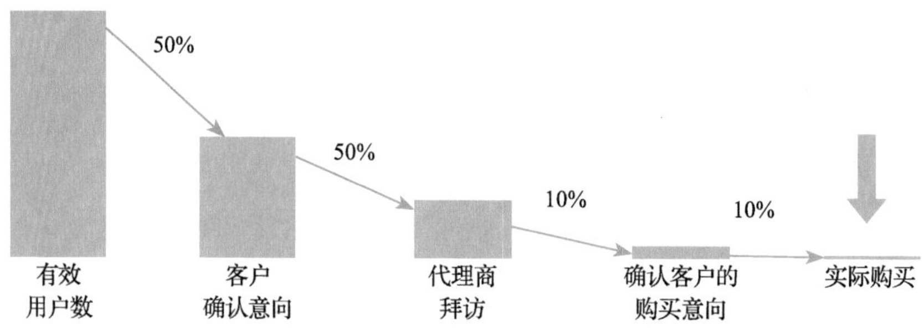

图 2-12　大型车购买转化率分析案例

本案例中，前三个环节转化率看起来还可以，但是考虑到流量大，如果能够优化，会较大提升每个环节的流量；后两个环节数据量少，但是只要有优化，就可以直接提升转化。由于一时无法判断哪个环节的优先级最高，我们采用了方法二：把所有的小环节都梳理出来。

3）分析问题：第一个环节，查看有效用户是由哪些用户组成的（见图 2-13）。

❑ 分析方法：组成因子分析。

❑ 分析结论：可以看到 40% 的用户无法接通，这是一个很严重的问题，因为这些用户都是花了广告费买来的，说明有 40% 的广告费浪费了。

❑ 解决建议：进一步查看导致无法接通的原因，是广告作弊，还是广告文案本身不能促使用户填写真实手机号。

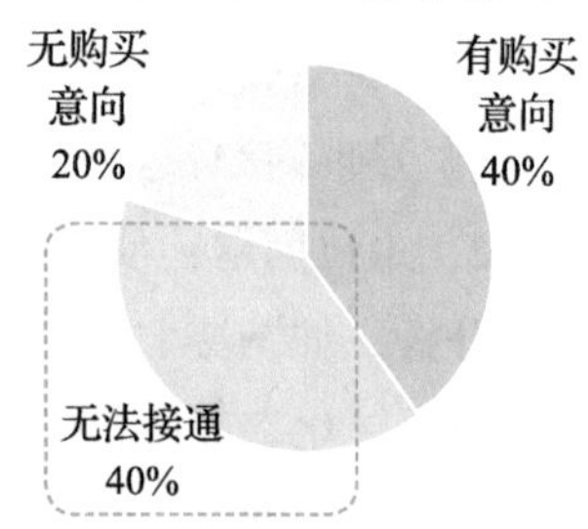

图 2-13　用户购买意向分析

4）分析问题：第二个环节，查看代理商拜访率低（见图 2-14）。

❑ 分析方法：枚举法，把所有的代理商的拜访情况罗列出来。

❑ 分析结论：有 50% 的意向客户，代理商没有去拜访。要看哪些代理商的问题比较大。

- 解决建议：可以进一步看是否需要给代理商更好的政策扶持。

5）分析问题：第三个环节，接受拜访的客户的购买意向低（见图 2-15）。

- 分析方法：组成因子分析。
- 分析结论：对接受代理商拜访的客户按照购买意向程度分拆，结果有 30% 在考虑竞争对手，60% 还在犹豫。
- 解决建议：这就需要销售话术、促销政策等统一配合。

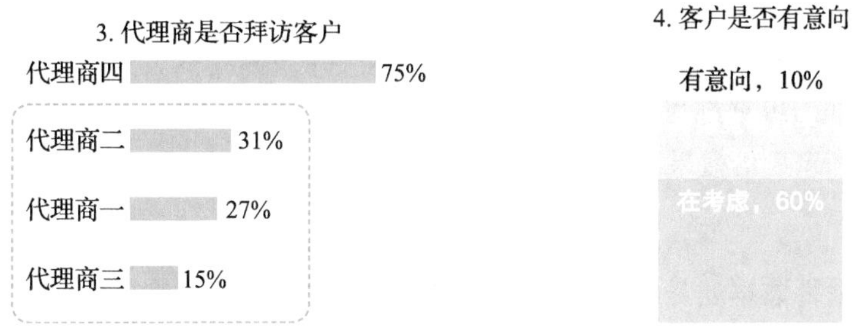

图 2-14　分析哪些代理商的拜访率低　　图 2-15　客户购买意向确认

6）分析问题：第四个环节，有意向的客户中，只有 10% 的客户立刻购买（见图 2-16）。

这一步留给大家做思考题，10% 的客户立刻购买这个数据是不是合适的？应该提升吗？有哪些办法提升？

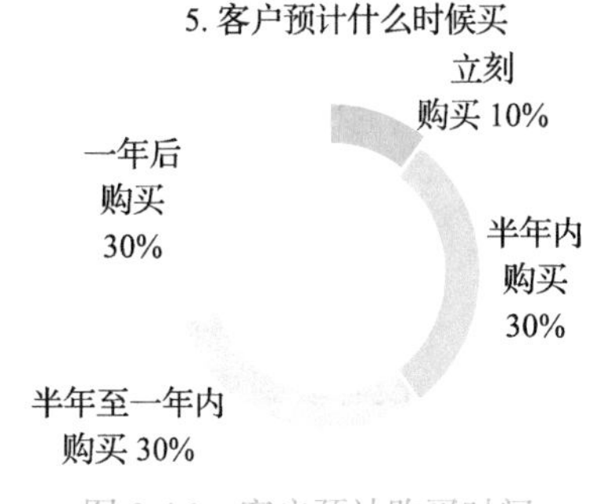

图 2-16　客户预计购买时间

从上面可以看到，这个案例的数据分析方法并不复杂，难的是多种数据分析方法的综合使用。只有覆盖每个业务环节，才可以进行深挖，找到每个环节的关键问题。

2.4.2　案例二：找到对公司有价值的需求点

上个案例中，我们讲了在有明确的目标和明确的用户路径（从浏览广告到购买）并且产品经理知道取哪些数据的情况下，如何一步步通过数据分析，得到结论。但是在大多数情况下，公司并不知道数据应该怎么应用，也就不知道向数据部提什么需求。基于此，笔者希望通过这个案例，演示如何找到对公司有价值的需求点，为大家提供参考。

本案例源自一个读者的咨询，所以采用问答的形式来写。

背景：这是一家教育公司，专门做初中生英语课程，有一个网站供用户购买课程和学习。销售团队有线上销售和线下销售。

数据在公司应用的现状如下。

- 数据部门已搭建好：熟知公司各项数据和业务，无论哪个部门提出需求，都能很快地把数据取出来。
- 公司有良好的数据基础：有几十张报表，可以支持各个部门的工作，而每个部门也都觉得自己是数据驱动的，每做一件事都会用数据做事前的预测和事后的效果跟踪。

1. 发现问题：如何给公司带来价值

问题：觉得数据还是没有达到预期的效果，如何用数据给公司带来更大的价值？

回答：对于有数据基础的公司，笔者的建议是，利用增减思路，先做减少成本的事，再做增加收益的事。原因有二。

- 收益较高。如果一家公司一年的销售额是 1 亿元，净利润 20%，成本 80%，即净利润是 2000 万元，成本 8000 万元。如果将成本降低 10%，就可以节省 800 万元，那么这 1 亿元销售额带来的净利润就变成 2000 万元 +800 万元 =2800 万元，利润提升 40%。
- 简单，容易找到突破口。以你们部门为例，无用功、走过的弯路等无效的工作和花费是不是肯定超过 10%？对于任何部门来说都是如此。所以对没有数据应用经验的团队，比较容易找到帮助其他部门降低 10% 成本的需求点。

在做了几个减少成本的项目后，数据部门就会对应用数据得心应手，再来找增加收益的需求点，会更有经验。

2. 定位问题：定位到公司的需求点

本小节将介绍常见的定位问题的方式，并提供一些经过其他公司验证过的、可以见效的案例。

问题：每家公司情况不一样，怎么定位到公司最需要增加收益或者减少损失的需求点？

回答：想要找到需求点，可以采取以下步骤。

1）用全链路分析法把每个环节都整理出来。

2）针对每个环节，做影响因子讨论：这个环节影响到了哪些用户体验，有哪些效率的提升和浪费。

这样梳理一遍后，问题严重性就知道了，需求点也就出来了。

3）在梳理之后，会发现非常多其他问题和思路，这也是重要的需求点来源。

比如，针对订单做分析，把从订单产生到用户收到货的过程用全链路分析法列出来，每个环节如下：

订单产生—异常订单检查和审核—订单流转到仓库—仓库捡货—发给合作的快递公司—用户收到。

在得出这个全链路后，可以很快想到要优化用户订单时长，因为只要流程较长，就有缩短整个流程时间、减少流程步骤的空间（所有有流程的地方都可以套用这个结论）。

接下来逐一分析。

- 分析到仓库捡货这一步时，容易发现仓库的人效问题。后来有业务部同事反馈，竟然有仓库的同事在上班时间出去抽烟。
- 而分析到快递时，就会发现合作快递公司的问题，有的快递公司配送很快，有的就很慢。

这样，只做了一个订单分析，就可以找到上面几个大的需求点，而小的需求点也有很多。

数据产品最重要的是切入业务中去，在你解决第一个业务痛点的过程中，会发现很多新的业务痛点。这也是为什么笔者建议从减少成本入手。

问题：虽然如此，但是老板还是对增长更感兴趣，同样的资源宁愿投放给增长，而不是控制成本。

回答：增减思路是思考问题的方向，有很多减少成本的思维方式，实现后能直接促进增长。这里提供三个方向，并在后文中详细讲解案例。

- 减少用户的使用成本。比如减少用户的订单时间，只这一点，就可以成为产品卖点、增长点。

京东的当日达、顺丰的配送速度都是它们在各自领域独有的优势，也帮它们塑造了品牌。

在你的领域内，哪些用户的使用成本减少之后会对用户体验有较大提升呢？

- 减少营销花费的浪费。大家都知道那句名言：“我知道我的广告费有一半浪费了，但遗憾的是，我不知道是哪一半被浪费了。”可见如果减少广告费的浪费，公司成本会降低不少。
- 提升员工工作效率。

每个部门的每个环节，都会找到非常多降低成本的地方，但是每家公司的运转都不可能尽善尽美，都是一边奔跑一边换车轮。上述三点是见效较快、收益较高的方式。下面我们详细讲解一下营销花费的案例。

（1）减少营销花费的浪费案例一：减少购买流量中的无效流量

这是业内需求点较多的一个环节，有多种反欺诈反作弊的方法，都可以有效减少无效流量。把这个环节的数据采集出来其实就可以解决很大的问题了。

首先举一个笔者作为用户的例子。笔者在写作本书时人在老家，发现某些大型电商在下沉市场都用了这样一种增加 PV 的方式：用免费水果吸引用户浏览，并将流量导给商家或者其他频道。但笔者发现身边的人在使用时，点击一下“浏览”按钮后立刻返回就可以达成任务，根本不用进入促销详情页和商家详情页。也就是说，这些人都是无效流量。

如图 2-17 所示，只用点一下“去完成”按钮，不用进入下一个页面，就会显示已完成，变成“去领取”（奖励）的状态。

想要找出这样的无效流量，并不用太复杂的技术，只需要基本的数据采集即可。

另外笔者之前在做广告平台时，接入新的媒体流量后卖给客户，有的客户第二天就找我们反馈有流量问题，比如广告流量的用户问客服完全不相关的问题，这说明有刷量情况。

有这样的流量质量把控能力的客户是少数。尽快找到无效流量，就可以避免很大的营销花费浪费。而开发出及时反馈流量质量的数据产品，本身就会让你的公司在这方面领先一步。

还有一些公司，受作弊流量所困，于是规定按付费用户来评估渠道质量。

这种情况下，如果想要减少花费损耗，可以看下面的案例。

图 2-17　某电商的引流页面

（2）减少营销花费的浪费案例二：减少判断渠道质量的时间

这里首先举一个游戏行业的案例，案例中的这家公司以充值用户作为有价值的用户，判断渠道质量，就是看渠道带来的充值用户比例。这个过程需要 3 天时间采集用户行为，所以 3 天内就会一直投放这个渠道。他们做了一个预估算法，1 天内可以预估出用户价值，从而更快判断渠道价值。这样一个功能，一年就可以为这家公司省下几百万元。

还有一个 B 端的案例，某公司按注册付费给服务商补贴，虽然注册商户多了很多，但激活却没多少，同时次月留存低于 30%，是一个极低水平，明显存在服务商刷单行为。他们做了一两个月才发现这个问题，判断用户质量的时间比较长，造成了补贴费用的浪费。

如果认真分析流量质量，就可以帮公司把这部分成本省下来。

3. 解决问题：增长

任何一家公司的终极目标都是增长，增长思路能解决很多问题。

关于增长的思路，业内有很多方法论，甚至从战略、营销、用户等各个方面都有增长的方式。对于数据产品经理，这里提供两种简单的思路：老市场、新产品，老产品、新市场。当然也可以是新产品、新市场，不过这种情况比较难处理，一般不需要产品经理来思考。

注意，大部分数据产品经理不会直接做这种增长层级的工作，这里之所以提及，是希望读者以终为始，即了解了这样的思路后，就知道去取什么数据、如何呈现数据以及如何做成数据产品。

（1）老产品、新市场：分析现有产品的用户，找到新市场

市场分析首先可以使用地域分布数据，比如了解以下问题：

- 南方人和北方人喜欢的商品是一样的吗？
- 一线城市和二线城市的用户偏好是一样的吗？和三线城市是一样的吗？和下沉市场一样吗？
- 北京的数据高而上海的数据低，这是为什么？是不是因为上海有竞品？

地域这个数据可以用来做消费水平的分级、用户思维方式的分拆等。从不同的角度考虑地域数据，就能得到不同的思考和结论。

市场分析还可以做用户分析，比如可以利用 RFM 对用户进行分层，对不同的分层划分专有市场，然后单独做增长策略，并以高频用户和高消费用户为例来讲解。

在市场分析中，有一些数据是无法直接获取到的，需要采用问卷调查、用户访谈等方式。

（2）老市场、新产品：根据现有的用户群体找到新的产品

根据用户属性所做的市场扩展分以下两类：

- 纵向扩展，比如从现有低年级用户扩展到高年级市场；
- 横向扩展，比如从现有数学用户扩展到英语、语文用户。

根据产品属性做市场扩展，具体做法是对商品的属性进行分解，然后改变其中一个属性，就会面向新的用户群体。

为了方便理解，这里举一个电商的例子，一件连衣裙的属性如图 2-18 所示。

这条裙子是碎花中长裙。开发新品时，可以做以下属性改变：将中长裙变为长裙。这样，针对碎花裙面向的老用户群体推出新产品，满足她们对碎花长

裙的需求，从而提升销售额。

品牌: 艾蝶露	适用年龄: 25-29周岁	尺码: S M L XL
图案: 碎花	风格: 通勤	通勤: 韩版
领型: V领	腰型: 高腰	衣门襟: 套头
颜色分类: 花色	袖型: 其他	组合形式: 单件
货号: XS-9696	裙型: 其他	年份季节: 2020年春季
袖长: 长袖	裙长: 中长裙	款式: 其他/other

图 2-18　某电商连衣裙属性页面

第3章 产品路线图

产品经理的能力主要包括基本能力、专业知识、专业技能、组织影响力和领导力这几个方面。从初级产品经理到CPO，所要求的能力及各项能力的评级逐渐提升。从中级产品经理开始，就已经对专业技能中的各项能力有所要求，包括产品规划、产品方案设计、市场分析、商务沟通、产品运营、市场营销、渠道运营、市场与用户调研等。其中，产品规划能力是非常重要的一项。

每个产品经理的梦想都是掌控全场，既能应对CEO对产品提出的任何问题，又能让开发团队顺利完成需求，还能让用户对产品满意。而优秀的产品规划能力可以让产品经理对产品方向性有整体把控并拥有产品影响力。

首先，一个好的产品目标会让团队更有方向感和信心；其次，在建立了产品目标后，要规划好路线图；最后，对需求进行优先级排序，因为每一步都会有非常多的需求，而研发资源是有限的。

《产品经理认证（NPDP）知识体系指南》一书的第1章“新产品开发战略”中，在明确了组织方向、经营战略和公司战略的前提下，介绍了几个支撑创新战略的方法论，包括技术战略、知识产权战略、营销战略、能力战略，并简述了产品的三个层次（核心利益、有形性能、附加性能）、价值主张和产品路线图，可见产品路线图的制订是产品经理的工作事项之一。该书并未深入讲解如何规划产品路线图，因此本章将结合实际工作就这一主题展开介绍。

产品路线图（Product Roadmap）是将短期和长期业务目标与特定产品创新的解决方案进行匹配，以实现这些目标的一份计划。制定产品路线图的目的是向内外部团队和利益相关方传达项目的方向和进展，这很考验产品经理的规划能力。产品路线图是一个贯穿产品生命周期的连续过程，能够让团队了解产品的长远计划，避免项目冲突，从而提升团队协同效率。

大部分产品经理应该很熟悉 PDCA（Plan-Do-Check-Act，计划—执行—检查—处理），但如何通过一套有效的方法和工具，真正将 PDCA 落地呢？关键在于制订有效的计划。制订产品路线图是从产品战略目标出发，通过需求管理和优先级排序，找到产品阶段性目标并制订规划的一系列过程，这个过程可分为 4 个主要步骤：制定产品战略目标、收集并整理需求、确定优先级和规划路线图。

3.1　制定产品战略目标

第 2 章介绍了数据产品经理需要掌握的数据分析基础方法，可用于确定产品指标和业务指标。首先要对企业的战略目标有深刻的理解，然后在宏观目标下，制定产品的战略目标。大部分产品经理是无法参与产品的战略目标制定的，但是从第一天做产品经理开始，我们就要主动培养自己的产品战略思维和规划能力，不要认为那是“产品总监该思考的事情”。这种宏观视野和思维能力，不是工作年限到了或者资历到了就突然获得的，而是要经过主动思考和学习、长年累月的积累和锻炼才能有所收获的。所以即使没有参与制定，也要尝试深入理解和探究学习这个过程和结果。

产品的战略规划，自上而下可分为 4 个层级，依次是产品愿景、产品目标、产品路线图、产品迭代计划与任务，下面来一一介绍。

3.1.1　产品愿景

产品愿景虽然听起来很虚，但实际上决定了产品的主要目标，更决定了其未来的迭代规划。

产品愿景不应该仅仅是一个简单的描述，而应该体现带给用户的价值。例如抖音很早之前的定位是“音乐短视频 App”，后来才改为“记录美好生活”，这个改变决定了它的定位、运营的重点方向、宣传的形式、第一批种子用户群的特征等目标的调整。

产品愿景一般已经由 CEO 和高管层制定好，产品经理所需要做的就是深入理解，思考如何制定有效的产品战略目标来实现这个愿景，而不仅仅是将其当作一个口号。

3.1.2 产品目标

宝洁（P&G）有 5 个战略目标：产品、运营、社会责任、员工和利益相关方。宝洁的产品战略目标是开发并销售“可持续创新产品”，累计销售额至少达到 500 亿美元。可持续创新产品可以显著减少企业所受的环境影响。产品目标是宝洁的第一个战略目标，足见它的重要性。

产品目标就是为了达到产品愿景，所需要达到的一个或多个目标。产品目标是阶段性变化的，在不同的产品生命周期，有不同的产品目标。好的产品目标有一定挑战性且能够满足用户以及商业目标的达成。可以从以下几个方向来制定产品目标。

（1）用户 / 客户满意度

通过意见反馈、应用商店的评分、论坛、贴吧等，都可以获知用户或者客户满意度。产品经理一定要非常关注这个指标，满意度指标的长远价值如果高于产品指标提升所带来的短期价值，二者又不可避免地发生冲突时，产品经理就需要做出权衡，保持克制。

从用户角度，好的产品应该首先给用户提供有用的功能，然后再不断优化以达到核心功能行业内顶级、产品整体好用的水平，最终让用户喜爱。笔者面试时经常问产品经理候选人：“你最喜欢的产品是什么？为什么喜欢它？”通过这两个问题，一方面可以考察候选人的产品观，另一方面也能看出他平时是否具有用户视角。

产品经理不但要对自己负责的产品及竞品有用户视角，对整个互联网生态内的其他优秀产品也要时刻保持好奇心。

（2）产品指标

产品指标包括功能使用率、核心流程的转化率、留存率、流失率、净推荐值、PV/UV、活跃度等。

请注意，不要过度关注虚荣指标（用户数、下载量、PV等），要关注指标间的影响，盯住那些真正影响用户价值或商业价值的指标，发现指标所反映出的实际问题才是我们的最终目标。

（3）业务指标

业务指标包括获客成本（CAC）、用户生命周期价值（LTV）、月/年经常性收入（MRR/ARR）、客均收入（ARPU）、交易额等业务相关指标。

（4）技术改进

微服务、基础架构优化、缓存的引入、服务器的升级等，这部分需求虽然是由技术团队主导进行的，但作为产品经理，尤其是偏后台的，要能够理解这些技术改进对产品功能架构层面的影响。技术方案有时也决定了产品体验的天花板，很多暂时无法实现或者需要耗费很多研发资源的需求，实际上是有技术改进空间的。

（5）推广新服务

对于一些创新的功能或服务，可以进行小范围的推广，不断在那些可能带来新机会的场景中寻找需求点。比如微信红包，微信做微信红包，源于广东的红包文化。一开始仅仅是一个内部的点子，“如何更方便地从领导那儿拿红包”，后来变成了一个内部功能，最终成为微信的一个核心功能，并拓展了多个场景（摇一摇抢红包、群AA收款、普通红包和拼手气红包、转账等），帮助微信突破了用户增长瓶颈。

案例：2007年腾讯要求QQ邮箱将DAU从200万增加到400万（产品指标），在当时中西邮箱文化差异的背景下，做到这点是很难的。用QQ聊天的人很多，但是用邮箱进行沟通的人很少，而提升DAU很显然是一个产品的活跃指标。直到现在，很多产品提升DAU的思路还是流量思维，当时的QQ邮箱团队也不例外，他们在QQ的面板中加入邮箱入口，在邮箱的功能区直接导入QQ通讯录。不是说流量思维不对，只是这种方式真的是最有效长久的吗？后来这个团队开始关注用户的反馈，发现一些用户痛点，比如发送邮件的正文或标题中如果有“附件”两个字，发送时系统会检查是否上传了附件，避免因用户疏忽导致将内容缺失的邮件发送出去。这个功能上线后得到了极大好评，被当时很多的同行马上跟进，这种产品思维也让 QQ 邮箱的市场份额慢慢提升。

这几个方向的目标是有先后顺序的，但又是相辅相成的。比如 QQ 邮箱的漂流瓶功能不只是一个新服务，同时也带来了其他几个指标的提升。

3.1.3 产品路线图

产品路线图是产品需求在时间轴上的总体视图，能够宏观展示产品的发展方向和目标，同时又是一个强调产品迭代计划的时间表，是个动态文档，在实际情况中需要不断更新，所以在创建的初期，对需求、工作量、优先级和完成时间的评估不需要很精确，可以随着项目的进行随时调整。

图 3-1 为我们 2019 年第三季度部分产品线的产品路线图规划（当时我们一共有十余条产品线）。介绍完产品路线图的规划方法后，在 3.5 节会展开介绍我们产品团队是如何制订产品路线图的。

2019	Q3		
	7月	8月	9月
App	阶段性目标：新客转化率提升至 36%，月活提升到 ×× 万		
	App V 7.00 【新增】碧读书 【优化】会员中心大改版	App V7.10 1.【新增】基金 2.【优化】邀请好友 3.【新增】第三方账号绑定 4.【优化】邀请好友 5.【新增】用户截图反馈	App V7.20 1.【优化】首页 2.【新增】财富频道产品信息结构调整 3.【优化】其他优化 4.【新增】IM 5.【新增】开具资产证明 6.【新增】账单
CRM	阶段性目标：客户经理工作效能提升 ××%，新功能好评度达到 4.7 分		
	CPM V1.4 资金日历优化等 14 个需求 ……详见项目管理	CPM V1.5 业务查询、交易所取消预约等 6 个需求 ……详见项目管理	CRM V1.7 KYC 完善客户信息等 3 个需求 ……详见项目管理
		CRM V1.6 客户跟进、属地管理等 7 个需求 ……详见项目管理	CRM V1.8 目标管理、工作分析等 3 个需求 ……详见项目管理

图 3-1 笔者所在产品团队 2019 年 Q3 部分产品线路线图

MA	自动化营销 策略管理、添加策略、任务详情等 12 个需求 ……详见项目管理 CMS 1.【新增】素材及可见白名单管理 2.【优化】配置上线按钮 3.【优化】列表排序优化 4.【优化】发布后需编辑内容流程优化 5.【优化】定时撤销用户体验优化 6.【优化】上线后 banner 图排序优化	自动化营销 新增触发动作类型

图 3-1 （续）

产品路线图能够让产品负责人和团队成员了解产品的长远方向和计划，并提供关于实现这些目标和时间节点的指导，避免团队冲突，提升团队的协同效率。

需要注意的是，不要试图锁定时间跨度过长的计划，定义度量的标准用来支持路线图，路线图的制订要遵循一个思维方式：假设→定义→测量。

3.1.4 产品迭代计划与任务

最后，由敏捷团队做产品迭代计划以及任务，本节不展开介绍。

3.2 收集并整理需求

收集并整理需求的方式有很多，下面介绍几种最常见的方式。

3.2.1 用户 / 客户反馈

根据需求的目标客群不同，可以选择不同的收集方式，常见的方式有意见反馈、种子用户或忠诚用户的访谈。用户访谈中需要注意的是，避免刻意引导式的提问。

作为数据驱动型的产品经理，我们如何收集意见？通常的方法是在用户账户页面（比如设置页面）增加入口，为用户提供一个反馈页面。这种传统方式的效率较低，当在某个场景中遇到问题时，大部分用户不会马上去找反馈界面，而是忍着或者干脆放弃。这里我们通过前端埋点得到用户行为数据，通过用户操作流程拆解分析，可以在一些低转化率的页面增加辅助类功能，通常是利用页面右上角的功能区域，比如增加在线咨询，当系统无法解答时就顺便收集了用户遇到的难题。另外通过用户特定行为（如截屏、在同一个步骤中反复失败等）也可以进行意见反馈的唤起提示。

3.2.2 竞品分析

竞品分析的方法有很多，首先我们需要确定目标，是为了看竞品的某个模块或者功能是怎么做的，还是为了看竞品的某个用户操作流程的步骤，抑或是为了看竞品的架构布局。竞品分析一定要以目标为导向，这点非常重要。

分析过程就是一个观察、描述与总结的过程，结论非常重要，我们需要通过分析描述去探寻背后的原因，找到适合我们的方向，避免单纯追逐模仿，要多反思提问，比如他们为什么这么做，我们是否应该这么做，我们这么做有什么好处，有什么数据作为支撑依据，我们最终的目标是什么。

我们曾经做过一次关于用户注册流程的竞品分析，当时分析了同行业的 10 家竞品，发现只有 3 家在登录时采用的是验证码登录，其他的都用的密码验证登录。我们没有随大流，也没有急于模仿这 3 家敢于“吃螃蟹”的竞品，而是查看了我们自己的数据，结果发现在登录页面，54% 以上的用户点击了“忘记密码”链接，通过验证码找回密码，再输入新密码登录。这就意味着，使用密码验证登录的方式并没有节省短信成本，反而让记不住登录密码的用户（超过了一半）多了三步操作。

所以，好的竞品分析，其实就是完整、可靠、全面的分析过程，最后得出有目标、有数据支撑的分析结论。很多产品经理只做了前半部分，有的甚至连前半部分都不认真做。

3.2.3 销售人员和客户服务人员

一线业务销售人员和客户服务人员，因为经常与客户接触，他们的需求往往都来源于客户，所以建议产品团队建立起定期与业务及客服团队沟通的机制。要提供给业务及客服团队标准化的需求登记表，这个表格中的内容可以一同商议决定，结合现有的业务、产品线确定需求的分类（便于分类整理需求），需求的描述要有标准和范例指导。有必要对需求登记表的填录人进行相关需求描述的培训，确保需求提出人能够准确描述需求，这样可以节省很多沟通成本。每周在固定时间共同确认需求登记表中的需求，并及时反馈给需求提出方，以确保需求沟通机制的良性循环。

3.2.4　行业分析

建议每位产品经理尽早养成阶段性阅读行业分析报告的习惯，有很多专业的咨询机构会定期提供免费的行业分析报告，这个习惯将慢慢提升你的产品宏观思维能力，并为以后的产品架构能力打好基础。仅仅把目光盯在竞品的功能、布局上是不够的，需要深入挖掘，长期积累，同时，多参加行业内的交流会也有助于拓宽产品视野。

在对行业进行深入挖掘时，一般需要进行以下几个方面的信息收集：

- 行业背景（市场规模、主要竞争对手、市场发展趋势、机会和风险等）
- 商业模式（商业画布、盈利模式、细分领域机会等）
- 竞品分析（市场占比、产品优劣势、竞争壁垒、上下游合作伙伴等）
- 用户研究（目标用户、需求、痛点、群体特征、解决方案等）

我们能从行业分析中提前了解趋势，布局未来。比如就笔者所处的金融行业而言，可以从财富管理相关的行业报告中看出，中美在不同经济发展阶段下，家庭财富管理规模增长的趋势。提前有一个基本的判断，中国未来家庭财富管理的规模上升空间巨大，从而提前做好需求分析和产品规划，避免始终追着火车头跑，盯着同行业抄。

3.2.5　头脑风暴

产品经理可以组织发起需求的头脑风暴会，让所有相关人员一同探讨。产品不是产品经理一个人的产品，不同思维、不同角度的碰撞，能有效提升需求分析效率。成功的头脑风暴会议，重要的还是主持人的控场能力，不能让大学跑题或争论不休。

推荐使用六顶思考帽的方式，通过使用一些脑图工具，明确目标和参会人员，严格限定发言时间和讨论规则。当遇到跑题、超时的情况时，主持人需要控制节奏和话题，对不同的意见或评价，一定要放到最后进行评判，避免打击发言积极性，鼓励相互之间补充完善。

3.2.6 数据反馈

数据反馈也是非常重要的需求来源，而且随着数据中台的建设和发展，未来会是主要的需求来源之一。

数据源有三大类：行为数据、用户信息数据、交易及日志数据。关于如何通过数据挖掘需求以及如何将数据应用落地，后面会有专门的章节和案例介绍。

需求收集和整理完成后，我们需要进行需求的分类与分析，不思考就直接拿去和研发或业务部门沟通需求，是极其不负责的做法。

另外，通过对需求的整理，会对需求有个整体的全局观。优秀的产品经理不仅要“勇于说不”，还要“有能力说不”，产品的利益相关者会提出很多需求，而且很大一部分需求合乎逻辑，但每个需求都需要投入成本，不只是研发测试成本，还有操作、培训、文档等，甚至有些需求会产生一些后续的关联需求。产品经理需要不断找到那些真正重要的需求，找不到也不要盲目投入，而应该挖掘更重要的需求，所以确定优先级是非常有效的方法。

3.3 确定优先级

确定需求的优先级，是产品团队有效管理和控制需求的前提条件。因为需求的来源往往是多渠道、多角色的，而研发资源有限，所以我们需要了解和学习需求优先级的多种方法论，再结合自己业务域或产品线的实际情况，选择适合的方法。本节不强调哪种方法更好用，适合的就是最好的。需求的优先级排序是一个通过合理的方法与多方达成一致的过程，最终我们会得到一个需求关联方经过权衡后达成一致的结果，通常会设定 4 个等级。

在设定需求优先级时，根据以往的工作经验，有以下几项工作需要注意：

- ❑ 对需求进行合理的分类；
- ❑ 把这件事作为一项团队的共同活动（不仅仅是产品经理的事）；
- ❑ 限制优先事项的数量（不能所有事情都紧急，数量上限取决于研发资源）；
- ❑ 选择适用的方法论或工具；

- 需求目标要明确；
- 粗略的估算成本（不一定要按人天估算，也可以是大中小）。

下面我们重点介绍一些常见的优先级设定的方法和工具。

3.3.1　价值与复杂度模型

价值与复杂度模型是比较常见的方法，有经验的产品经理每天都会本能地进行这种评估，主要基于两个方面：

- 商业价值（Business Value）
- 复杂度 / 投入成本（Complexity/Effort）

如图 3-2 所示，优先级最高的就是第一象限内的，商业价值高、复杂度和投入成本相对低。此方法适合那些能够直接体现商业价值的需求，比如会员相关的付费功能、一些产品的核心业务流程中的功能等。

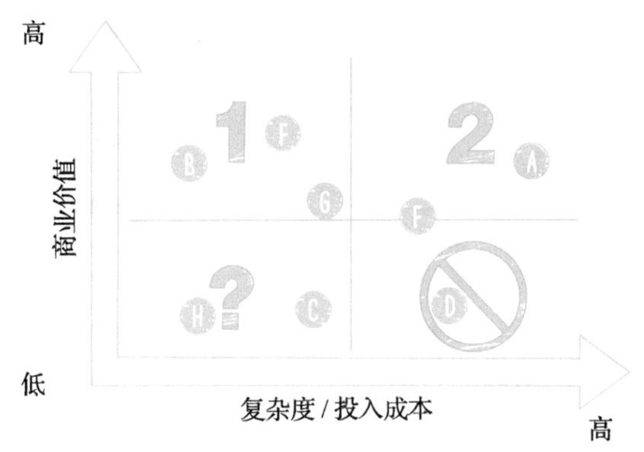

图 3-2　价值与复杂度模型

3.3.2　加权评分

这是一种相对客观的评估方法，从收益和成本两个方面找到多个关键衡量指标，通过对各个指标进行加权评分，可以帮助团队更客观地评估优先级，适合精细化经营管理的团队，如图 3-3 所示。以下是收益和成本两方面的关键衡量指标。

- 收益：收入、客户价值、战略价值等。
- 成本：研发成本、运营成本、复杂度、风险等。

需求名称	利益（越大则分越高）			成本（越大则分越低）			分数	优先级
	增加收入	客户价值	战略价值	实施成本	运营成本	风险		
权重	30	10	10	20	20	10	100	
A 需求							92	高
B 需求			打分				83	中
C 需求							76	低
D 需求							65	一般

图 3-3　加权评分表（案例）

3.3.3　KANO 模型

KANO 模型是通过分析需求对用户满意度的影响，以及产品性能和用户满意度之间的非线性关系，从用户角度进行需求分类的方法，如图 3-4 所示。不同类型的特性和用户满意度之间的关系可分为以下 5 类：

- ❑ 基本（必备）型需求
- ❑ 期望（意愿）型需求
- ❑ 兴奋（魅力）型需求
- ❑ 无差异型需求
- ❑ 反向（逆向）型需求

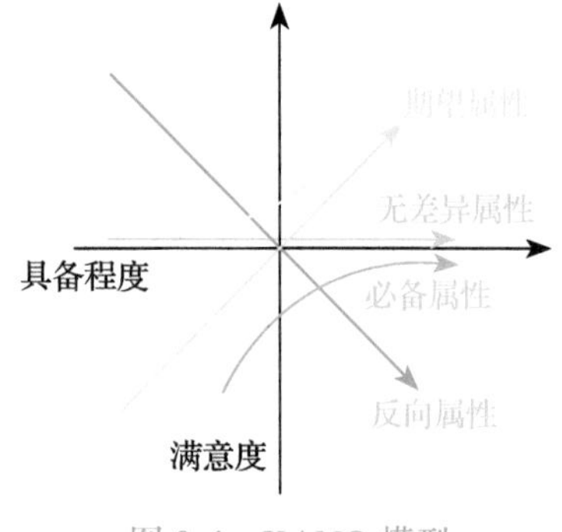

图 3-4　KANO 模型

3.3.4　SWOT 分析

如图 3-5 所示，SWOT 分析常用于做产品的战略规划，是对内外部的一个综合评估分析，它包括以下 4 个方面：

- ❑ 优势（Strengths）
- ❑ 劣势（Weaknesses）
- ❑ 机会（Opportunities）
- ❑ 威胁（Threats）

优劣势分析是对产品与竞品的比较，大部分是功能、指标等方面的比较，这种横向的比较容易跟随，不容易超越和引领。很多产品经理最常干的事情就是竞品调研，看看竞品最近上了哪些功能，哪些是他们没有的，需要新增的。不是说这种方式不好，只是仅做到这种程度是远远不够的，尤其是对于中高级产品经理，高度和视野都需要打开。

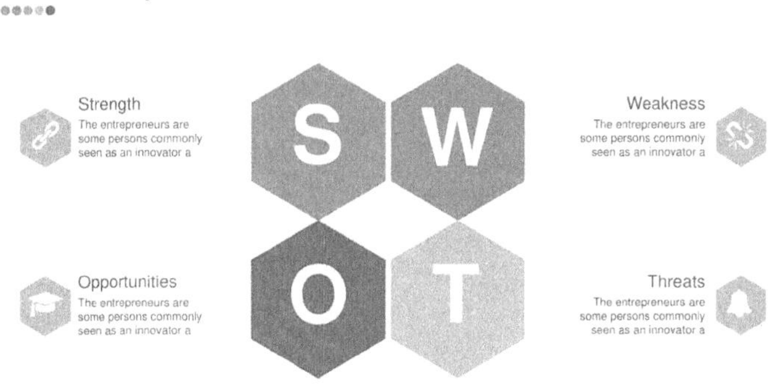

图 3-5　SWOT 分析

而机会和威胁分析，不仅能帮助我们对行业内竞争对手的产品有足够的了解，还能让我们对行业、市场、用户等外部环境有更深入的研究和思考，比如我们所负责的产品、所处的产品生命周期是怎样的，整个行业的走向、机会、风险都有哪些。一些产品与政策是强关联的（比如互联网金融行业），尤其是产品负责人或者多个业务产品线的负责人，对这些方面的分析如果足够深入，那么将会避免很多无效的需求进入研发阶段。但是也需要能承受住来自业务团队的压力，所以需求优先级的设定，有时候也是需要产品经理本身具有一定的影响力和果断决策能力的，这个能力不单单依靠职位和权力（更何况大部分产品经理在需求的决策上没有多少话语权），更多要靠对行业的深入了解和对用户的洞察。

这部分的分析还有一些方法，比如对环境的分析有 PEST 分析与波特五力模型。

3.3.5　四象限分析法

四象限分析法常用于迭代优化的产品线需求管理，在多个问题点或者下一个版本的迭代计划中，结合产品的核心功能、产品目标或业务指标、用户价值或商业价值、一些问题带来的影响等。如图 3-6 所示，按照四象限分析法，可将需求划分为四个象限区域。

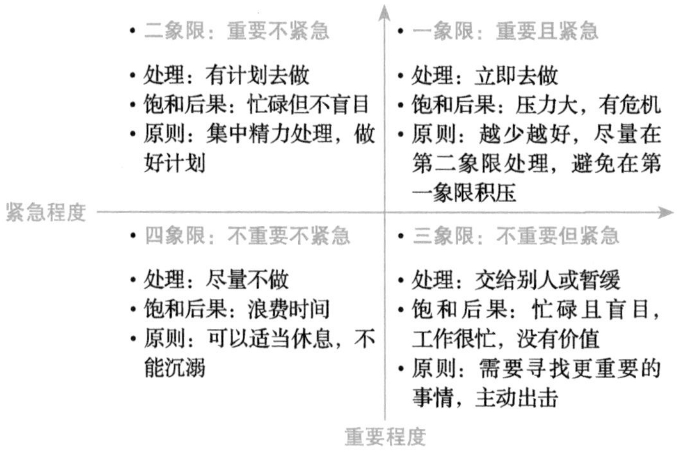

紧急程度

- 二象限：重要不紧急
- 处理：有计划去做
- 饱和后果：忙碌但不盲目
- 原则：集中精力处理，做好计划

- 一象限：重要且紧急
- 处理：立即去做
- 饱和后果：压力大，有危机
- 原则：越少越好，尽量在第二象限处理，避免在第一象限积压

- 四象限：不重要不紧急
- 处理：尽量不做
- 饱和后果：浪费时间
- 原则：可以适当休息，不能沉溺

- 三象限：不重要但紧急
- 处理：交给别人或暂缓
- 饱和后果：忙碌且盲目，工作很忙，没有价值
- 原则：需要寻找更重要的事情，主动出击

重要程度

图 3-6 四象限分析法

（1）第一象限：急需改进区（重要且紧急）

第一象限内的需求需要马上去做，这样的需求要尽力避免积压，其实在需求处于第二象限时，就应该提前规划并处理好。

很多产品经理之所以每天感觉在救火，核心原因是需求管理混乱，没有很好的规划，浪费太多资源在第三、四象限的需求上，最后导致需求慢慢从第二象限积压到第一象限。不管谁挖的坑，迟早都要填的。

（2）第二象限：竞争优势区（重要不紧急）

第二象限内的是产品规划中需要重点考虑的需求，需要集中精力处理好这个象限内的需求规划。第二象限反而是产品经理最需要关注和投入精力的，要避免将这个象限的需求拖到第一象限。

（3）第三象限：次要改进区（不重要但紧急）

大部分需求都很紧急，但产品经理要保持头脑清醒，能够识别出哪些需求是重要的，哪些是不重要的，这是衡量产品经理的专业能力的基本考核项。对于不重要的需求，能后处理就后处理，能交给别人做的就都交出去。

（4）第四象限：继续保持区（不重要不紧急）

尽量不做。

介绍完以上几个优先级设定的方法和工具，我们还需要在接下来的需求管理中，选择适合我们的方式去做优先级设定，这是在产品路线图规划和需求管理中必不可少的工作环节。

建议将需求的优先级设定为 4 个等级，即 1（高）、2（中）、3（低）、4（可有可无），根据研发资源的实际情况，控制不同优先级的占比。产品经理要避免成为需求的搬运工，避免所有需求都是一个优先级，或者完全没有优先级。即使很多产品经理没有太多话语权，也要尽力去分级，产品管理的主动权应该是产品经理自己争取来的，而不是等待别人给你。

3.4　规划路线图

清楚地解释为什么你的产品存在，以及你运行它的方法。这可以是一份使命宣言、信条或原则。重要的是，你要相信它们，把它们钉在每个路线图的顶部，如果路线图中的内容与你的原则不相符，你就会明白这一点。

——Ian McAllister，Airbnb 产品总监

有了愿景、需求、优先级，接下来我们就可以做产品路线图的规划了，我们所需要做的就是把相关干系人拉到一起，在愿景和目标上达成一致，让利益相关者对产品的阶段性发展有一个大概的方向，这样以后对产品的迭代阻力就会少很多。

产品路线图建议包含版本目标、核心需求、时间周期和里程碑，具体介绍如下。

（1）版本目标

设定每个版本的核心目标，不需要多，一两个就够，注意最好是可衡量的结果目标，并与战略及业务目标挂钩。

（2）核心需求

找到对每个版本的目标影响最大的几个核心需求，简要地列出来。注意不要把一些小功能当作核心需求。

（3）时间周期

建议选定一个大版本迭代周期的 3 ～ 5 倍作为产品规划的时间周期，这样做的合理性在于，一个迭代周期往往是确定的任务工作事项和目标，以此为基础来确定规划的时间周期，既不会感觉特别长远、不太实际，又不会导致规划

节奏太紧。当然，时间周期的设定是比较灵活的，我们是按照季度来设定的。

时间周期的规划并不是固定不变的，只是要有一个预计，项目团队不用太担心日期到了没有实现会怎样，这是一个规划目标或者是优先事项的鸟瞰图，是允许变动和适量调整的，并且我们应当积极拥抱变化，要留出适当的空间去适应变化，所以可以在周期设定上预留一些时间，建议是预估值的 10%~20%。

（4）里程碑

找到关键目标，并为此设定一个时间节点，作为里程碑。

产品路线图是产品线负责人推动项目发展的重要工具，它的意义在于有阶段性的目标并且为团队提供方向指引，能够让团队进入一个可控的迭代节奏中。

图 3-7 所示为一个产品路线图示例，行是时间，列是产品线和每个版本号，交叉点是对应的核心功能描述及目标。从图中可以很直观地看到应该在什么时间段通过什么版本功能实现什么目标。

2020	Q1	Q2	Q3	Q4
某 App	全年主要目标			
v1.0.0	版本主要功能描述版本目标			
v1.0.1	×××××××			
v1.2.0		×××××××		
v1.3.0			×××××××	
v1.4.0				×××××××
某产品	全年主要目标			
v1.2.0	版本主要功能描述版本目标			
v1.2.1		×××××××		
v1.2.2			×××××××	×××××××
v1.3.0				×××××××

图 3-7　产品路线图示例

3.5　我们是如何进行路线图规划的

根据集团战略方向的调整和金融市场环境的变化，公司愿景每两年会有一些轻微调整。在公司愿景下，业务、科技、风控、运营、财富等部门总监会组织全公司进行头脑风暴，会把各职能条线打乱分组，进行小组讨论并派出代表宣讲，最终汇总并结合高管层领导意见，制定业务目标。

接下来就会有源源不断的业务需求对接到各业务线的产品经理，同时大数据团队也开始准备采集相关数据，通过前端埋点和日志数据收集，在可视化平台进行展示，便于业务人员和产品经理进行数据分析，及时调整目标和策略。

我们公司目前使用腾讯的项目管理工具 TAPD 进行需求管理和版本规划（见图 3-8），大部分需求来源于业务人员和客户。虽然公司目前没有独立的数据产品经理岗，但是我们的产品工作流程中对产品经理的数据工作有明确的要求，比如需要写数据需求文档，OKR 中的产品指标需要量化，产品上线后需要进行复盘总结。

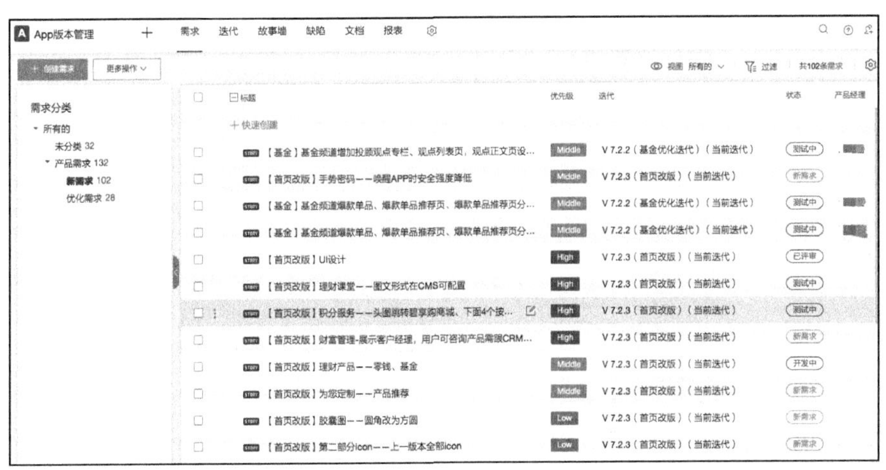

图 3-8　项目管理工具中的需求池

不同产品线的产品经理，对数据的关注点不同，我们的产品经理大致可分为前端和后台两类。比如负责 App 产品线的前端产品经理（也叫 To C 或客户端产品），需要更多地关注用户行为数据，从渠道导流、注册登录、认证、绑卡开户、交易、再次交易等各个流程节点的数据及转化漏斗，关注用户体验，通过收集用户意见反馈和分析用户行为数据，结合行业和竞品分析，进行产品需求的优先级排序并制订产品路线图。负责后台运营管理系统的后端产品经理（也叫 To B 或后台产品），需要更多地关注业务数据，产品经理需要到一线接触实际业务，才有能力分析业务同事的需求优先级，甚至预判到业务增长隐患。

我们曾发现一些业务人员为了短期业绩增长提出一些对长期经营产生潜在

影响的需求，这个时候就需要拿出数据说话，对没发生的事情也可以进行一定程度上的数据预测。产品经理如果仅仅服务于业务而不深入了解业务，是无法得到公司的价值认同的，也不能发挥数据产品经理的真正能力。

无论是前端还是后台产品经理，都需要关注团队的核心目标，团队的目标是与公司直接关联的，我们的团队目标分为三类：业务指标（重要业务线的指标，比如交易额）、财务指标（为公司盈利的指标，比如净利润）、产品指标（产品相关的指标，比如 App 活跃度、后台系统的使用评分）。每位产品经理都需要盯着自己的规划中对应的团队指标的贡献值。

需求统一由产品经理录入需求池，根据产品阶段性目标，进行产品路线图规划。然后在需求管理平台中，把需求池中的需求按照规划放入迭代计划中（见图 3-9），这样，项目团队的每个成员，从产品经理到研发、测试人员，再到业务需求对接人，都清楚地知道正在进行中的事项和未来一个阶段的计划。

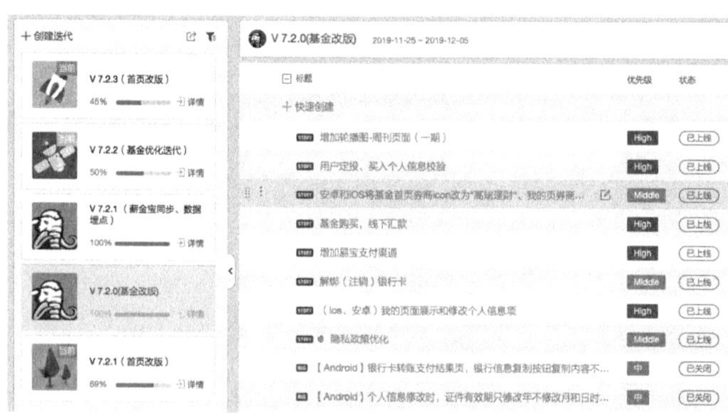

图 3-9 迭代计划

数据驱动的前提是有合理的规划能力，否则产品经理会始终被业务需求方和领导推搡着前进，始终满足他们的需求，而不是产品成长所需要的需求。有了产品规划，就会有产品节奏，在产品节奏中进行数据驱动，才能有阶段性收获。

经过以上几个步骤，我们将得到一个已取得共识的产品路线图（见图 3-10），接下来可以在这个路线图下开展具体的工作任务计划。在推进的过程中，仍然需要不断监控反馈（更重要的是向上反馈），及时调整路线图，进入一个 PDCA 循环中。对于数据产品经理来说，更应该关注产品目标的相关数据达成情况，及时调整产品规划。

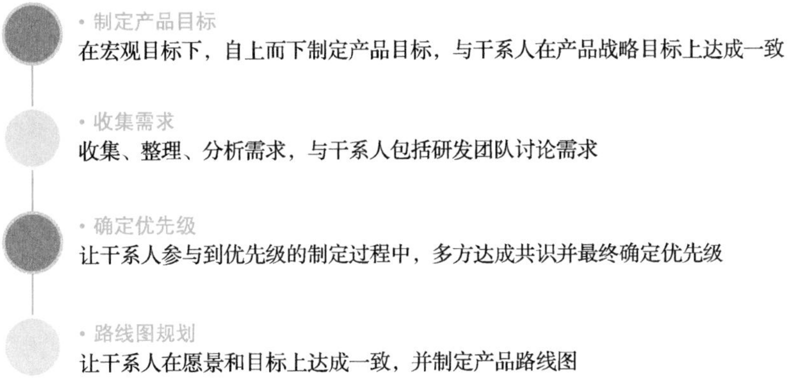

图 3-10　产品路线图

本章更多是介绍产品路线图规划的思路，虽然大部分产品经理无法参与组织战略目标的制定，但是这并不妨碍我们对所处行业进行不断的认知学习，加深对所属领域的思考和锻炼。不要因为规划“没有意义，不被采纳”就不去尝试，做产品，永远不要放弃主动思考，很多产品经理在职业发展上遇到的瓶颈，大部分不是因为专业能力的欠缺，而是缺少行业认知和积累。定期查看各个咨询公司公开的分析报告并进行思考，与同行业或跨行业的专家进行交流学习，结合所处行业及业务领域，同时对新兴领域或兴趣领域进行研究，才能在日积月累中具备宏观视野。

不要做“我觉得”的产品经理，而要去做“因为（数据分析）……所以应该（产品规划）……然后才会（数据验证）……”的数据驱动型产品经理。

第 4 章 数据埋点体系

随着互联网技术的发展，从单纯的展示型到运营型，再到现在的数字化运营阶段，数据变得越来越重要，不仅可以进行辅助策略，还可以实现自动化的个性化运营。而数据价值的起点就是埋点，只有合理地埋点，规范地上报，数据才会产生价值。本章我们就来了解埋点体系。

4.1 数据埋点概述

一般我们把数据分为生产端数据和消费端数据。生产端数据很容易获得，一般都是通过系统的数据库，比如在电商的商品后台中添加商品的操作就是生产端数据。生产端数据基本上都是监控类的。而产生更多的业绩价值的数据往往都是消费端数据，比如用户在电商 App 上进行点赞、评论、收藏、下单和支付等行为的数据就是消费端数据。消费端数据需要采集，埋点技术就是一种常见的采集这些数据的技术。

4.1.1 什么是埋点

通常我们说的埋点，实际上是埋点技术。埋点技术是一种数据采集技术，特指针对用户行为或时间进行捕获、处理和上报的相关技术及其实施过程。

互联网发展到今天，埋点技术已经越来越成熟，有非常多的第三方 SDK 可以方便公司快速建立埋点体系，挖掘数据价值。然而第三方埋点技术经常会遇到数据泄露的问题，而且可能由于一些限制导致业务诉求不能完全满足，因此大型企业大概率会选择自建埋点系统。

4.1.2　埋点的意义

我们经常会说数据价值，会思考如何让业务数据产生价值。数据产生价值的前提是数据源可信任，而埋点的意义就是解决数据源可靠性的问题。

如果说数据仓库是兵工厂，各种数据产品是枪炮，那么埋点就是钢和铁；如果说数据仓库是地基，各种数据产品是高楼大厦，那么埋点就是砖和石。如果埋点做不好，一切上层依赖都将会事倍功半。

4.1.3　埋点的类型

埋点类型有三种：Web 埋点、App 埋点和接口埋点。本书主要介绍产品思维层面出发需要了解的大致原理。

1. Web 埋点

Web 埋点主要是通过先在页面中注入一段 JavaScript 代码，然后对收集的数据进行上报的技术。

互联网的发展从 Web 1.0 到 Web 2.0，再到今天的移动互联网，埋点技术也从无到有，从简单到复杂，服务厂商也从群雄争霸到“剩”者为王。Web 埋点技术也经历了网页信息、增加 Cookie、增加事件三个阶段，使得 Web 埋点越来越成熟。这里我们主要从产品角度理解 Web 埋点。

在大数据运营之前，Web 埋点主要关注的是各种指标和漏斗分析法。重要的指标有页面访问次数、页面用户数、页面停留时长和跳出率。漏斗分析法主要是指有递进关系的页面之间用户的流失率。Web 埋点的意义更多的是优化页面，提高用户留存。在大数据运营之后，Web 埋点更多地开始关注事件，同时上报用户信息，这样就可以对用户的兴趣点进行挖掘。

2. App 埋点

App 埋点技术是通过在代码中加入特殊的代码或者引入一个 SDK，对 App 中的信息进行收集的一种技术。

App 代表了移动互联网时代的到来，从这一天开始，埋点技术就进入了大数据时代，并不是 App 带动了大数据时代，而是 App 的兴起正好和大数据技术的普及相伴随。

伴随着大数据的到来，App 埋点已经不仅仅关注页面优化带来的用户留存提升，而更加关注数据的全面性。在这个时代，数据就是价值，数据的全面性带来的是用户价值的深度挖掘。同时 Web 时代的版本更新优化已经被更成熟的 A/B 测试系统取代。我们再也不用更新一个版本之后再获取数据，而是可以在一定范围内灰度上线，测试效果之后再上线。

所以 App 埋点是埋点价值的升华，也是大数据时代挖掘数据价值的起点。

3. 接口埋点

我们常说的埋点主要是指 Web 埋点和 App 埋点，但实际上还有一种埋点——接口埋点。这种埋点不同于其他埋点的地方在于，它不是通过数据库系统直接存储，而是通过日志系统存储，然后通过 ETL 保存到数据仓库。

接口埋点的意义主要是用于实时接口监控，可以让我们快速发现接口的异常情况。运维的报警系统很多都是通过接口埋点实现的。

4.2 如何做好埋点

4.1 节介绍了什么是埋点，接下来我们将继续介绍如何做好埋点。

4.2.1 目标收集

埋点是数据价值的起点，而目标收集又是埋点的起点。目标收集的关键要义在于必要的全面，也就是说，需要的数据都要进行埋点，但并不是埋点越全越好。

目标收集主要从两个角度思考，一个是用户信息（包含浏览器信息），一个是目标及事件。

用户信息主要是指用户的身份与硬件环境信息。身份信息包括未登录的唯一码、登录后的唯一码、联合登录信息等，硬件环境信息包括操作系统、硬件设备码和经纬度等。在没有用户信息的时代，大家只能进行全站的调整和信息呈现，而用户信息的收集让智慧营销、千人千面成为可能。

目标及事件主要是指页面中的元素及元素触发的事件。元素要进行分级收集，主要遵从三个级别：页面、模块和元素。模块是有可能分级的，但是在埋点系统里一般我们不做分级上报，只对最子级的模块进行上报，在服务器端存储模块层级关系。比如微信一级模块是“微信”“通讯录”“发现”和“我”。在“微信”里面还有“加号”“搜索”“消息列表”和“小程序”这些二级模块。然而当我们点击了“搜索”时，对于模块上报来讲，不需要记录“微信”这个一级模块，只需要上报“搜索”这个二级模块就可以了。

其实目标收集有一个很好的简单要义：谁对什么做了什么。这里的“谁”就是用户，“对什么”中的“什么”就是目标，“做什么”就是事件。在做埋点的时候，一定要记住这个要义。

接下来，介绍埋点所谓的必要和全面。全面就是埋点要尽可能全面，因为只有这样，当我们想到用某些数据进行机器学习的时候，才可以不用再去埋点，也不会损失历史数据的价值。全面有两个概念，一是埋的点位要全，二是一个点位的上传信息要全面。

关于埋的点位要全，这就需要依赖交互设计图了。在交互设计图中，任何有交互的元素都是需要考虑是否要进行埋的点。决定是否埋的依据是这个元素的交互是否有业务意义，如果有就需要进行埋点。此外，在用户行为产生结果的逻辑代码中也需要进行埋点。这样就可以保证埋点的全面性。

埋点上报的信息如何做到全面呢？以事件驱动。用事件作为埋点的点，需要上传的信息包括事件本身和触发事件的用户信息，以及触发元素本身所在实体（对于客观世界物体的抽象）的信息。比如我们在使用电商的时候，会收藏一个商品，那么点击收藏按钮的这个点击事件就是我们要埋的点。收藏是我们的动作，所以我们的唯一识别码、操作系统、经纬度坐标等信息就需要上报，同时点击的是商品的收藏按钮，所以商品的唯一标识码也需要上报。

接下来我们讨论一下必要。是不是所有的事件及其相关信息都需要上报呢？答案是否定的，特别是在用户量级很大的应用中，每多上报一种信息，就代表多很多的流量费用和存储费用。所以只有能够产生业务意义的事件及相关信息才需要上报。比如，App 中经常出现的自动切换的控件，这种切换事件一般不上报，因为并没有什么业务价值。

以 UI 设计为底、以业务价值为依据、以事件为起点、以"要义"为目标进行埋点，就可以保证目标收集的必要和全面。

4.2.2 字典管理

做了埋点，只是保证了有信息，距离产生价值还有一个很重要的步骤，那就是字典管理。

字典管理的第一个要点是埋有所编。一个埋点对应一个标识信息，这样每一个埋点就相当于有了一个身份。这个标识信息既可以在后续的数据分析中发挥重要价值，也方便在埋点管理平台中进行管理。

字典管理的第二个要点是便于检索。在给模块起名的时候要遵从全路径原则，也就是页面→模块→最子级模块→元素→事件。例如，对淘宝首页男装分类下的更多热卖的每一个商品的点击进行埋点，那么这个埋点的合理名称是"首页_男装分类_更多热卖_商品_点击"。当然每个人因为习惯不同，会有一个符合自己系统的编码名称。

这里介绍一下编码的职责原则。首先埋点编码是由技术部门完成的，而不是业务部门。埋点的技术部门需要建立一套完整的、适用于全公司的埋点规范。如果业务侧的产品经理想申请埋点，只需要将埋点的点位和逻辑需求写清楚，然后到埋点的技术管理部门申请。埋点的技术管理部门依据制定好的规则，对新增的页面、模块、元素及事件进行编码，然后更新埋点文档。测试人员根据埋点文档对业务侧的产品经理提出的需求进行确认。测试通过的埋点在埋点管理系统中状态变更为验证通过，待版本发布后，埋点状态变更为有效。业务侧产品经理也可以通过埋点信息上报后的数据逻辑对埋点进行业务验证。

4.2.3 埋点管理平台

埋点管理平台，顾名思义，就是对于埋点的管理系统。实际上字典管理就是埋点管理平台的一部分，除了字典管理之外，埋点管理平台还包括埋点可视化管理、埋点状态监控及埋点测试几个模块。4.2.2 节已经介绍了字典管理模块，接下来我们会对剩下的模块进行说明。

1. 埋点可视化管理模块

埋点可视化管理模块主要负责对埋点进行可视化管理。可以看到在图 4-1 中，左侧是一个 App 的展示，而在右侧有一系列埋点信息，并用线和目标元素进行连接。

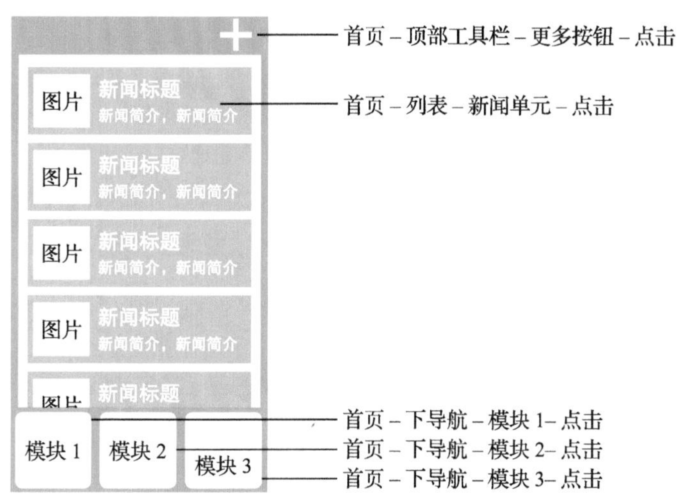

图 4-1　可视化埋点示例图

这样产品在对埋点进行设计的时候，就可以所见即所得地设计，从而极大减少设计上的遗漏。同时，可视化管理模块也是埋点测试的基础。

2. 埋点状态监控模块

埋点状态监控模块主要负责对埋点的存活状态、未知埋点发现及数据异常进行提醒。埋点的存活主要是针对已经确定的埋点进行监控，而是否存活主要是通过测试人员进行回归测试来判断。未知埋点发现主要是通过上报数据进行分析，如果出现了未知的埋点标识数据，则进行提醒，方便反向跟踪问题。数据异常提醒模块主要从数据本身的阈值异常以及上下游埋点比例的阈值进行监控。随着机器学习的引入，数据异常的判断进入智能化阶段，错报的概率大大降低，同时监控的时效性大大提升。

3. 埋点测试模块

这个模块很少有企业真的做到，但是却是埋点管理平台能够得到升华的点。

埋点测试模块主要提供给测试人员使用，因为它与可视化管理模块的联动可以让产品经理也很容易上手，进行埋点测试。也就是这个模块支持在测试的时候，可视化模块可以同步显示应用显示的页面。在应用上触发埋点的时候，可视化模块在接收到数据时可以高亮显示对应的埋点标签。所以埋点测试模块就是埋点测试人员和产品经理最想要的模块。图 4-2 是埋点管理系统主要模块的结构图。

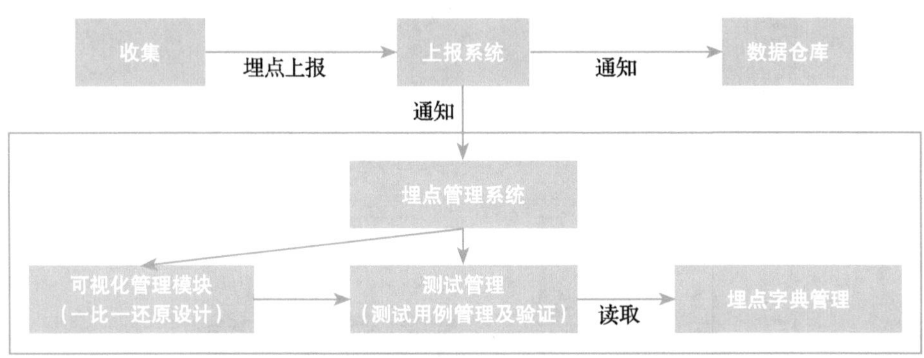

图 4-2　埋点管理系统主要模块的结构图

如果你们企业做出了上面的埋点管理平台，那么要恭喜你了，你们已经走到埋点的专业级别了，你们的数据价值之路已经有了最好的砖和石。

4.3　埋点技术

本节来讲一下主流的埋点技术，这里仅从产品经理需要了解的原理角度进行讲解。

4.3.1　JavaScript 埋点

JavaScript 埋点是主要应用于 Web 应用的埋点，通过在页面的底部加入一段 JavaScript 代码来完成埋点。一般在页面上显示为一个 GIF 小图标，图标的来源是一个 JavaScript 文件地址。

JavaScript 埋点一般支持自定义事件的收集，这样就可以充分地对用户的行为进行收集。

JavaScript 埋点也会应用 Cookie 技术，对用户身份进行标识，但是如果用户清除了 Cookie，会导致用户身份丢失。

4.3.2　App 埋点

App 埋点算是站在了一个很高起点的埋点技术。因为有了 JavaScript 埋点的技术和运营沉淀，App 埋点在很短的时间内就发展到了很成熟的阶段。App 埋点主要分成两种方式，有埋点技术和无埋点技术。

1. 有埋点技术

在 App 刚火热的时候，还没有无埋点技术，都是以有埋点技术来实现的。

有埋点技术就是在逻辑代码中插入一条自己需要的埋点代码进行数据上报。这样的埋点技术可以根据业务需求精准埋点，但是也带来了一个问题：埋点管理问题。公司越大，部门划分越细，同时伴随人员的流动，一旦规则或者埋点人员的认知不同，就会导致埋点丢失或者改变。而我们之前说过，埋点是数据价值的起点，这样会给后续的所有分析及模型带来影响。

所以有埋点技术成为了一种大家质疑的技术，无埋点技术也在大家对有埋点技术的痛苦挣扎中应运而生。但是无埋点技术就真的是天堂吗？实际上，这样的问题并不是技术问题，而是管理问题。埋点技术暴露出来的问题也是因为管理体系的缺失导致的。

2. 无埋点技术

无埋点技术可以说是踏着七色云彩来到这个世上的，也是各大埋点平台鼓吹的埋点技术。

无埋点技术的好处是，通过引入 SDK，接下来就会自动完成埋点，这样就可以规避很多人工错误。这样看来，是不是大家都应该使用无埋点技术呢？是不是无埋点技术就没有缺点了呢？

实际上在对业务数据要求高的场景下，无埋点技术还是有一些缺点的：

- 采集的标准化使非标准化采集成为不可能；
- 只能监控部分事件，并不能上报所有事件信息；
- 由于目前 App 开发的复杂性上升，无埋点技术并不能兼容所有的场景；
- 标准化上报导致很多业务无效的信息也进行了上报，大量的无效信息上报在流量大的场景下会带来巨大的流量及处理资源的浪费；

- 无法获取业务逻辑内的信息跟踪。

4.3.3 埋点技术的选择

我们已经知道了有埋点技术和无埋点技术的优缺点，那么如何选择埋点技术呢？接下来笔者就会针对不同的场景，进行埋点技术的推荐。

- 公司刚启动，技术人员少，人员流动大，公司初步扩张中，尚未进入精细化运营阶段。只要符合其中一点，就可以选择无埋点技术。
- 项目在天使阶段之后的融资阶段，业务复杂度高，App 应用的技术多样。符合这些点中的一点，就不要用无埋点技术了。当然，在融资阶段，使用私有化部署的无埋点技术也还是可以的。
- 公司流量巨大，业务复杂度高。当公司进入这个阶段的时候，就需要有埋点和无埋点技术联合使用。对无埋点技术也要进行一定的修改，上报阶段要通过后台配置项进行配置上报。这个阶段就需要按照 4.2.3 节提到的，建设自己的埋点管理平台了。

有埋点和无埋点技术都是为了数据采集而存在的，而且各有优劣，企业在不同阶段，产品在复杂度不同的情况下，根据自身的需要进行选择。效用最大化是组织的目的，所以不要在某一点上进行过度开发，避免产生不必要的浪费。

第 5 章 数据中台

数据中台越来越火，已有燎原之势。现在如果企业没有数据中台，似乎就是没有跟上时代的潮流。然而到底什么是数据中台？数据中台究竟如何建设？数据中台又有什么产品？针对这些关键问题，本章将会逐一讲解。而数据产品经理也可以在深刻理解数据中台的基础上，更好地进行产品设计。

5.1 数据中台是什么

网络上有很多文章把数据中台和数据平台、数据仓库放在一起，让大家以为数据中台是一种技术变革的产物，本节就来详细讲解数据中台的概念，帮助大家对它有个全面的认识。

5.1.1 数据中台的由来

按照企业生命周期理论，企业发展一般会经历 4 个阶段：创业期、成长期、成熟期和持续发展期。

- 在创业期，大家没有什么战略，只有一个目标——实现产品原型。团队中的每一个人都是独当一面的人，这也是大家最团结的时刻，因此整体效率高，大家主要面对的是市场和产品的创新问题。

- 在成长期，企业业务快速发展，人员大量增加，跨部门的协调越来越多，并且越来越复杂，团队成员之间已经不能都熟悉，企业主要面对的是公司的成长速度问题。
- 在成熟期，由于创业和创业精神的逐渐淡薄，企业组织和流程的僵化日趋严重，效率低下。大部分企业走向衰落，极少数企业可以进入持续发展期。企业主要面对的问题是如何降本增效和如何扩展新业务。
- 在持续发展期，企业将会进入更多的业务循环，将会面对组织成熟度的考验。

在进入成长期之后，公司的问题就会越来越多，特别是互联网企业，会面临如下问题。

如果你是管理者：

- 为什么各个部门的报表那么漂亮，但是企业就是不赚钱？
- 为什么同一个指标能有几十个数，而且每一个来源似乎都有些道理？
- 为什么一次活动之后的数据反馈那么慢？
- 为什么所有业务部门都要有自己的数据分析和数据研发？
- 为什么数据部门做了那么多，业务部门还在抱怨没有工具？

如果你是业务部门：

- 为什么数据部门出的数据一直不准确？
- 为什么是这样的口径，完全不能体现真实的业务价值？
- 为什么我花了那么多研发成本，他们只告诉我一堆原本我就知道的事情？
- 为什么我只是想做一次活动，要那么复杂？
- 为什么我只是想要做完活动再分析一下，要等一个月？

如果你是研发部门：

- 为什么我的数据申请又被拒绝了？
- 为什么我努力做的分析被业务批得一无是处？
- 为什么我连 SQL 都没有改变过，但是数据却有明显的异常？
- 为什么我们已经在做的系统，别的部门也想做，有的甚至比我们投入得还多？

这么多的为什么，难道就真的没有解决办法吗？

阿里巴巴是一个伟大的企业，一个庞大的企业，一个跨越成熟走向持续发展的企业，但是它也同样面临过上面的问题。终于有一天，阿里巴巴所有的VP不愿意再忍受这些问题，于是聚在一起，开始讨论如何解决这些问题。一些共识浮出水面，拆墙、拆烟囱、建标准、统一流程、业务数据化、数据业务化，于是就有一个新的战略被发明——“中台战略”。中台战略被认为是解决企业进入成长期的正确战略，而它的第一个部分就是数据中台。

通过上面的介绍，我们知道数据中台并不是技术变革驱动的变革，更不是一种产品的落地，所有从技术变革来引出中台概念的说法，都可能对中台有一定的误解。

5.1.2 中台的彷徨

阿里建立起来的数据中台，在阿里内部取得了不小的成绩，也得到了来自阿里内部和行业内的掌声。“ One Data, One Entity, One Service”似乎就是数据中台的样子。

但是就在今天，阿里的很多业务线开始抱怨中台。虽然中台似乎解决了最初大家的问题，而且似乎真的解决了曾经的一些问题，但是为什么业务还是不能快速跑起来呢？

中台到底对不对？对于这个问题这里暂不讨论，本章后面会给出答案。而如果我们决定要建中台，那么会面临以下重要问题：

- 是否必须建立一个数据仓库？
- 中台和当前业务如何同时保证？
- 中台要多久才能产生价值？
- 中台和前台未来的产品边界如何定义？

下面将一步步揭开中台的神秘面纱，对上述问题进行解答。

5.1.3 中台是一种企业战略

首先，中台不是一种产品，并不能被直接购买，实施之后完成搭建。

其次，数据仓库并不是数据中台的必需品。

最后，数据中台是一种战略。

什么是企业战略呢？企业战略是一个自上而下的整体性规划过程，是对企业各种战略的统称。战略层出不穷，但是都是对企业的谋略，都是对企业整体性、长期性、基本性问题的计谋。

制定战略是 CEO 的责任。企业的命运掌握在 CEO 手中，CEO 就应该是一位十分称职的战略家。因为中台是一种企业战略，这也就决定了中台战略必须由 CEO 制定，并授权和监督执行。

同时，因为战略面对的是企业整体性、长期性、基本性的问题，所以不应该奢求中台能在短期内产生收益，也不应该奢求一个局部的改变就可以完成中台的建设。

中台战略究竟是什么呢？数据中台战略是在企业的全域范围内，以业务为目标的数据价值最大化，而中台战略就是企业的资源价值最大化。

5.1.4 中台是战略下的组织协同

在阿里巴巴中台战略确立并初见成效之后，中台成了热词，也受到几乎所有互联网大厂，甚至很多大型传统企业的追捧。

而战略决定组织结构，组织结构也会影响企业战略的达成。我们常说办企业就是定战略、搭班子、带队伍，从中也可以看出，在战略确定之后，就必须完成组织的协同，以保证战略快速和正确地实施。

网络上不断涌现出大量介绍中台的文章，今天是多少页 PPT 解密数据中台，明天是什么漫画解读数据中台，抑或数据中台这一篇文章就够了，还有更甚者写什么中台末路的。其中很多文章居然还是阿里巴巴的员工自己写的或者是其被采访之后整理出来的。如果你读了这些文章，也许你得出的结论就是你要建立一个大数据平台。你可以得到一张这样的图（见图 5-1）。

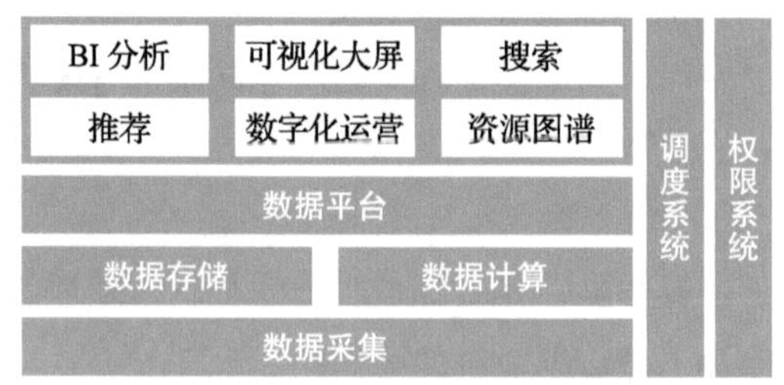

图 5-1 数据中台技术架构图

然后你想知道，这怎么落地呢？映入眼帘的就是下面的这张图（见图 5-2）。

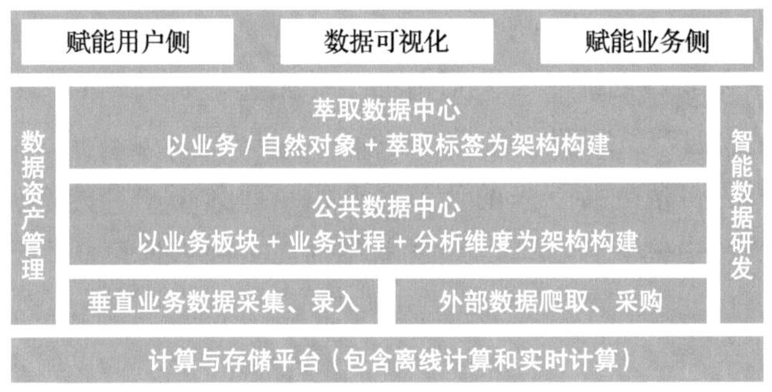

图 5-2　跨业务体系数据中台全景图

你可能会得到一个结论，先建立一个数据仓库。

然而，我们知道，一个解决部分技术问题的产品是不可能成为一个公司的战略的，所以也不可能是中台。

那么组织如何来协同数据中台的战略呢？其实并没有标准答案，每个企业可能都会有所差异。但是一个比较好的数据中台组织结构至少应该包含企业的唯一数据仓库层、唯一的数据指标体系共享层、公共数据营销层。只有这样才能完成数据价值最大化的战略目标。在中台的战略下，非统一的数据中台组织结构都是不合适的组织结构。

5.1.5　中台是技术与业务的综合体

目前看到的大部分中台，基本是基于技术的角度思考的，要么是从数据存储和计算的解决方案分了几个阶段，要么是从架构体系角度分析整体的技术架构如何变化。我们可以试想一下，在有数据中台之前，数据存储的技术是不是已经这样发展了？数据存储和计算的解决方案是不是也已经这样发展了？相信可以很容易得到答案，那就是它们并不依赖中台的概念而发展着。

中台不是因为技术而起，也不是去解决技术问题；中台因业务而起，也因为业务而定。

所以中台是以业务为驱动，技术在业务的目标下进行调整和升级。

5.1.6　数据中台下的数据产品经理

在有数据中台之前，数据产品经理做事情总是束手束脚。然而有了数据中台就一定会顺风顺水吗？当然不是。

数据中台在战略上铺平了公司内的组织阻力，而组织上又打通了全域的数据。所以对数据产品经理就有了新的要求：建统一、定标准、打通全域、建立共享、最大化价值。接下来的章节会介绍一些数据中台的产品，希望读者可以在这些产品中体会数据产品经理需要的能力和如何建立自己的数据中台思维。

5.2 数据中台的产品形态

通过上一节，我们了解了什么是数据中台，知道了要在战略的高度上进行数据中台的建设，当然也要在公司战略的层面做数据产品。这一节将会讲一下通常数据中台包括的数据产品。

5.2.1 统一指标平台

首先明确一下什么是指标。根据百度百科的定义，统计指标简称“指标”，是反映社会经济总体现象数量特征的概念和数值。一个完整的统计指标包括指标名称和指标数值两个部分。而在企业中，我们说的指标，主要是用于评价和指导企业经营的数据结果。

比如在电商行业中，我们经常听到的一个指标是 GMV（成交总额）。其实按照中文意思，这个指标并不难理解，但是各家电商的 GMV 有的时候会变，而且和财报里面的数据经常对不上，让人觉得这个值很奇怪。指标确定了，难道不应该是一个固定的值吗？

于是这里又引申出一个概念——统计口径。统计口径是指统计数据所采用的标准，即进行数据统计的具体内涵（项目内容）。

从数据系统的角度看，一个完整的指标包括指标名称、计算标准、计算代码、依赖的数据库表、库表结构定义，以及库表和生产系统对应关系说明文档。

还是以 GMV 为例，通常普通用户理解的 GMV 是指最终成交金额，也就是销售额 - 取消订单金额 - 拒收订单金额 - 退货订单金额，而实际上电商行业的 GMV 指的是订单金额，也就是订单提交金额（包含支付和未支付）。是不是有些反常识呢？这还不是最夸张的，个别电商还有更夸张的口径，就是加入购物车金额。可见只有指标，没有口径是没有意义的。

于是一个公司内的统一指标平台应运而生。它既包括指标BI、指标查询、口径说明的前台展示部分，也包括认证、权限、SQL维护的系统模块，还包括数据底层开发。

统一指标平台不仅要给用户提供界面展示，同时要对外提供接口级服务，让前台业务可以快速搭建业务需要的BI系统。

那么对于指标，除了确定指标名称、口径说明及SQL代码之外，还需要进行体系设计。在前面的内容之外包括领域和维度。领域快速检索，指标用于理解，口径用于确定，维度用于指标的区间确认。

接下来我们对整个体系进行举例说明。在电商领域，我们经常会将用户、订单称为领域，而将GMV、沉睡用户这样的数据称为指标，将"所有创建订单的订单金额总和作为当天的GMV"称为口径，将"双11当天的GMV"中的11月11日称为维度。维度一般包括日期、地点、用户圈层等。

统一指标平台的意义：在全公司内进行唯一的数据掌控、业绩对比及效果评估，是业务数据治乱的起点。

5.2.2 统一标签平台

统一标签平台是公司对业务侧提供数据包服务的统一平台。业务侧可以利用统一标签平台进行标签的选取或组合，获取数据包。比较经典的有阿里巴巴的黄金侧标签平台。

根据百度百科的定义，网络标签（Tag）是一种互联网内容组织方式，是相关性很强的关键字，它帮助人们轻松地描述和分类内容，以便于检索和分享。

很多时候，有人会疑惑指标和标签到底有什么区别，而接下来的问题就是指标平台和标签平台是否可以共用。

其实我们通过定义就可以看到，指标的目的在于度量，而标签的目的在于分类，二者区别明显。同时，指标一般输出的是一个结果数据或数据列表，又或者是排行榜信息，而标签更多的是一个数据的集合；指标输出的是直接的结果，而标签返回的主要是数据包。

统一标签平台的意义：全域的统一标签平台可以最大可能地进行数据打通，为公司的降本增效、营销增长和价值发现等服务提供最基础的数据支撑。

5.2.3 可视化报表平台

市面上做可视化报表的工具非常多，有 JavaScript 库，也有 R、Python 等语言的库；有客户端软件，也有 SaaS 平台。无论是哪一类，可视化报表平台真正的意义都在于，最简单地满足业务的诉求。

随着业务的发展，企业对于可视化报表的诉求也不一样。

1）企业的最开始阶段，企业需要的是 KPI 的进度看板。企业这个时候不适合用复杂的报表平台。

2）企业进入成长阶段，各条业务线开始并行，同时经验的数据沉淀已经初步完成，这个时候需要报表能够快速响应各业务线的发展诉求。不仅能够看到 KPI 的完成情况，更要用数据辅助 KPI 的制定，同时能够开始在运营和营销效果方面进行充分的支持。

3）企业进入成熟阶段，在这个阶段，企业各个业务基本上各自发展了很长一段时间，业务对于数据的诉求已经非常强烈。但是由于各业务的快速发展，烟囱式的发展非常严重，导致后续数据业务化的发展举步维艰，同时因为各自部门的利益，数据获取和营销活动都变得异常困难和烦琐。而这个时候，中台的可视化报表平台就成为最好的解决方案。

中台的可视化报表平台有以下几个比较重要的特征。

- 平台化：基于 SaaS 操作平台，所有业务人员都可以通过统一的平台查看报表。
- 业务化：数据报表需要沉淀各业务线的数据诉求，能够反映各业务线的成本、业绩、运营及营销效果等。
- 快速响应：分两个方面，一是研发侧，要有分层开发的架构，同时提供组件化的支持；二是业务侧，能够在成熟的平台上快速进行简单的报表搭建和数据分析。

可视化报表平台的意义：能够对业务数据化进行支撑，并在一定程度上支持业务部门的独立数据分析。

5.2.4 智慧营销平台

智慧营销平台的前提是全域的数据打通。这里并不是说没有全域的数据就不可以做智慧营销，而是说只有全域的数据打通才能打造一个真正体现价值的智慧营销平台。

前面介绍的 3 个平台只是企业的业务数据化，而当企业开始做统一的智慧营销平台的时候，就是企业真正进入数据业务化的阶段。

以电商为例，一个标准的电商智慧营销平台主要包括以下部分。

- 权限模块。这个模块主要用于限定登录用户的功能和数据范围。
- 用户模块。这里的用户主要是指用于营销的用户。这个模块的数据既可以来源于标签平台抽取的用户，也可以来源于数据模型预测出来的用户。
- 商品模块。这里的商品主要是指用户的目标商品。这个模块的数据主要来源于数据模型的预测。
- 营销资源模块。营销资源模块既可以是促销也可以是优惠券，促销一般指的是商品的低价、满减、赠品、返利和限购等。
- 过滤模块。这个模块主要的作用是对用户的促销进行频率限制和风控过滤。
- 触达模块。这个模块实际上包括两个子模块。从营销用户的感知角度进行分类，一个是主动触达模块，一个是被动触达模块。被动触达指的是短信、邮件、微信和 push 等手段，而主动触达指的是在用户使用产品的全流程中有曝光的资源位。
- 效果模块。这个模块主要用于对营销的效果进行评估，这里的评估不仅是一个结果，更多的是与运营自身经验及历史效果的环比和同比。
- A/B 测试模块。这个模块主要用于用户分组。有时效果模块也会放在 A/B 测试模块中。这里仅对 A/B 测试模块进行了简单说明，如果希望对 A/B 测试有更深入的理解，可以阅读第 7 章。

智慧营销平台的意义：提供丰富的数据模型，能够支撑企业的各个业务线进行全域的营销活动，实现企业基于数据的业务增长，让企业的资源可以统一调配及资源利用最大化。

5.2.5 数据中台产品的产品思维

这里总结一下数据中台的产品需要具备的产品思维，具体如下。

- 统一。打破烟囱式的开发，建立统一的产品，所以狭隘的、部门利益驱动的思考都是需要克服的。

- 标准。中台就是一个建立标准的地方，需要各条业务线在同一个标准下发展。当然，标准需要尊重业务。
- 分层。数据开发遵从分层原则，在数据中台内部不再出现穿透所有组织层的开发方式。
- 共享。开发不再是为了自己的利益驱动，而是为了整个公司的数据价值最大化，所以从项目开始的时候就需要以服务为目标。
- 价值驱动。产品的价值要以给公司带来的价值作为评价标准。

希望在这一节，大家能够了解数据中台都有哪些常见的产品，常见的产品是什么形态的，当然更重要的是能够产生数据中台的思维，建设好自己公司的数据中台。

5.3 如何构建数据中台

在 5.2 节中，我们知道了数据中台的一些产品形态，通过产品形态可以知道，数据中台的搭建是需要较长时间，也需要对组织进行较大改动的。那么是不是所有的企业都需要数据中台？数据中台又将如何建设呢？

首先，并不是所有的企业都需要数据中台。一般来讲，只有多条产品线并且产品线之间有数据关联关系，同时达到一定规模的企业才适合建设数据中台。

其次，数据中台是一种战略。虽然不是所有的企业都应该采用数据中台战略，但是数据中台战略的思想是非常有指导意义的，即使只有一条产品线、规模不大的企业，也应该利用数据中台的思维去进行建设，这样在未来战略发展的过程中就能比较顺利地过渡到数据中台的战略。

接下来，我们将介绍如何构建数据中台。

5.3.1 定战略

在中台这个词越来越火的今天，很多公司都开始创建自己的数据中台，通常有两种情况。

第一种情况是技术部门自己开始建立数据中台。这种公司一般都是发现了研发体系越来越臃肿，系统的复杂性越来越高，并且对于新需求的响应越来越慢，同时各自为战的烟囱式开发越来越多。为了解决这些问题，技术部门经常会进行中台改造，然而会遇到一些问题。

首先，业务的需求持续过来，在人员不增加的情况下，研发压力越来越大，团队整体的健康度快速下降；

其次，一些正常的需求排期时间变得更长，业务和研发的矛盾更加严峻；

最后，因为急于完成中台的搭建，并且经常来源于上级的 KPI 及业绩压力，导致制订不切实际的排期。在这种情况下，就会使得很多系统被迫暂停，同时由于没有整体的战略规划，导致在进行数据统一的过程中，团队以及产品归属成为争夺的焦点，这样也会让组织的健康度大幅下降。最后导致的结果是，中台的形式有了，但是中台的效果完全体现不出来。对于业务来说，很多业务被迫停止，而且主要诉求也没有实际的产出。

第二种情况是业务部门主导建立数据中台。虽然中台是以业务为目标的，但是并不代表中台建设应该由业务部门来主导。然而的确有些公司是由业务部门来主导中台建设的，而且往往会让业绩压力影响中台的建设排期。这样会使技术部门根据目标和排期开发，而不是按照正常的技术架构进行设计。此外，业务会进行投机性的改革，这会带来一个可怕的结局：一旦出现业务下滑或者增长不如预期，就会导致下一次的变革。虽然变化是企业活下来的唯一途径，但是在短期内组织和产品体系频繁变化将会给企业带来不可修复的损伤，甚至致使其走向衰败。

我们来回顾一下阿里巴巴数据中台的形成。首先由业务发起，陈述所有的业务痛点，然后各事业部负责人及 CO（Chief Officer）级别的人一起开会研讨，最终制定了发展中台的战略，并且中台的发展不能影响当前业务的发展。在这样的最高层统一的决策之下，制定了中台的战略方案，并且在一定程度上解决了阿里巴巴的业务问题。

所以数据中台是个一把手工程，必须由公司最高决策者对整体负责，并且在技术及业务的整体参与下制订路线图、收益预期及实施时间计划。所以说，中台是一个战略，它决定了公司在接下来发展的整体规划、目标及收益预期。中台不是一个交付的产品，不是一个技术的升级，更不是一次组织上的跟风。

5.3.2 改组织

很多企业，往往在起步阶段发展很好，但会在企业规模扩大的时候出现问题。我们可以理所当然地将问题归因于企业领导者的管理能力不行，而实际上是这个企业的组织能力弱。

笔者个人十分欣赏一代名将韩信。韩信被后世称为“兵仙”，因为他不仅强在军事能力，更强在他打造了一个完美的组织。首先，层级严明，取消了之前的以亲情或者乡情领兵。其次，进行编制整合。这两条共同作用，让韩信的部队兵可认其将，将可认其兵。要知道，这在乱世是很难的事情。再次，明确了赏罚机制，并且严格执行。这里不仅让士兵知道不服从军令将会受到惩罚，更重要的是让士兵知道了打仗之后可以获得什么。有了上升通道，大家就会努力争先。最后，韩信带兵一直以“永止刀兵”和“统一”为目标。这也是最为重要的，大家打仗的最终目标是为了止战。韩信一生征战，从未有过败绩，正是由这样一套组织管理来支撑的。

企业的创始人往往对商业的敏感性是足够的，对商业模式也比较清晰，但就是因为组织架构没有及时调整以与快速发展的战略匹配，导致很多好项目被白白浪费或者被后来的大鱼吃掉。

而从韩信的例子也可以看出来，就算是一群没有经验的新兵，只要有足够合理的组织架构和管理体系，就可以打败看起来比自己强大的军队。

可以看出，组织架构是战略实施的基础和保障。合理的组织架构也会让战略可以更好地实施，产生超出预期的效果。

企业的数据中台战略一旦制定，就需要有与之匹配的组织架构。数据中台的早期是做统一，中期是做共享，长远是做服务。所以数据中台应该拥有企业所有数据的管理权，也不应该隶属于任何技术部门，而是直接向 CTO 或者 CEO 汇报的独立技术线。

数据中台的组织架构是业务分层和能力独立的结合结构。一般数据中台由三层组成，分别是负责基础架构的部门，负责指标、口径和标签的部门以及负责数据驱动业务的系统开发部门。独立的能力一般指的是 NLP 能力、图像识别能力等。

而在数据中台之外，不应该再存在任何做数据基础、指标计算的部门。因此组织的调整不仅仅是新建一个架构，还要整合公司所有的业务线相关的数据开发人员。而这样的变动就需要依赖战略级的公司决策和一把手扫除所有阻力。

5.3.3 深业务

数据中台不是技术的升级，而是公司的战略。战略是公司发展的目标和方向，而业务就是战略的落地产物。

想要建设一个好的数据中台，应该做的就是深入每条业务线，收集业务线的数据诉求。每当我们说业务的时候，大家都以为是业务部门，而实际上，这里的业务线是有数据诉求的所有部门，既包括大家印象中的业务部门，也包括数据相关的研发部门以及数据研发部门本身。深入业务一般至少要从数据研发部门、应用端、业务侧三个方面进行深入了解。

从数据研发部门进行深入了解，可以了解到数据的重复情况，可以进行整体的数据资源盘点，还可以了解研发过程中对于底层的实时性及性能诉求，包括当前组件是否满足研发的需求。

从应用端进行深入了解，可以对应用流程进行全面梳理，也可以对埋点信息和流量资源进行盘点。

从业务侧进行深入了解，可以了解业务的全流程、业务发展中的痛点，可以整理业务对于数据的诉求。而跨多条业务线的深入，还可以总结数据的诉求共性，整理出数据价值的优先级。

必须对这三个方面进行深入了解，才能更快速、更有质量地建设中台。

5.3.4 做统一

在我们深入地了解业务之后，就可以开始动手进行数据中台的内部建设了。

通过数据中台的由来，我们已经知道，企业发展到一定阶段，就会有很多“烟囱式”的开发。所以中台首先要做的就是统一，消灭这些“烟囱”，减少内部成本和不必要的消耗，提高生产效率。

数据中台的统一要做到 3 个唯一和 4 个统一：唯一的数据源，唯一的 ETL，唯一的数据资产管理；统一的集市，统一的指标，统一的口径，统一的标签。

1. 唯一的数据源

唯一的数据源，主要是指数据源要有一个统一的管理平台，以保证所有的业务上报必须进行平台管理，每一个数据源都有唯一的标识。如果可以，最好做可视化的数据源管理，这样可以让数据开始有温度，让管理变得便捷，也方便产品进行业务级的验证。

2. 唯一的 ETL

我们面对的数据是一直在持续变化的，经常会遇到团队变动、业务变动或者业务的研发团队变更，这些变动会带来一些尴尬的事情，比如相似的表很多。因此在数据源唯一的前提下，也要保证 ETL 唯一。

3. 唯一的数据资产管理

当公司用了数据仓库之后，很可能已经有了数据资产管理平台。然而用上工具只是开始，更重要的是数据资产的规范和分层管理。规范比较容易，一般都是可以制定并执行的，可以让大家方便地找到表，并且通过规则知道相关表的意义。这里比较难的是分层管理，也就是按照原始数据、数据清洗、宽表、聚合、业务对数据进行分层管理。这里还要注意的是，除了让数据可以根据工作域和业务域进行申请与分配，还要保证基于申请数据生成的数据可以按照规则回流。

4. 统一的集市

一个业务建立一个数据中心，一个业务建立一个数据集市，这是很多公司快速奔跑的时候经常采用的建设方式。

但是这样的建设会遇到一个问题，就是公司资产的浪费。你会发现，一个公司的业务线往往是互相关联的，而关联的数据往往都会产生比较重要的价值，比如交易的数据对于金融，物流的数据对于风控。所以每个中心或者集市就都会让自己不断地获取数据，那么就会发现，每个中心或者集市做得越好，就会包含公司更全的数据，而每一个集市或者中心越全，就代表了越大的数据重复性。如果业务每天以 PB 级别增长，大家可以想象，在正常三副本的数仓架构下，需要多少存储，而为了这些存储又需要多少机柜和衍生费用。所以，为了节省成本请统一数据中心，然后统一数据集市。

除了成本的因素，从研发人员的角度看，这样还会遇到更麻烦的问题：数据不断被割裂，跨中心或者集市找不到数据。如果是跨中心，就算找到了数据，拉取数据也是一件麻烦的事情。同时，跨中心和集市表明企业的组织结构有很强的独立性，数据除了中心或者集市物理的“墙”之外，还有“组织”这一个看不到、更加难以打破的“墙”。所以为了更好地发挥数据的价值，请统一数据中心，然后统一数据集市。

5. 统一的指标

指标是企业做价值判断的依据，而价值的判断又决定了各条业务线的业绩。所以大家经常会因为业务的特殊性，选择不同的指标来体现自己的价值。

在这里笔者首先承认，不同业务的确应该用不同的指标进行价值判断，但是具体用什么，不应该由业务侧自己决定，而是应该由业务的特性和发展阶段进行判断。

比如在电商中，日百品类就应该用 RFM 这样的指标进行用户的价值判断，而大家电就应该用购买意愿的状态迁移相关的指标进行判断。当然也有 GMV 和 GMV 增速这样的通用指标，但是就算用增速这样的通用指标，也需要辅以市场份额占比进行联合判断。

所以企业应该对指标进行统一，这样通过指标才有可能真正了解业务，也更加能对各条业务线进行针对性的奖惩。

6. 统一的口径

有了统一指标，也可能解决不了数据真实性的问题。你是否遇到过，公司明明财务没有增长，但是各条业务线上报的指标都是增长的？而无论你换什么指标，都可能出现这样的问题。这个问题的根源就是口径。

之前提到过，就 GMV 这一个指标，你可以定义为加购口径，可以定义为下单口径，可以定义为支付口径，可以定义为支付不包含取消订单口径，还可以定义为下单且不包含取消订单且收货口径。而业务条线经常会报喜不报忧，选择有利于自己的口径。当然更有甚者，在环比和同比的时候进行不同口径的对比。

所以在价值判断的指标上，必须进行口径的统一，只有做到了指标的统一和口径的统一，我们才可以真正了解业务的发展状况。

7. 统一的标签

如果你是一名大厂的运营人员，你很可能会遇到一个选择上的迷惑。比如你想给所有的女性用户发送美妆的促销信息，但是不同的数据研发部门给出的用户完全不一致。你该用哪个数据呢？就算都用了一遍，这次数据好的来源就真的值得信任吗？其实不仅是运营人员，算法人员在构建模型的时候，标签的准确度也将决定模型输出的质量。

而这样的迷惑主要是因为不同的团队对标签的判断标准不一样。所以首先要有统一的标签，不是说一个标签只能有一个数据源，而是说相同名字的标签要有辅助说明，至少要标注判断标准是什么，同时应该附带不同活动的效果数据。

统一的标签可以让运营更精准地进行营销活动，也可以在研发侧构建更高级模型的时候提供有力的支撑。

5.3.5 享服务

统一做好了，可以说数据中台的实操阶段就算完成了，而第二阶段就是进行服务的建设了。

所有的指标和口径都要以服务的方式对业务部门暴露，不是做了一个统一的指标平台，就不允许业务方自己做看板了，而是允许业务部门基于原子指标进行自己业务需要的组合和窗口展示。

同时对于通用的业务要以系统的方式对外服务，尽量不要以数据包的方式对业务暴露。比如 5.2.4 节介绍的智慧营销平台就是一个很好的例子，所有的业务人员都要在智慧营销平台上进行营销操作，不存在跨系统并且自己处理系统依赖等问题。

可以说，做统一是数据中台的基础，而对外服务的搭建才是数据中台的对外形象。

5.3.6 业务评价下的数据中台

数据中台不是技术人员的自娱自乐，而是业务人员和技术人员共同的狂欢。

数据中台在前期建设的时候，虽然也需要深入业务，但主要还是面向技术条线本身。做统一，既可以降本增效，也是为接下来的建设打基础。然而到了享服务的阶段，就开始要面向业务输出，并且由以下业务效果进行评价了。

1. 是否影响了现有业务

建数据中台不应该一刀切，不能影响现有重要项目的进展。权利的集中和只在乎指令都是对数据中台建设的误解。数据中台是为了让数据对业务的价值不断增大，而不是为了集中而损害业务利益。无论是在建设数据中台的前期、中期还是后期，都不能拿着建设数据中台的令牌损害业务的利益，而应该在保障重要业务的前提下不断迭代，让业务跑得更快，收益更高。

2. 能否在业务域内快速使用数据

如果数据中台的建设让业务部门自己业务域的数据申请和使用更加困难，那么就相当于拆了东墙，又建西墙。数据中台的数据应该是共建且共享的，让业务域内的数据在业务内充分产生价值才是数据中台的落地点。

3. 能否一站式解决数据驱动的运营

很多公司的运营人员都会遇到这样一个场景：想做一个活动，要登录不同的系统进行操作。越大的企业就越可能出现这样的问题。经常会出现数据包的导出和导入，并且又往往因为系统间的数据依赖导致活动出现各种问题。这样的操作既违反数据安全，又使运营人员不得不用大量的时间解决这种无谓的问题，导致大大降低整体的效率。

所以运营人员在做同类型的运营的时候，能否在一个平台完成所有的操作是考核数据中台建设成果的重要维度。

4. 是否有多维度的效果反馈

虽然大部分公司有BI报表，但是日常活动非常多，无法针对性地进行效果分析，这是很多公司都解决不了的问题。所以活动要拿到效果数据，没有效果数据就没办法分析活动效果，没有分析结论就不能指导接下来的活动。而有的时候终于拿到了数据，又发现活动已经进入下一个阶段，分析出来的经验已经不具有指导意义了。

数据中台这个时候就会出现一个跨体系的合作。公司的活动应该有一个建设活动页的平台，并与数据中台的营销平台打通，这样就可以自动产出运营效果数据。

数据中台对外以服务的形式展现，所以中台是否建设得好不是技术内部来评价的，而是应该让业务部门评价。在前期基础建设阶段，对于成本的节省和数据业务的瘦身整合是数据中台的评价指标；而在中期之后，业务部门的主观满意度、业务部门的营销活动次数和效果增长的客观指标才是数据中台真正的评价指标。

5.3.7 黄埔军校式的数据中台

数据中台除了是公司的战略，从组织角度来看还是一所黄埔军校。

黄埔军校是以孙中山的"创造革命军队，来挽救中国的危亡"为宗旨，以培养军事与政治人才，组成以黄埔学生为骨干的革命军，完成国民大革命为目的而组建的。而数据中台也是这样，作为公司战略，它以改善企业在成熟阶段机构冗余、效率低下、创新动力不足的状况，实现企业数据资源价值最大化为目的，并为企业的数据应用部门培养核心的数据分析师和数据产品经理等人才。

在完成数据中台的统一建设之后，就需要将一部分数据分析师和数据产品经理分配到发展更为快速的业务条线中去。他们把数据中台的理念和执行方法带过去，让一个业务从开始就严格执行标准，从开始就进行数据回流。这样就可以让新业务在建设之初就能享受数据中台给予的大力支撑，并且让新业务快速扩充数据中台的作用范围，给原有相关业务更多的支撑。

所以一个企业的数据中台战略，并不是让中台越来越臃肿，而是让中台越来越厚实。强大的中台式发展是一个中等规模以上企业组织强大的体现。厚实的是沉淀和支撑，而不是人数。我们看到的数据中台基本都是在不断扩张，不断膨胀，实际上这是在夯地基、打基础的阶段，而绝大部分企业处于或者将会处于这个阶段，但是不要认为这是数据中台的未来。

企业应当将数据中台定义为战略，而不是一种技术改革。数据中台的负责人要有企业发展的格局，不要让数据中台成为自己的权力中心，而应让它成为整个企业的黄埔军校，为企业的所有部门带来增益。

第 6 章 数据指标体系

前面详细介绍了数据的采集阶段——数据埋点体系，数据指标体系也是构建数据中台的重要一环。数据指标的建立让运营及产品人员更直观地看到基本指标的变动，让数据分析师更便捷地开展数据分析工作。数据指标就是将大数据之“大”的精髓给提炼出来，展现每日观察数据的使用者最迫切想要看到的统计量。数据指标体系并不是第三方服务公司的专利，只要对埋点科学地进行数据采集，每个成型的互联网公司都可以自己搭建数据指标体系。

数据之大，很多时候人们并不知从哪里着手，甚至弄不清自己到底想要什么数据，这时候数据产品经理这一角色应运而生。数据产品经理既要完成数据体系设计，让原本无序或庞杂的数据变得“规矩”，又要根据业务场景的变化不断调整项目内容，推进项目进度，推进数据指标体系的建设与迭代。数据指标体系的规划是平台型数据产品经理必备的能力，这也是数据产品经理有别于其他产品经理和数据分析师的方面。

本章从介绍什么是数据指标体系入手，阐述其给行业带来的价值，并介绍指标的构成及业内对数据指标的分类；接着，系统介绍数据指标体系建设的方法、步骤及注意事项；最后，列举几大互联网行业的数据指标。

6.1 数据指标体系的概念与价值

《荀子》有云：“水能载舟，亦能覆舟。”在公司日常运营过程中，数据指标体系就像是水，孕育着生命，承载着万物。科学的数据指标体系能指引公司在正确的道路上不断前进，或者使平淡无常的业务焕发新生，而不合理的数据指标体系可能使得业务方无所适从。

6.1.1 什么是数据指标体系

在了解什么是数据指标之前，我们思考一下为什么会出现指标，它是为了解决什么问题。人类及科学的发展是与时俱进的，早期为了使自然科学的实验及结果更具统一性及方便标准化衡量，一些标准化的专业指标应运而生。随着人类社会的发展，社会科学也越来越需要统计学来进行事物的衡量，一系列统计学指标也逐步产生了。随着新信息技术的发展，数据指标逐步被大众认可为衡量目标的方法。

从社会科学角度看，指标是统计学的范畴，用于数据的描述性统计。指标是说明总体数量特征的概念及其数值的综合，故又称为综合指标。在实际的统计工作和统计理论研究中，往往直接将说明总体数量特征的概念称为指标。传统的指标有国内生产总值（Gross Domestic Product，GDP）、国民生产总值（Gross National Product，GNP）、居民消费价格指数（Consumer Price Index，CPI）、沪深 300 指数等。

1. 什么是数据指标

数据指标有别于传统意义上的统计指标，它是通过对数据进行分析得到的一个汇总结果，是将业务单元精分和量化后的度量值，使得业务目标可描述、可度量、可拆解。数据指标需要对业务需求进行进一步抽象，通过埋点进行数据采集，设计一套计算规则，并通过 BI 和数据可视化呈现，最终能够解释用户行为变化及业务变化。常用的数据指标有 PV、UV 等。

本章提及的指标是衡量目标的方法，指标由维度、汇总方式和量度组成（见图 6-1）。其中，维度是指从哪些角度衡量，是看待事物的视角与方向，决定了根据不同角度去衡量指标。汇总方式是指用哪些方法衡量，是统计汇总数据的方式。而量度主要是明确事物的具体目标是什么，是对一个物理量的测定，也用来明确数据的计量单位。

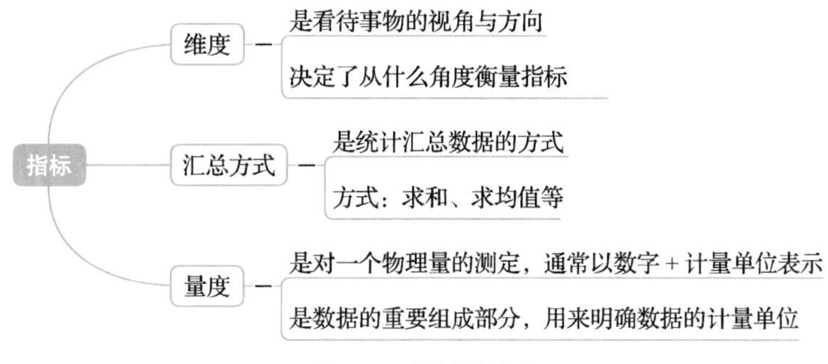

图 6-1　指标的构成

比如，播放总时长是指用户在一段时间内播放音频的时长总和（单位：分钟）。按照上述拆解，维度是指筛选的一段时间，汇总方式为计算了时间长度的总和，而量度就是统一的单位——分钟数。

这里，我们可以理解为指标是由这几个方面构成，相当于英文的构词法，前缀、后缀等共同形成了一个单词。6.2.2 节里介绍的数据指标的类型可以理解为，定性地把数据指标进行了分类，相当于这个单词属于动词、名词还是形容词。

2. 什么是指标体系

体系化的本质是将数据指标系统性地组织起来，具体会按照业务模型、按标准对指标不同的属性分类及分层。当然，不同的业务阶段、不同业务类型会有不同阶段的划分标准。

数据指标体系含有十分丰富的统计量，从宏观上看，它是一个相对全面的有机整体；从微观上看，每个数据指标都有其特定含义，反映了某一细节的客观事实。不同的数据指标定义不同，逻辑也不同，这些各种各样的统计量共同构成了数据指标体系，使其产生不可磨灭的价值。

总的来说，数据指标体系是对业务指标体系化的汇总，用来明确指标的口径、维度、指标取数逻辑等信息，并能快速获取到指标的相关信息。

6.1.2　数据指标体系的价值

数据指标体系是业务数据标准化的基础，其对指标进行了统一管理，体系化是为了方便统一修改、共享及维护。

宏观方面，数据指标体系建设是数据中台建设的重要一环，不仅符合“创新驱动”的意识，更是企业实现自身“数据驱动”发展的重要途径。

随着大数据和人工智能技术的发展，很多企业选择借助信息技术实现转型升级。在大数据时代早期，大部分数据并没有被充分地挖掘分析和利用。虽然数据规模非常大，但是却很难利用这些数据创造价值。而数据中台的提出及数据指标体系的构建，使得数据产生了实际价值。有了数据指标，人们做决策时不再是按照经验“拍脑袋”，而是看看数据是怎样呈现的，能够及时基于数据进行战略调整及决策规划。

数据指标体系的价值主要体现在全面支持决策、指导业务运营、驱动用户增长，同时统一统计口径（见图 6-2）。其中，作为压轴作用的统一统计口径对于数据指标体系而言具有战略意义。在一个整体中，如果不能统一口径，那么一切分析及对比的参考价值就会显得无意义，各方也会陷入公说公有理，婆说婆有理的尴尬局面。由此说明，对于衡量整个公司的业务价值而言，建立一套统一标准的数据指标体系的作用不言而喻。

图 6-2　数据指标体系的价值

1. 全面支持决策

数据指标极具参考价值，公司的管理层为了更准确地进行战略决策，需要搭建完备的数据指标体系。一个相对全面的数据指标体系，可以让管理者对公司的发展从数据层面有一个比较客观的认知，而不是管中窥豹，这样在进行战略决策时，可以保持相对理性。而对于新业务的洞察，也可以不断融入新的数据指标，丰富指标体系，灵活且全面地把握业务发展趋势，为未来的决策提供借鉴。

2. 指导业务运营

不懂数据的产品不是好运营，为了便捷地了解产品现状及业务效果，指标体系中会有很多拆解的细分指标，这些数据的变动反映的是用户对于运营情况的最新反馈，为运营的业务决策提供了数据支持。用户运营可以根据这些数据，了解用户的喜好，决定下一步的运营策略和活动开展。例如，对于阅读行业来说，内容编辑会基于自己对内容的认知，将一组有共性特征的书籍组成一个书单推送给用户，那么指标体系中也会有相应的指标反映用户对这个书单的偏好。内容编辑就可以通过这些指标，了解用户的偏好，决定下一步是否要继续尝试这种类型的专题。

3. 驱动用户增长

最近最火的词莫过于用户增长，数据指标体系中的用户行为数据，可以让产品及运营人员对用户的行为路径和喜好模式有一个比较深入的理解。剖析用户的行为特征，助力用户价值的提升，让产品及运营更聚焦于产品细节的优化，更好地进行监测，提升用户留存及转化。人们在分析和挖掘用户行为的过程中，也许会发现不少新的用户增长点。体系化的指标结合了用户的场景，且多个不同的指标和维度可以串联起来进行全局分析，解决了非体系化指标无法串联的痛点。公司在深入进行数据分析后，可能会在原有业务中发现某个点潜藏着巨大商业价值，从而单独把这块业务重点推进，实现用户增长的二次腾飞。

4. 统一统计口径

从技术角度来看，数据中台是为了汇总与融合企业内的全部数据，甚至外部数据，打破数据隔阂，解决数据标准与口径不一致的问题。数据指标体系化有个好处是可以实现指标的统一管理，实现统一的统计口径，避免定义模糊和逻辑混乱，影响数据质量。同时，完备的数据指标体系也可减少重复统计的问题，从而避免日志上报产生的数据冗余和重复分析产生的服务器资源浪费。

6.2　数据指标的分类

由于人们日常工作中接触的业务类型众多，各个业务所需要衡量的数据指标也如森林万物一般数量众多。界门纲目科属种是研究生物分类的方法，虽然数据指标不如生物体系般纷繁复杂，但是数据指标根据自身规律也有一定的类别。

6.2.1　指标的类型

为方便读者理解后面提及的复合指标及第 9 章部分内容，本节先简要介绍一下指标的类型。

正如 6.1 节里提及的，维度、汇总方式、量度构成了指标。单纯从技术角度对指标进行分类，指标的主要类型有基础指标、复合指标和派生指标，如图 6-3 所示。

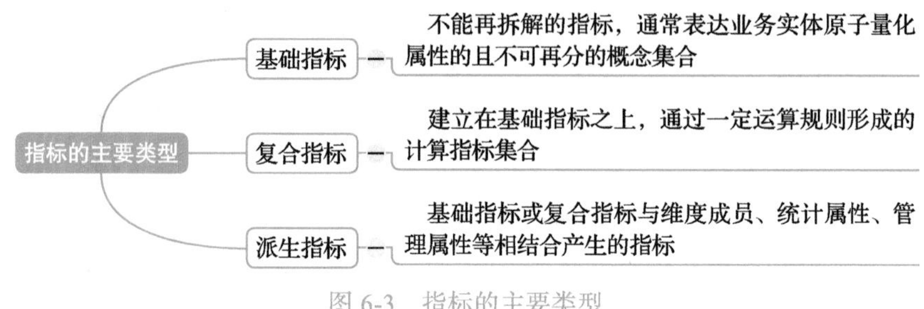

图 6-3　指标的主要类型

基础指标等同原子指标，主要是指不能再拆解的指标，通常表达业务实体原子量化属性的且不可再分的概念集合，如订单数、DAU 等。

复合指标是建立在基础指标之上，通过一定运算规则形成的计算指标集合，如 ARPU 值、人均阅读章节数。

派生指标是指基础指标或复合指标与维度成员、统计属性、管理属性等相结合产生的指标。派生指标 = 一个原子指标 + 时间周期修饰词 + 其他修饰词，即派生指标是对原子指标业务统计范围的圈定。

时间周期指用来明确数据统计的时间范围或者时间点，比如近 3 日、近 7 日、自然周、当日等。修饰词指除了统计维度以外指标的业务场景限定抽象。原子指标和度量含义相同，是基于某一业务事件行为的度量，不可再拆分。

6.2.2　数据指标的类型

区别于传统技术上对数据指标的分类，我们根据日常业务及需求的需要将数据指标分为埋点数据、业务数据、财务数据、复合数据这几大类（见图 6-4）。

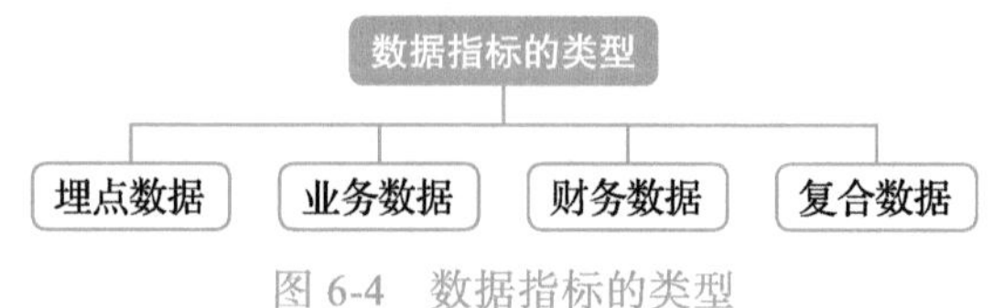

图 6-4　数据指标的类型

1. 埋点数据

（1）数据采集

埋点数据为通过埋点可获得的用户行为的数据，此埋点为在前端及客户端进行开发的埋点，统一上报至大数据进行解析，通过大数据技术处理最终可得每个埋点的详细数据及埋点所带的信息。一些非电商行业的互联网公司，为了更纯粹地进行用户行为及用户路径的分析，将与业务（如充值消费金额）有关的数据上报至服务端，前端及客户端的埋点能满足基本用户行为分析的需要。

埋点数据是由单个或者一系列产生用户日志行为的埋点构成，时间维度也会使得同一埋点在不同条件下产出不同值。

第 4 章已对埋点有关的知识进行了讲解，在此不做深入阐述。

（2）基本埋点指标

由上面的介绍可知，用户行为数据均通过埋点采集，接下来开门见山地介绍数据指标体系中主要的基本埋点数据指标的逻辑定义。这是关键的指标，也是各公司各个部门最关注的指标，产品、运营、商务以及你的老板每日都会看。大数据开发工程师也是根据数据指标的逻辑定义进行平台开发的。以下主要以 App 客户端为例来讲解，Web 端产品的一些统计情况同理。

App 客户端的基本埋点数据指标如下。

- 启动用户数：当日有过启动行为的用户数，也称为日活（DAU），通过 UID 排重。
- 新增用户数：当日为历史首次启动的用户数，通过 UID 排重。
- 启动次数：当日启动页的展示量，不排重。
- 某页页面访问量：当日某页面的流量次数，即该页 PV。
- 平均使用时长：日使用时长的均值，即全部用户的日使用时长 / 总活跃用户数，技术进行数据清洗时需排除小于 0 或大于 1440 分钟（24 小时）的脏数据。
- 平均日启动次数：用户一天内启动应用的次数，即总启动次数 / 活跃用户数。
- 次日启动留存：次日启动用户且在当日启动用户中的用户占当日启动用户的比例。
- 次日新增留存：次日活跃用户且在当日新增用户中的用户占当日新增用户的比例。
- 标的物被浏览数：当日用户浏览标的物的总数，通过标的物 ID 排重。

- 拉活新增用户数：当日通过 deeplink（深度链接）进入 App 的新增用户数，通过 UID 排重。
- 签到人数：当日点击签到的人数，通过 UID 排重。
- 某按钮 /Banner/ 入口点击人数：当日该页某按钮 /Banner/ 入口点击的人数，通过 UID 排重。

其中，新增用户数及日活等均是通过服务端的用户表进行统计的。单一的原子指标加上维度会形成派生指标。以下派生指标也是比较常用的数据指标。

- 累计用户数：历史新增用户数叠加，前一日累计用户数 + 今日新增用户数。
- 7 日平均新增用户：T-7 日至 T-1 日每日新增用户的平均值，即 7 日新增用户的总和 /7。
- 7 日平均次日留存率：T-7 日至 T-1 日次日留存率的平均值，即次日留存率的总和 /7。
- 7 日平均日使用时长：T-7 日至 T-1 日用户每日使用时长的平均值，即 7 日使用时长的总和 /7。
- 7 日平均活跃用户：T-7 日至 T-1 日每日活跃用户的平均值，即 7 日活跃用户的总和 /7。
- 周活（WAU）：近 7 日活跃用户的总和，通过 UID 排重。
- 月活（MAU）：近一个月活跃用户的总和，通过 UID 排重（以自然月计算）。

以上埋点数据构成了基本的数据指标，该指标默认情况下展示总数，当然也可以根据情况，选择产品线的不同 App、版本与渠道，来观察某渠道下某 App 某版本的以上详细指标；还可以通过埋点 msg 字段带的投放素材编号，在自定义素材查询中查询某投放素材在某日拉活的总量，也能观察到该素材拉活后 7 日内每天的留存率。

2. 业务数据

（1）业务数据与派生指标

前面提到，涉及金额的数据会上报至服务端，服务端存储着日常的充值消费等业务数据。在介绍业务数据的实例之前，我们先介绍一下派生指标。派生指标与业务数据联系十分紧密。业务不是单纯的一个环节，通常情况下是由多个流程构成，由此简单的、不可拆解的原子指标就如英文单词加上前缀、后缀一样组成了派生指标。

派生指标分为 3 类：事务型指标、存量型指标和复合型指标。事务型指标是对业务活动进行衡量的指标，例如新增注册会员数、当日充值会员金额，这类指标需要维护原子指标及修饰词，在此基础上创建派生指标。存量型指标是对实体对象某些状态的统计，例如注册会员总数、充值金额总额，这类指标需维护原子指标及修饰词，在此基础上创建派生指标，对应的时间周期常为“历史某时间截止到当日”。复合型指标将放在本节第 4 小节讲解。

（2）常用业务数据指标

下面是常用的业务数据指标及其具体定义。

- 充值用户：当日充值的用户数。
- 充值额度：当日用户充值的总金额（元）。
- 消费总用户：当日消费的用户数（包括真钱、代金券消费）。
- 消费真钱用户：当日消费真钱的用户数。
- 消费真钱：当日用户消费的真钱的总金额（元）。
- 充值次数：当日用户充值的总次数。
- 首充人数：当日第一次充值的用户数。
- 首充金额：当日第一次充值的用户充值的总金额（元）。
- 赠送代金券：当日赠送给通过相应充值方式充值的用户的代金券。
- 消费次数：当日用户在相应消费额度范围内的消费次数。
- 消费用户：当日在相应消费额度范围内的消费用户数。

（3）业务数据之会员数据建设实例

会员制是一种人与人或组织与组织之间进行沟通的媒介，它由某个组织发起并在该组织的管理运作下吸引客户自愿加入，目的是定期与会员联系，为他们提供具有较高感知价值的利益包。

会员制兴起于线下门店，那时候互联网还未风靡，各行各业的门店会给长期光顾其门店的用户提供会员增值服务，人们去喜爱的商店消费需要带上实体会员卡，每个品牌实体卡片都很精致，且有用户的唯一标识，这就是早期的会员制雏形。后来，随着 CRM 的发展，登记用户的手机号即可，会员到店报手机号也可享受积分或者优惠打折等服务。

近年来，移动互联网纷纷抓住传统企业增强用户黏性的这一法宝，也开始推行会员制，且有收费机制，比如电商领域淘宝的 88VIP 会员、视频领域的爱奇艺会员。会员发展也日趋精细化，小红书及网易云音乐的月度会员、季度会员、包年会员等各种方式层出不穷。在这些纷繁复杂的活动背后，产生了一个又一个不同的数据，增长了一波又一波的销量，促使活动设计者体察其背后更精细化的运营。打好会员运营这张牌，显得尤为重要。

接下来分享业务数据中关于会员指标建设的实例以供大家参考，也是一些基本但又十分重要的指标。会员数据属于业务数据的一部分，包含会员人数、会员收益、会员赠送等。当然，不同公司关于会员这块的复杂度不同，以下特指最基本的示例。各位读者可根据各家业务发展情况，进行细化补充及调整。

会员人数页面

- 累计会员人数：历史累计至今开通过会员的总人数。
- 有效会员人数：当日会员仍在有效期内的人数。
- 当日购买会员人数：当日产生购买行为的人数，即新开通人数 + 老会员续费人数。
- 新开通人数：未曾开通过会员的用户在当日首次开通的人数。
- 老会员续费人数：曾开通过会员的用户在当日续费或再次开通的人数。
- 当日会员失效人数：当日会员有效期到期的人数。
- 当日复购人数：当日该会员类型有效期到期的用户中再次购买会员的人数（含任意会员类型）。
- 当日复购率：当日复购人数 / 当日会员失效人数。

以上不包含赠送 VIP 的情况。

会员收益页面

- 累计会员收益：历史累计至今的会员收益总额（单位：元）。
- 当日会员收益：当日开通会员的收益总额，即新开通会员收益 + 老会员续费收益（单位：元）。
- 新开通会员收益：未曾开通过会员的用户在当日首次开通会员的收益总额（单位：元）。
- 老会员续费收益：曾开通过会员的用户在当日续费或再次开通的收益总额（单位：元）。

- ARPU 值：当日人均会员收益，即当日会员总收益 / 当日购买人数。

会员赠送页面

- 赠送 VIP 人数：当日赠送 VIP 的总人数，包含新手礼包、会员奖品、手动赠送等非消费产生的 VIP。
- 赠送 VIP 失效人数：当日内有效期到期的赠送 VIP 人数。
- 赠送 VIP 在失效当日购买人数：有效期在当日到期的赠送 VIP 的人中购买会员的人数（含任意会员类型）。
- 赠送 VIP 在失效 7 日内购买人数：有效期在 7 日内到期的赠送 VIP 的人中购买会员的人数（含任意会员类型）。

3. 财务数据

（1）互联网基本财务数据指标

前面提到，构建数据指标体系价值的第一点就是全面支持决策，管理者每日最关注的是企业的营收增长状况。相较于文字，管理者更愿意相信数字展现的事实。前一日的收入、成本、盈利是企业管理者最关注的指标，在数据监测日报页面，也需要将一些基本的财务指标体现出来，该页面的权限为特定管理者，基层员工无权限查看核心财务数据。

由于每个互联网企业的商业模式不同，财务数据公式的选取也应该根据公司需求而异。数据产品经理应该了解到管理者的监测需求，联合财务部门及涉及金额的部门进行反复沟通，确定好基本财务数据指标的计算方式。

（2）专业财务数据指标拓展

通过对财务数据指标的构建，企业能便捷地在 BI 平台进行财务分析。财务分析是指运用特定技术和方法，依托会计、报告和其他相关数据，根据不同的财务分析实施主体和目的，对企业的经营能力、盈利能力、偿付能力、增长能力等进行分析评价，可了解企业的过往、评估其现状乃至预测未来，为正确的决策提供判断依据。

① 偿债能力

企业的偿债能力包括短期偿债能力和长期偿债能力。企业的短期偿债能力与企业的流动资产和流动负债密切相关，企业的长期偿债能力与企业的资本结构及企业的盈利能力相关。企业偿债能力财务指标见表 6-1。

表 6-1　企业偿债能力财务指标

衡量指标		具体计算
短期偿债能力	营运资本	流动资产 – 流动负债
	流动比率	流动资产 / 流动负债
	速动比率	速动资产 / 流动负债
	现金比率	货币现金 / 流动负债
	现金流量比率	经营活动现金流量净额 / 流动负债
长期偿债能力	资产负债率	负债总额 / 资产总额
	产权比率	负债总额 / 股东权益总额
	权益乘数	资产总额 / 股东权益总额
	有形净值债务率	负债总额 /（股东权益 – 无形资产净值）
	利息保障倍数	（净利润 + 利息费用 + 企业所得税）/ 利息费用

② 企业营运能力分析

营运能力分析不但可以评价企业资产营收的效率，也可发现企业在资产营运中存在的问题。企业营运能力分析财务指标见表 6-2。

表 6-2　企业营运能力分析财务指标

衡量指标	具体计算
总资产周转率	营业收入 / 总资产平均余额
流动资产周转率	营业收入 / 流动资产平均余额
非流动资产周转率	营业收入 / 固定资产平均余额
应收账款周转率	营业收入 / 应收账款平均余额
存货周转率	营业成本 / 存货平均余额

③ 盈利能力

企业通过经营管理的投资活动获取净利润的能力为盈利能力。企业盈利能力财务指标见表 6-3。

表 6-3　企业盈利能力财务指标

衡量指标		具体计算
以收入为基础的相关指标	销售毛利率	销售毛利 / 营业收入
	销售净利率	销售净利润 / 营业收入
以资产为基础的相关指标	总资产收益率	净利润 / 平均资产总额
	净资产收益率（杜邦分析）	净资产收益率（ROE）= 资产净利率（净利润 / 总资产）× 权益乘数（总资产 / 总收益资本） 资产净利率（净利润 / 总资产）= 销售净利率（净利润 / 营业总收入）× 资产周转率（营业总收入 / 总资产） 净资产收益率（ROE）= 销售净利率（NPM）× 资产周转率（AU，资产利用率）× 权益乘数（EM）

（续）

衡量指标		具体计算
以资产为基础的相关指标	流动资产收益率	净利润 / 平均流动资产总额
	固定资产收益率	净利润 / 平均固定资产总额
以回报为基础的相关指标	净资产收益率	净利润 / 净资产
	每股收益	（净利润 – 优先股股利）/ 普通股股数
	市盈率	普通股每股股价 / 普通股每股收益

4. 复合数据

复合数据是在事务型指标和存量型指标的基础上复合而成的。有些需要创建新原子指标，有些可以在事务型和存量型原子指标的基础上增加修饰词得到派生指标。复合数据一般有比率型、比例型、变化量型、变化率型、统计型和排名型。

- CPA（Cost Per Action，每注册成本）：获取一个新注册用户对应的价格，即总消费 / 注册数。
- GMV（Gross Merchandise Volume，成交总额）：一定时期内某网站的成交总金额，GMV= 销售额 + 取消订单金额 + 拒收订单金额 + 退货订单金额，即 GMV 为已付款订单和未付款订单两者之和。
- ARPU（Average Revenue Per User，每用户平均回报）：统计周期内的总收入 / 活跃用户数，即日 ARPU= 日收入金额 /DAU，周 ARPU= 周收入金额 /WAU，月 ARPU= 月总收入金额 /MAU。
- ARPPU（Average Revenue Per Paying User，每付费用户平均回报）：某时间段内平均每个付费用户为应用创造的收入。在用户数量上，ARPPU 只考虑某一时间段内的付费用户，而非该时间段内所有的活跃用户。ARPPU= 统计周期内的收入金额 / 付费用户数，即日 ARPPU= 日收入金额 / 日付费用户数，周 ARPPU= 周收入金额 / 周付费用户数，月 ARPPU= 月收入金额 / 月付费用户数。
- CTR（Click Through Rate，广告的点击率）：广告点击次数占广告展示次数的百分比。CTR= 实际点击次数 / 展示量 ×100%。
- CPM（Cost Per Mille，每千人成本）：广告被展示 1000 次对应的价格。
- ROI（Return On Investment，投资回报率）：特定时期内广告主通过广告投放收回的价值占广告投入的百分比。

6.3 数据指标体系的建设

前面两节介绍了数据指标及指标体系最基本的一些概念及区分，本节以数据指标体系设计的原则为首，将会逐步介绍数据指标体系建设的方法及步骤，在建设指标体系的同时也会指出需要注意的事项，以免读者重蹈覆辙。

做任何工作都需要具体问题具体分析，对于数据指标建设体系，不同用户会有不同的数据需求，这就需要区分这个数据产品的服务对象是谁。比如企业级 BI，它是为领导层服务，给领导看的，就要想领导想看什么样的数据，看了数据后又会做怎样的决策，如何根据展现的数据进行分析，如何安排工作改善指标，如何判断指标是否得到改善，如何执行闭环操作等。再如推荐类的数据产品，要明确用户是谁，他会更在乎什么样的指标。

数据公司里的数据产品经理，需求来自各行各业，不仅仅是互联网，可能是金融机构，也可能是快消行业，这时他们提供的主要是一个通用的解决方案，去解决客户所在领域的痛点。而互联网公司里，涉及数据指标体系的主要是平台型数据产品经理，其用户主要是各业务部门，如运营部门、产品部门、商务部门或者财务部门，甚至是总裁办。这时候，就需要数据产品经理高屋建瓴，面对各部门的需求，收集各部门需要的关键指标，排出当前的优先级，分批解决。本节我们主要谈以业务部门为用户的平台型数据产品经理。

6.3.1 数据指标体系设计原则

1. 用户第一

数据产品经理作为产品经理的一个分支，也必须具备产品经理的思维。产品思维中很重要的一个思想是以用户为中心，坚持从用户中来，到用户中去。产品经理每天工作的一个重要环节就是研究用户，用户的需求点是什么，应该设计怎样的功能才能满足用户需求，设计了此功能后用户反馈如何，更新迭代后用户的留存是否有变化，是否更喜欢这个产品。从这一系列的过程中，我们真实再现了产品经理每日的思考。

也许有时太过追求数据采集的准确性，太过较真每个数据指标定义的详细逻辑，太过考虑数据需求背后实现的可能性，然而作为数据产品经理，我们更需要深入思考的是，什么是用户需求。这里的数据产品经理，不仅包括数据公司里为 B 端用户设计通用数据产品或解决方案的应用型数据产品经理，还包括每家互联网公司里处理业务部门数据需求、规划数据中台或大数据分析平台的平台型数据产品经理。

用户比我们更懂得他们自身的痛点，所以需要对用户召开需求收集会，让他们提出其常用的关键性指标。随着新项目的扩展，也会有一期又一期的指标建设被提上日程。基于已有数据，优先解决用户的指标需求，适当给出指导性建议进行需求优化，这是首要的事情。

只要数据采集足够全，数据质量足够好，没有短期实现不了的指标。但是，数据指标体系的构建并不是指标越多越好，要选择比较关键的指标。那么怎么选取呢？解决方式就如上面所提及的，依据“用户第一”的原则判断，我们的指标体系是否围绕着“为用户创造价值”这个核心理念进行设计的，如果相差甚远，则不予考虑。我们要尽可能选取和用户强相关，与价值输出关系密切的指标。至于其他指标，我们暂不用排到最高优先级。

2. 典型性原则

马克思主义哲学曾经提及：矛盾存在于一切事物之中，具有普遍性。普遍性寓于特殊性之中，并通过特殊性表现出来；特殊性离不开普遍性，特殊性包含普遍性。矛盾的特殊性要求我们坚持具体问题具体分析。普遍性就是数据分析的指标里出现频次最高的指标，是最具典型性的指标。特殊性就是虽然会出现，但是频次较低、小众的数据指标。根据业务的不同需求，数据指标的选择也要根据业务场景进行切换，做到具体问题具体分析。

指标建设要切实反映业务的变化，这样就可以指导我们改善产品，即把指标细分为可执行的动作，做好了这些就可以从指标上看到业绩的改善。比如今年销售部要实现 5 亿元的销售目标，作为部门总监，你不能只安排 5 个员工每人领 1 亿元的销售目标，而要细化为让他们在 10 个省每天拜访 5 个有效客户，每个月签下 10 个合同。拜访数和合同数的提升直接影响业绩的达成。这些就是可执行性的指标。

在指标选择的过程中，要尽量选择比较典型及代表性的指标，这些指标能真实反映业务情况。例如，针对内容行业来说，衡量整个 App 的宏观情况时，一般会考虑 DAU 及次日留存，这是 App 内所有功能点提炼出来的共性需求。而在评估运营推荐的栏目书单是否激起用户兴趣时，应该更关注推荐位图书的点击量。评价单本书的推荐质量时，则应关注该书的阅读人数、阅读章节数及阅读时长。因为人们在推荐榜单中进行浏览时，用户只能根据封面或者书名去点击感兴趣的内容，再根据详情页的介绍，去决定是否翻开这本书，进而产生进入阅读器的行为。其中，进入阅读器的人数会被记作是阅读的总人数，每个用户通过翻章进行的阅读也会产生阅读章节，阅读时长相当于辅助指标，用来判断用户是否真实地阅读了那些章节。这就做到了针对不同需求选择典型性指标，数据指标也建立在具体分析的基础上。

3. 系统性原则

整体与部分是辩证统一的关系，整体居于主导部位，统率着部分，具有部分不具有的功能，而部分离不开整体。系统性原则要求我们树立全局观念，立足整体，统筹全局，实现最优目标。

在构建数据指标体系的过程中，要多关注指标间的逻辑关系，最终要把所有指标组成一个系统的有机整体。最常见的一种做法是，类似二叉树的法则，以树的形式来组织指标，即先确定几个核心指标作为树根，然后不断拆解，加入各种维度，最后形成一棵指标树。当然也可以模拟用户使用产品进入每个页面的层级不断展开，形成一棵用户行为树。

4. 动态性原则

事物是运动变化发展的，要坚持以发展的眼光看问题。随着产品业务的发展，数据指标体系也是随着需求的变化在不断完善的，产品在用户生命周期的不同发展阶段，产品经理及运营关注的指标也可能会发生变化。例如，在产品发展的初期，运营更关注的是新增注册用户数和新增活跃用户数，然而随着产品功能的不断完善与发展，运营关注的指标越来越多，公司不只关注新增注册用户数这个可能含有水分的指标，还特别关注基于日活稳定基础上的用户留存，甚至细致到 1 日后留存、2 日后留存、3 日后留存、周留存、月留存等。

数据指标体系的建设就是这样不断去满足和适应业务发展的需要，这样才能完全支持产品各项功能及业务的展开，进行一次又一次的迭代。除此之外，数据指标体系自身也需要不断更新与发展，在使用过程中，不断收集反馈，去除暂时使用不到的指标，丰富现有指标能统计到的范围和涉及的面，加入一些更具参考价值的新指标。

6.3.2 数据指标体系建设的方法与步骤

罗马城不是一天建成的。如果是从零开始构建指标体系，切不要奢望立刻搭建一个大而全的指标体系，这无疑会大大增加复杂性和工作量，导致项目延期、没法按时交付。最好的做法是，先根据当前的业务阶段，围绕产品核心指标，关注用户行为关键指标，由主要指标到次要方面，由内而外延展，一期期地上线验收。然后在使用过程中，坚持自查与用户反馈，不断修正、丰富及完善，逐步迭代，最终形成一个相对全面、完备的数据指标体系。

1. 数据指标体系建设的方法

前面我们比较正统地介绍了数据指标的意义、分类及指标体系建设的原则，接下来在建设方法部分，为便于读者记忆与理解，我们将数据指标体系的建设方法转化成了通俗易懂的歌名。

一首是逃跑计划乐队的《夜空中最亮的星》，一首是蔡依林的《海盗》，一首是以 GSM 模型衍生出的高胜美的《千年等一回》。为什么是这三首歌？这三首歌有怎样的魔力？接下来将细细阐述。

（1）夜空中最亮的星——北极星指标

“每当我找不到存在的意义 / 每当我迷失在黑夜里 / 夜空中最亮的星 / 请照亮我前行”，正如《夜空中最亮的星》这首歌中唱的，每当我们找不到衡量业务指标的意义，每当我们迷失在茫茫数据大海之中，那夜空中最亮的星，也就是北极星指标会指引我们根据业务构建指标体系的方向，告诉我们什么是最重要且最能反映业务的指标。

其实在寻找最亮的星时有以下几个标准，此处可参考硅谷增长黑客的方法论，以下这些问题能帮助我们基于现有业务进行反思，找到新的方向。

在宏观方面，公司现在在市场上处于怎样的地位，公司发展到哪个阶段。这个地位和阶段决定公司目前的战略方法是什么。比如公司是一个新行业的创业公司，正处于萌芽成长期，这时候公司的核心诉求就是验证公司存在的价值，如果公司的核心业务是产品，就验证有没有人会用公司的产品，为公司的产品花钱，这时候重点产品指标就是产品好评率、种子用户留存率。所以，对于不同阶段的公司，考虑的指标重点也是不一样的。

接着，我们从图 6-5 中列出的 6 个方面思考北极星指标的创建。

夜空中最亮的星：北极星指标

标准	产品类别	北极星指标	误导指标
这个指标能否体现产品的核心价值	资讯阅读	阅读时长	内容点击数
这个指标是否具有典型性	线上教育	学习用户数	浏览用户数
这个指标能否管中窥豹	社交聊天	会话数	注册人数
这个指标能否解决众口难调问题	跨境电商	GMV	B 端用户数
这个指标是不是事后诸葛亮	影音娱乐	播放时长	曝光次数
这个指标是不是柏拉图指标	020	订单数	DAU

图 6-5　图解北极星指标

1）产品的核心价值是什么？这个指标能否让人一眼洞悉产品的核心价值？

核心价值是产品存在的意义，新时代互联网产品是社会生产力发展的产物。如今各大行业的产品的发展就是满足人们对衣食住行和美好生活的需求，解决长此以往的用户痛点。

比如，衣食住行中的"衣"，解决人们穿衣需求的电子商务应用，其核心价值是购物，所以它的北极星指标应该与用户购物的交易额、订单数有关。而工具类应用解决的是特定场景下用户的某一类问题，比如春运抢票工具，其核心价值是抢票，所以它的北极星指标应该与帮用户成功抢到票的次数有关。北极星这颗最亮的星最终应该是让产品价值得到最大程度发挥，用户体验和需求得到充分满足。

2）这个指标是否具有典型性？能否完全反映用户的活跃程度？

曾经一些地推的 App，通过实物奖励路过下载 App 并注册的用户。笔者也曾经历过这样的事，当时同行的伙伴们看中赠送的小电扇或者 USB 充电线等实用的小礼品，地推人员邀请他们下载其 App，直到他们手机接收到验证码并成功注册才能拿到礼物。然而由于当时 App 没有安全协议且索取权限过多，伙伴们转身就把刚下载和注册的 App 卸载了。

如果仅仅以"下载 App 数""总注册用户数"作为北极星指标，那么我们只能看到累计的量，并不能知道减少的量，无法真正掌握用户的活跃程度。在前面的例子中，虽然地推团队很用心地在推广，"下载 App 数"和"总注册用户数"每日猛涨，但是业务负责人没注意到的是，用户们转身就卸载了，哪怕不卸载，用户们没弄清产品的价值，第二天也不会登录。可见，这种累计的统计量无法反映用户每日活跃的情况及一段时期内用户整体的留存情况，更无法很好地估量出每位用户带来的价值。

3）这个指标能否管中窥豹？如果这个指标在变好，能否代表整个公司的业务在朝着好的方向发展？

“管中窥豹”既可做贬义词，也可做褒义词，这里我们取其褒义解释，即观察部分能推测出全貌。能“管中窥豹”的北极星指标是指通过该指标就能对公司发展的大体趋势一目了然，因为其反映的是公司业务发展的宏观状况，也和其他指标具有正相关性。它好，就说明其他指标家族代表的数据都好。

比如衣食住行中“食”相关的外卖行业，如果只是把注册商户作为北极星指标，显然忽略了食客这个重要方面。注册的商户猛增并不代表人们都会用这个平台点外卖，只代表着商家借助此平台渠道去销售自己的美食。如果用户不来平台，再美的食物也无法促成一笔交易。因此，此处的北极星指标应该满足经济学领域提及的供需平衡，“总订单数”就是一个比“注册商户数”和“注册用户数”更妥帖的指标。

4）这个指标能否解决众口难调问题？是否容易被整个团队理解和引发交流，甚至得到他们的认可？

有些业务是有很多核心指标的，但是这些核心指标之间可能会有一定的矛盾和冲突。这时候我们该如何权衡推进，如何解决众口难调的问题？

比如在交通导航领域，快车端会有运力指标，同时还肩负安全指标。这两个指标其实是相互矛盾的。再如有些行业的衍生指标，如视频热度、司机服务分等是由多个原子指标组成的，这时候涉及权重问题。应定义好各种指标的权重，并且让多个部门接受。

5）这个指标是事后诸葛亮，还是能够神机妙算？

这里，事后诸葛亮指的是指标晚于事件的发生，具有滞后性，没法及时且真实地反映业务发展的状况。

有些公司过于看重用户带来的回报，把当月会员付费收入作为北极星指标，这并不是不可衡量的指标，然而它却是一个相对滞后的指标。因为有的用户已经停止使用产品几个月了，却还在被扣月会员费。

所以，不选取滞后指标，选定先导指标能让产品方提前发现并解决问题，不要等到用户都已经流失数月再想着去召回，那样的成本很高，而实现的可能性却极低。

6）这个指标是不是柏拉图指标，并不好操作和实现？

构建数据指标体系时需要注意指标的可落地性，不能用柏拉图指标。柏拉图的梦想是美好的，但是在没有考虑现实性的情况下最终只能是幻梦一场。

比如衣食住行中“行”的领域，在搭建地图类交通安全的数据指标体系时，我们可根据维度拆成“人”“车”“路”“环境”这几个维度，但是这些维度虽然看似完美，落地却有一定困难。比如，出行公司不可能因为一个路段比较危险就向当地的市政厅提出修路，或者因为司机的车长时间未检修就封禁他的号。很多维度受客观因素影响，比较难发挥“人”的主观能动性，因此在构建这种指标体系时可优先考虑“人”这个维度相关的一些指标。（具体解决方案可参考《数据产品经理：解决方案与案例分析》一书中的相关案例。）可见有些指标是可落地的指标，而有些指标是柏拉图指标。

寻找北极星指标的过程并不是一蹴而就的，要结合公司业务的核心目标及用户行为的关键动作综合考虑，切不可强求一步到位，这也是一个试错的过程。当然，北极星指标不一定只有一个，由于业务的复杂性，可能会是多个指标，也可能是多指标根据不同权重合成的复合指标，这就要求我们基于业务及产品本身进行深入思考，并多和需要数据的各部门探讨。无论是北极星还是北斗七星，能在夜空中指引我们前行的，都是好的指标。

（2）海盗——AARRR 模型

“啦啦啦啦 / 黑色的风，吹熄着火 / 暴风雨外，那片天空 / 幸福在招手”，在蔡依林的《海盗》一曲中，我们听到了异国风情的地中海海盗般的各种吆喝和呼喊，就如我们接下来要提到的“AARRR”一样。AARRR 是个拟声词，业内把 AARRR 方法称为“海盗指标法”。它是由 500 Startups 创业孵化器的联合创始人 Dave McClure 于 2007 年提出的一套模型分析的方法。

AARRR 对应于用户生命周期的 5 个重要阶段：获取（Acquisition）、激活（Activation）、留存（Retention）、营收（Revenue）、引荐（Referral）。业内一些听说过此模型的人员会将其转化为漏斗模型，但其实这并不是自上而下的漏斗筛选的过程，而是互相贯穿、互相影响的几个部分。

① 获取

获取相当于获客拉新，是产品有用户的第一步，也是开启产品生命周期的重要一环。用户的来源分为自然流量和非自然流量，自然流量指用户通过非直接付费的渠道来到产品，非自然流量为付费渠道。付费渠道门类复杂，总的来说是通过线上广告投放及渠道投放来获取用户。这就要求在后续的用户数据分析过程中，增加渠道 ID 这个维度。

② 激活

激活是指用户开始使用产品，产品的价值开始得到发挥。掌握用户行为数据，可以便于观察产品的健康程度。这个阶段反映了用户使用产品过程中的一系列行为表现，是产品用户体验的核心所在。

③留存

留存是个非常关键的概念，其反映的是产品是否具有吸引力，用户对于产品是否具有黏性，以及现阶段整个产品及用户的数量和质量状况。自古以来有“回头客”一说，而留存恰恰就是从数据上反映回头客的数量和质量的。

④ 营收

营收即变现，即用户给产品带来的回报，可以反映产品的商业模式是否成功，用来衡量产品的商业价值。

⑤ 引荐

引荐即产品的自传播阶段，可以反映产品的口碑。好的产品不用通过过多的投放来获客，通过口口相传，就能带来激活、留存、营收等的提升。相反，产品口碑做差了，会引发用户大量卸载。

综上，此处列出通用的数据指标作为参考（见图 6-6）。不同产品还会有更多基于个性化功能的指标，这里不作延展。

整合以上 AARRR 各方面的指标可以得出用户每个步骤的健康程度，再通过时间维度（环比、同比）、空间维度（各个渠道、各个地域）交叉对比，即可多维度得出维度筛选后的结果。

（3）千年等一回——GSM 模型

“西湖的水我的泪 / 我情愿和你化作一团火焰 / 啊 ~ 啊 ~ 啊 ~/ 千年等一回，等一回啊 / 千年等一回，我无悔啊”，以这样的开场来介绍这个方法，相信读者永生难忘，高胜美（GSM）这首动人心弦的歌引出了第三种方法，也是不怎么常用，等千年可能用到一回的 GSM 模型法。

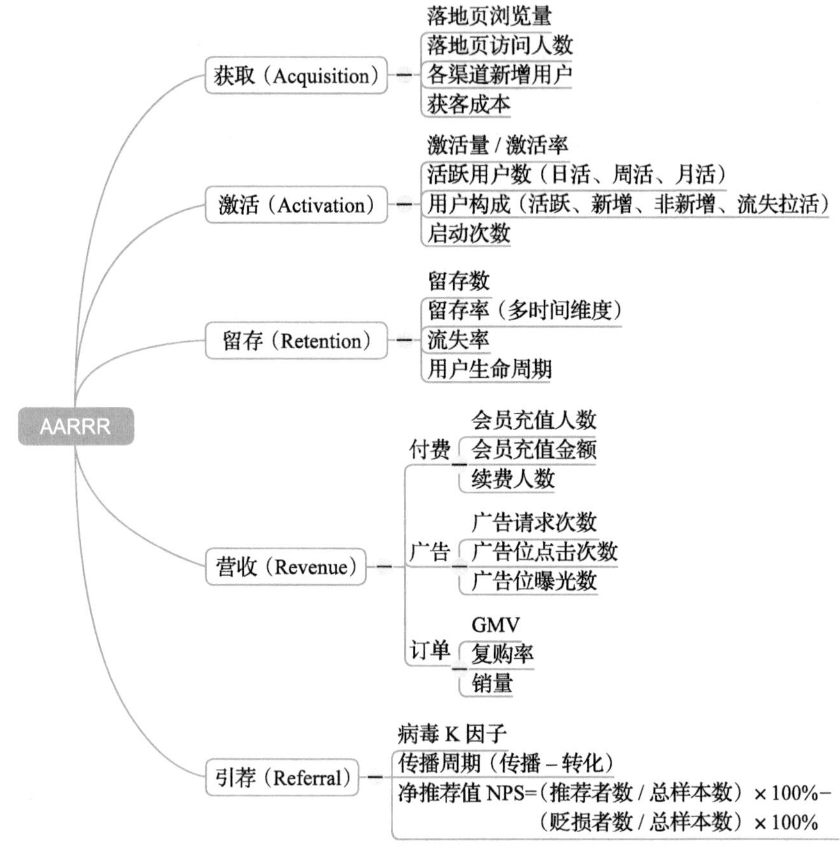

图 6-6　图解 AARRR

上面提及选取北极星指标来确定关键指标，运用 AARRR 模型根据用户行为一步步地进行漏斗分析，这两种方法比较适用于 App 内的指标搭建。而千年等一回的 GSM 比较适用于分析 H5 做专题活动的效果，即运用 GSM 模型来确定分析指标，特别是 App 内阶段性活动的指标。

GSM 是 Goal（目标）、Signal（表现）、Metric（指标）的缩写（见图 6-7）。

其中：

第一步，识别目标，明确产品的目标是什么，用户的目标是什么。

第二步，根据表现推导相应的用户表现，即一定会有哪些现象发生，会有什么信号出现。

图 6-7　GSM 模型

第三步，找出相应指标（含北极星指标），确定具体哪些指标可以衡量表现，根据数据应该采取什么行动。

比如，某 App 最近做了一个签到且阅读大于多少章节送红包的活动，想要分析活动的效果，如何设计指标体系呢？

根据 GSM 模型，Goal 是分析活动效果，即图书的阅读情况；Signal 则为访问人数的增加，用户黏性的提高，留存转化的提升；Metric 可定为活动页访问人数、阅读章节数、阅读图书数、用户阅读时长、转化充值等。

以上，我们提及了基于平台型数据产品在对 App 进行数据指标体系建设时所需要用的三种方法。第一种北极星指标法是用来根据 App 定位找到核心指标的方法；第二种 AARRR 模型（海盗指标法）用于在 App 获客拉新阶段以及用户稳定使用后，根据用户行为路径找到衡量业务的指标；第三种 GSM 模型区别于前面两种，但是也用于贯穿 App，是特别适合做阶段性 H5 活动时对运营活动进行效果评估的指标。

我们在使用以上方法时，不能实行拿来主义，一定要先遵循 6.3.1 节介绍的设计原则，一切基于需求进行方法应用上的优化，这样才能满足需求方以及整个业务的发展方向。在下一小节里，我们会简单提及基于以上方法，在不同行业如何进行基本的数据指标体系建设。当然，第一步是运用北极星指标法，第二步是运用 AARRR 模型，第三步就是找寻前两者之外的其他重要指标。不断丰富完善，修建成整个数据指标体系的宏伟长城。

2. 数据指标体系建设的步骤

上一小节介绍了数据指标体系建设的方法，本节将详细介绍数据指标体系建设的步骤（见图 6-8）。

（1）确立公司业务的核心指标

在确立核心指标之前，首先得明确公司的核心业务是什么，公司的整体目标是什么，以及在产品实现上如何帮助用户解决问题。所以，我们需要进行需求梳理，同时基于需求进行优先级的排序。需求梳理是让我们对数据有个明确的认知，明确我们要分析什么场景，要看哪些数据，要衡量哪些指标。好的需求梳理可以对整个数据指标体系的规划起到很大的辅助甚至指导作用。确立公司业务的核心指标需要用到上面介绍的第一个方法，即确定现有业务的北极星指标。简单来说就是，什么指标最能体现为用户创造的价值，什么指标最能体现给公司带来的收益。需要慎重选择，而这需要参照创建北极星指标的 6 个方面的标准。

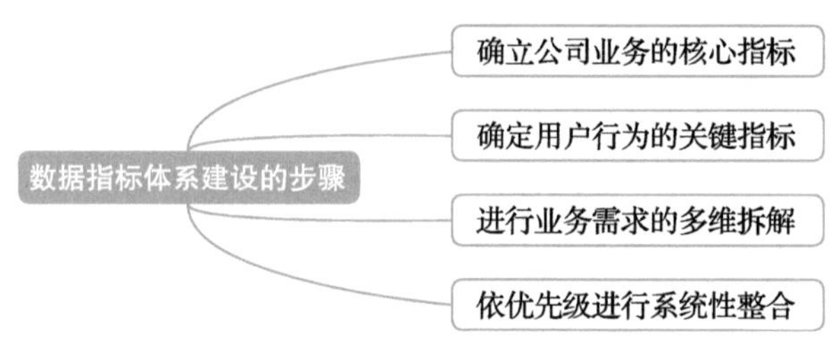

图 6-8 数据指标体系建设的步骤

比如电商行业，核心业务是平台提供更多满足消费者需要的商品，公司的整体目标是尽可能地提高总销售金额。所以，消费者的数量是多少、消费者一天能在平台上消费多少钱很重要，于是衍生出了 DAU、订单、GMV 等战略指标。再比如内容文娱行业，包括但不限于直播、视频、资讯等，核心指标可能是活跃用户数、购买会员数、播放量、播放时长等指标。

确立了核心指标以后，接下来就可以对这些核心指标进行细分拆解。

（2）确定用户行为的关键指标

数据指标之所以要成体系，就是为了更全面地把握用户的行为数据。在确立核心指标后，我们还需要确定用户行为的关键指标。用户的行为数据是支持整个业务的关键，通过关注主要业务流程和通用用户行为，可以更客观地了解业务的发展情况。

还是以电商行业为例，用户进入 App 浏览商品，看到喜欢的商品并收藏，再次浏览，看到比较满意的商品并加入购物车，等到大促或者千万元补贴争相付款。对于洗衣液之类的快消品，用户用了一次后，第二次还会翻到上次的订单商品，再次付款，实现复购。这一用户逛电商 App 的流程，就是千千万万大众消费者使用电商 App 的日常。这些行为看似普通得不能再普通，但其实这个简单的例子包含了“电商漏斗模型”（见图 6-9）。确定好用户行为的关键节点，可以发现用户行为的关键指标有收藏率、加购率、支付率、复购率等。

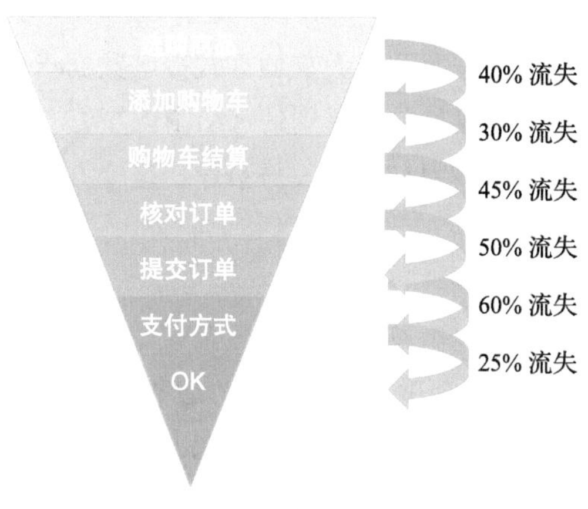

图 6-9　电商漏斗模型

而对于内容文娱公司来说，关键流程为会员购买流程、用户播放流程、用户跳转流程等，关键行为有搜索、筛选、浏览、收藏、点赞、评论、下载等。有了关键流程和行为，我们就可以寻找它们和核心指标的关联关系，探索它们对核心指标的贡献程度，进而将这些贡献量化为相应的指标。

不管是哪个行业，在选择指标时，要尽可能保证指标间的独立性，避免产生重叠，而且逻辑定义一定也要明晰，否则容易引起误会。当使用方看到两个近似甚至几乎没区别的指标时，难免会产生困惑，不知道该用哪个来决策，所以最好是只保留其中一个，这样既保证了逻辑清晰，也能避免犯错。在埋点的定义及上报规则更改之后，一定要重新定义相应的数据指标并修改统计逻辑，确保最终呈现的是符合现有统计逻辑的统计量。相关的逻辑修改也需要告知有关业务需求方。

（3）进行业务需求的多维拆解

只是确定公司业务的核心指标与用户行为的关键指标，还不足以支撑日常运营的发展需求，我们还需要对一些关键运营及活动的点进行量化，并进行多维度的分析，将指标拆得更细，以满足运营人员对用户和运营内容更加细致的评估，进而运用数据驱动运营的下一步策略。对核心指标的多维度拆解也可以帮助我们在核心指标发生异变时，快速定位问题，找出原因，提出相应的解决方案。关于业务需求的拆解，可以从宏观的业务大盘拆解及微观的业务单元精分两方面考虑。关于数据分析的方法，可参考第 2 章。

① 宏观：按业务大盘拆解

根据企业战略目标，按照业务大盘的方式拆解数据指标体系。在这方面业内有个著名的方法论，也就是前面提到的 AARRR 方法（海盗指标法），其整体的拆分逻辑是获取→活跃→留存→营收→引荐。这个方法的特点是比较系统地拆解了用户的增长模型。

② 微观：按业务单元精分

有了业务大盘之后，我们就对这个业务做了什么及我们拿到了什么数据有了大致的了解，但对于企业来讲，更为重要的是考虑两个问题：

- 为了解决用户在不同业务环节中的问题，每个部门应该关注哪些过程及指标？
- 企业该如何通过不同的“第一关键指标”考核不同的团队？

相对应地，我们通过对用户实现需求的路径拆解，也拆解了企业在不同工作中需要配备哪些不同的团队。不同团队间既独立又相互需要，但整体上都是为了实现用户增长而组成。这些部门也成了数据产品经理的需求方和打交道的部门，他们的单元业务主要体现在以下几个方面。

- 认知阶段：商务部、市场部；
- 激活注册：市场部、产品部；
- 关键行为：产品部、设计部、运营部、大数据部；
- 沟通：产品部、研发中心、运营部、市场部、业务部；
- 交易：服务端、运营部、财务部；
- 售后：客服、法务部。

根据以上这些部门繁杂的需求，我们可按照不同的业务线进行需求梳理，比如产品部门：需要清楚用户在使用 App 时的用户行为路径；需要使用漏斗监测产品内业务流程的转化效果，从而找到流失环节进行产品优化；需要通过 App 内的不同广告位的 A/B 测试进行效果评估，对比有广告位和没有广告位时的点击数据。运营需要知道搜索关键词的次数，以及比较靠前的关键词是什么等。这些都基于埋点进行设计，然后进行数据指标的逻辑定义。

（4）依优先级进行系统性整合

“分—分—分—总”，前三个过程都是将指标体系不断进行拆分，是一个发散的阶段，最后一步是收敛，进行整合重构。将所有指标进行系统整合，去除相似指标，避免重复分析的指标，保留具有典型性的指标，并将它们有机地整合起来，形成一棵指标树，方便今后查找数据时，快速找到想要的数据。

进行指标整合的时候，要多关注指标间的关联关系。在实际分析时，通常我们会在某个指标上先发现业务的问题，然后会找相关的其他指标确认该问题或求证这个问题的原因，因此有关联关系的指标是在实际应用中使用频率很高的，也正是这些关联关系才使得这些指标成为一个有机整体。

针对上面的电商数据进行整合，为了建立大盘指标体系，需要基于不同阶段所需观察的不同指标，结合海盗指标法勾勒出业务数据的关键漏斗，再加上整体概况数据、用户行为数据、商品详情及销量数据、订单数量及金额等核心指标实时数据，我们就能够对业务大盘有粗粒度的、相对完善的监控。

有了基本数据之后，依据业务指标定义确定数据的统计逻辑，最终将计算结果可视化到大数据分析平台中，供产品及运营的日常监控使用。深入应用，之后也可依据数据仓库中存储的用户、商品、订单等信息进行数据挖掘并进行个性化推荐等。

3. 数据指标体系建设的注意事项

以上介绍了数据指标体系建设的原则、方法及步骤，但是平台的体系建设不是一蹴而就的，它需要更新迭代，不断完善。特此提出需要大家注意的几个事项。

- 关键指标并非设计得越多越好，北极星指标可以只有一个，也可以有多个，一般关键指标根据业务发展需要，设计 3 ～ 6 个即可。
- 数据指标体系规划上线并不等于任务已经完成，它需要不断完善、更新迭代，并配合产品的发版改进进行调整、丰富及细化，并且可以根据复合指标，自定义设置一些可用作衡量业务的指标。
- 数据指标体系的建设不能闭门造车，数据产品经理需要增强沟通协调能力，与全公司相关部门通力合作。这就要求和需求方多次确认并明确需求，需要和各端开发多次沟通并衡量实现的可能性。规划好上线，自己也需要相应地验收。要对有问题的地方及时调整。

6.4 数据指标在各行业的应用

前面我们提及了数据指标体系对于企业的重要价值，无论是在互联网行业还是在其他行业，数据指标都是企业经营过程中的指路明灯。企业想要实现业绩增长，一定要有科学的数据指标体系。接下来我们主要介绍几个比较典型的互联网行业。

6.4.1 电子商务

2019 年的双 11 购物狂欢节落下帷幕，在全世界经济疲软、消费不振之时，世界却看到中国消费者的惊人购买力。一个民间形成的双 11 购物节，仅天猫一家，1 小时 3 分 59 秒，就破了 1000 亿元销售大关，比 2018 年快了 43 分钟 27 秒，比 2017 年快了将近 8 小时。一个小时的销售额就超过了世界上很多国家的 GDP。

从以上一个个惊人的数字中，我们能体会到电子商务行业在互联网中日趋重要的地位。因为其数据的复杂性、多样性、及时性，使得数据指标在该行业越来越受重视，每个细节的指标都支撑着产品的优化发展及数据化运营。总的来说，电商主要包含营销数据、流量数据、会员数据、交易及服务数据、行业数据这几类。

以下列举电子商务行业日常通用的核心指标。

- 日活跃用户数（DAU）：当日使用 App 的用户数，通过 UID 排重。
- 访问次数 / 浏览量（PV）：当日用户访问 App/ 页面的总次数，不排重。
- 注册用户数：当日新增的注册用户数，通过 UID 排重。
- 购买转化率：当日用户从登录到最终支付订单的转化率。
- 订单量：周期内用户支付订单数量。
- 订单总额（GMV）：周期内用户支付订单金额的总和。
- 客单价：支付订单的平均金额，周期内支付订单的总额 / 订单量。
- 复购率：周期内用户重复购买的比例。

除此之外，电子商务行业还有一些支持产品优化及运营的常用指标。

- 全站跳出率：当日用户访问 App 直接跳走的比例。
- 平均访问量：当日用户每次浏览页面数量的平均值。

- 当前在线人数：15 分钟内在线的用户数，通过 UID 排重。
- 页面停留时长：用户在当前页面停留的总时长，离开该页面的时间点减去来到当前页面的时间点。
- 订单城市榜单：周期内全国范围内用户支付订单数量排在前几位的城市。
- 订单商品榜单：周期内全量商品的订单量位于前列的商品 ID。
- 加购转化率：当日将产品添加到购物车的用户数占当日总用户数的比例。
- 成交转化率：当日支付订单成功的总用户数 / 当日总用户数。

根据 6.3.2 节提到的数据指标建设的方法及步骤，我们可梳理相关核心指标如下。

1）北极星指标：订单总额（GMV）。

2）AARRR 模型。

- 获客拉新指标：曝光量、点击量、下载量、注册量、日活跃用户数（DAU）、留存。
- 用户下单行为路径：曝光率、点击率、加购率、结算率、复购率。

3）其他参考指标：客单价、页面停留时长、订单量、订单城市榜单、订单商品榜单。

6.4.2　内容文娱

"流量""KOL""带货""变现"这些当代最火的词，无不显露出内容文娱行业的与时俱进。如今就连上面提到的电子商务行业，都需要李佳琦这样的网络红人喊出"买它，买它"来实现秒销千万。而他们借助的平台就是文娱 App，用户能被吸引过去就在于其内容的独特魅力。

从内容形态上看，内容主要分为资讯类、阅读类、直播类、视频类、音频类。资讯类包括各大新闻和知识类 App，如学习强国、今日头条、知乎等；阅读类包括出版物及小说的在线阅读，如微信阅读、掌阅等；直播类的有游戏直播、购物直播等；视频类的有抖音、快手等；音频类的有喜马拉雅及阅读 App 内的听书功能等。

无数据，不内容；无内容，不电商。在文化娱乐的各个细分行业，在"内容为王"的时代，如何增强用户黏性、如何提升用户留存、如何实现流量变现、如何给用户看到他想要的内容、如何增加阅读时长，这些都是企业迫切需要解决的问题，而其中的每一项都需要数据的支撑。除了通过掌握用户行为数据进行数据驱动的行为分析，后面章节提到的个性化推荐及用户画像也是基于内容领域的海量用户行为数据的收集。所以，内容文娱行业基于埋点上报用户数据自建用户行为的大数据分析平台显得尤为迫切。

以下列举一些该行业比较重要的数据指标。

- 新增用户：当日该渠道中历史首次启动的用户数。
- 新增留存：当日新增的用户中，在次日再次启动的用户所占的百分比。
- 启动用户：当日启动过的用户数，根据 UID 排重。
- 启动留存：当日启动的用户中，在次日再次启动的用户所占的百分比。
- 新用户阅读人数：当日新增用户中阅读图书的用户数，根据 UID 排重。
- 阅读图书数：当日用户阅读的总图书数，根据 DID 排重。
- 阅读章节 / 新闻数：当日用户阅读的总章节数 / 总新闻条数。
- 新用户人均阅读章节数：当日新增用户阅读的平均章节数。
- 用户使用时长：当日用户在 App 内浏览的总时长（单位：分钟）。
- 播放作品数：当日用户播放的总作品数，根据作品 ID 排重。
- 播放作品次数：当日用户播放作品的总次数，不需要排重。
- 播放集数：当日所有作品的播放总集数。
- 充值人数：当日进行充值的用户数。
- 充值金额：当日用户充值的总金额。
- 充值转化率：当日充值人数 / 启动用户数。
- 充值 ARPU：当日充值金额 / 启动用户数。

根据 6.3.2 节提到的数据指标建设的方法及步骤，我们可梳理相关核心指标如下。

1）北极星指标：阅读章节数 / 新闻数、用户使用时长、播放时长。

2）AARRR 模型。

- 用户阅读行为：日活跃用户数（DAU）、新增用户数、收藏加入书架数、阅读图书数、次日留存、周留存、月留存、充值人数。
- 用户浏览行为：主页面曝光、主页面版块曝光、主页面核心按钮点击、二级页面曝光、二级页面按钮点击、末级页面曝光。

3）其他参考指标：ARPU 值、核心页面曝光、核心按钮点击、广告曝光数、广告点击数、广告请求数、播放作品数、播放作品次数、播放集数。

6.4.3 在线教育

近年来，依托互联网技术和硬件设备的快速发展与普及，以及国家政策的支持，在线教育发展迅猛。2019 年 9 月，教育部、中央网信办等十一部门联合印发《关于促进在线教育健康发展的指导意见》，鼓励社会力量举办在线教育机构，满足多样化教育需求。这预示着在线教育大有可为，目前在线教育领域也出现了不少独角兽。

一般在线教育平台通过采用网上上课的形式，希望实现学习者为其服务付费的目的，类似于电商在一系列服务后的 GMV 的促成。在线教育课堂的流程主要包含几个重要节点：在线教育产品、通过各种方式抵达课程详情页、免费试听片段、咨询课程老师、购买课程、进行预约、进入教室上课、提问与互动、课程评价及复购。每一步的转化都是影响最终课程购买的重要因素，因而都是重要的指标。

为促成听课的用户越来越多，付费的学员越来越多，在线教育需要掌握一些关键数据指标。接下来介绍一下在线教育行业的核心指标。

- 每月活跃用户数（月活，MAU）：当月使用 App 的用户数，通过 UID 排重。
- 课程销售量：当日课程的销售总量。
- 课程购买用户数：当日购买课程的用户数，通过 UID 排重。
- 课程销售总额：当日课程的销售总额（单位：元）。
- 各课程销售页预览量：当日用户浏览各课程预售页的总次数，不排重。
- 课程销量：当日课程被购买的次数。
- 课程付费转化率：周期内用户购买课程流程中各步骤的转化率。
- 试听引导成单率：周期内用户通过试听引导后支付订单的转化率。
- 各课程退课订单总金额：周期内各个课程被退单的订单总金额。
- 学习任务完成情况：用户最终完成任务的总次数。
- 课程学习完成程度：用户在学习过程中完成各步骤的转化率。
- 各课程人均学习时长：用户学习课程的总时长 / 学习的用户数。
- 各等级学员学习时长分布：各难度等级学员的学习时长分布。

❑ 退课率：用户退课次数占购买课程次数的百分比。

根据 6.3.2 节介绍的数据指标建设的方法及步骤，我们可梳理相关核心指标如下。

1）北极星指标：课程销售总额、课程购买人数。

2）AARRR 模型：课程销售页预览量、试听引导成单率、课程付费转化率、每月活跃用户数（MAU）、学习时长、课程学习完成程度、课程退订总金额、二期付费率。

3）其他参考指标：学习任务完成情况、各教师受欢迎程度、课程评论数、课程好评数、课程学习频次分布。

第 7 章 A/B 测试系统搭建

说起数据产品，不得不提 A/B 测试系统，特别是由于最近几年精益创业及增长黑客的兴起，借助 A/B 测试来实现产品的迭代、优化产品设计及运营策略已经成为互联网行业的基本共识和通用方法，很多公司都通过 A/B 测试来实现科学决策。本章将带你从 0 到 1 设计 A/B 测试系统。

7.1 A/B 测试简介

A/B 测试，也叫 A/B 试验、对比试验，是一种将试验对象随机分组并针对不同组对象给予不同的变量刺激，然后采集试验数据，运用统计学上的假设检验来判断不同变量对试验效果的影响是否显著的科学试验方法。A/B 测试并不是只能有两组试验，ABC 测试、甚至是 ABCD…N 测试，这些都可以称作 A/B 测试。一般来说，A 代表对照组，B、C、D 等为试验组，试验组可以分为多组并给予不同的刺激，可以是不同变量或者一个变量的不同实例，比如不同颜色、不同剂量等。

7.1.1 A/B 测试起源

A/B 测试源于生物医学中的双盲试验，应该说我们对这种试验并不陌生。

在生物医学中，为了研究某一药物对试验对象的影响，经常将试验对象随机分成不同的组别，并在试验对象不知情的情况下分别给予不同的药物或者剂量，经过一段时间去观察试验对象的表现，通过统计检验严谨分析是否有显著差别，从而判断因素是否有效。

A/B 测试本质上跟上述方法完全一致，就是将用户作为试验对象，将每一个用户随机分配到不同的策略和试验方案，采集用户后续的行为表现和反应差异，以判断 A 和 B 的方式何者较佳。

早在 2000 年谷歌工程师创造性将这种方法应用于搜索结果的展示测试，从此开启了通过 A/B 测试优化产品设计的时代。由于这个方法具有无与伦比的优势，亚马逊、微软、脸书、领英等国外互联网巨头纷纷效仿，目前国内的互联网公司也都采用了这一方式来优化产品设计。

7.1.2 A/B 测试特点

A/B 测试之所以在互联网领域得到如此广泛应用，除了得益于互联网领域拥有大规模用户外，更在于这种方法具有以下几方面的显著特点。

- 先验性：A/B 测试其实是一种“先验”的试验体系，属于预测型结论，与“后验”的归纳型结论差别巨大。所有统计分析都是后验的，只能解释，A/B 测试是先验的，能直接对业务产品进行干预和影响。
- 科学性：通过严格的随机算法将相似特征的用户均匀分配到试验组中，确保每个组别的用户特征的相似性，从而避免出现数据偏差，使得试验的结果更有代表性。
- 严谨性：A/B 测试是一种科学的评估手段，其试验结果需要通过统计学的假设检验进行验证，有着深厚的概率统计学理论的支撑。
- 成效性：可以以较低的成本在小范围内进行测试，试错成本较低，而测试有效方案可以快速通过全量用户覆盖，实现收益最大化。
- 并行性：A/B 测试可以将两个或两个以上的方案同时在线试验，这样做的好处在于不仅保证了每个版本所处环境的一致性，便于更加科学客观地对比优劣，而且还节省了验证的时间，无须在验证完一个版本之后再测试另一个。
- 持续性：A/B 测试是一套持续提升改变的进化体系，并不是一次性或偶尔的，通过持续的测试可以从试验中学习最优选择。

7.1.3　A/B 测试场景

如今 A/B 测试已经应用到互联网公司的方方面面，综合来看，A/B 测试的应用场景大致可以分为界面试验、功能试验、算法试验、人群试验四个类别。下面具体介绍各类场景下的应用。

1. 界面试验

界面试验是利用 A/B 测试优化 UI，以为用户带来更好的交互体验和视觉感受，侧重于挖掘界面展示元素的属性差异，也可近似理解为 UI 试验。比如，某展示块的底色测试（深或浅）、按钮样式测试（方或圆）、字体测试（宋体或微软雅黑，大或小）、文案测试（“购买”或“立即抢购”）等，如图 7-1 所示。

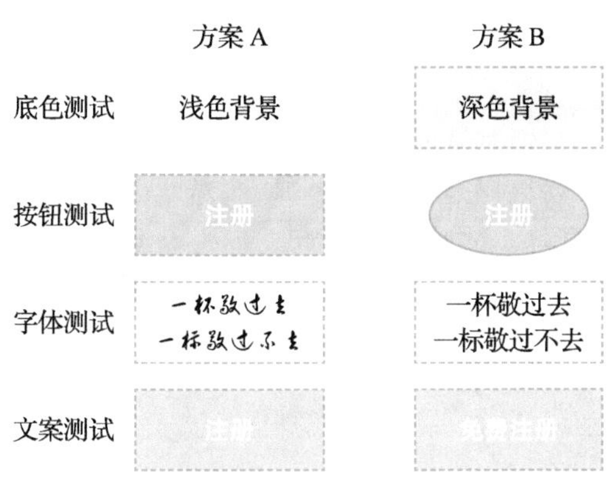

图 7-1　界面试验示例

2. 功能试验

功能试验包括系统 / 应用发布灰度试验、新功能上线 / 下线灰度试验、功能流程的变动试验，比如以下试验：

- 某大数据平台系统灰度 5% 上线实时销量模块以观察用户使用及服务器承压情况；
- 某 App 用户签到模块灰度下线后观察用户反应及影响；
- 某注册流程增加第三方账号登录以评估对注册流程的影响等。

3. 人群试验

人群试验是进阶版的 A/B 测试，有两个小类：一是基于特定人群标签分流测试不同方案，比如测试 90 后女性群体对不同风格首页的反应；二是在不同人群下测试同一方案，本质是看不同人群对该方案的认可程度，比如某电商应用对比 70、80、90、00 后人群的复购率情况。

4. 算法试验

各类算法是 A/B 测试应用场景最多的地方，算法开发人员通过 A/B 测试来验证一个新的算法或者小的算法优化能否提升算法的业务指标。推荐、搜索、精准广告、精细化运营等涉及算法的产品和业务都是可以利用 A/B 测试技术的。

针对策略算法类产品的效果试验，通常用户无明显感知。比如某宝猜你喜欢模块排序算法的试验、搜索算法试验，最终返回的是不同的产品序列，通过点击率、转化率等指标来评判算法的优劣。

7.2 A/B 测试流程

从试验的进程看，可以将 A/B 测试流程划分为试验需求洞察、试验需求发起、试验方案设计、试验需求落实、试验效果分析五个阶段，如图 7-2 所示。

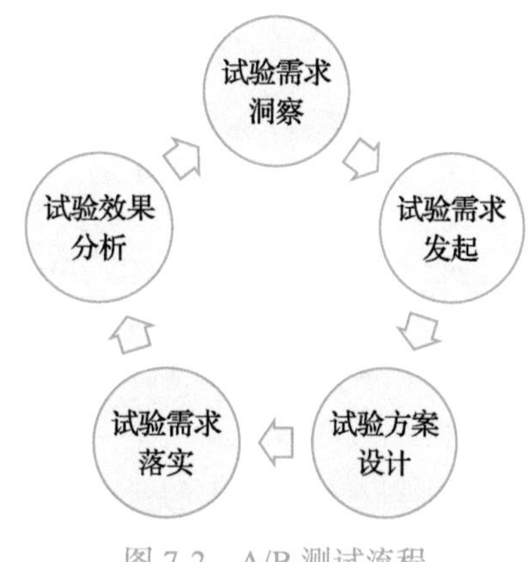

图 7-2　A/B 测试流程

7.2.1　试验需求洞察

试验需求洞察包括需求来源洞察和需求目标洞察两部分。

1. 需求来源洞察

试验需求不是凭空产生的，它可能源于行业趋势的变化、公司战略的改变、业务规则的调整、对用户体验的极致追求、用户心理学的灵感或者做产品的情怀。简言之，试验需求源于对用户、产品的深度洞察。

下面是几个常见的试验需求。

- 产品经理之“这个设计有点丑”VS 产品设计之“高端设计你懂吗”。
- 美妆类目之“这个位置应该给美妆”VS 女装类目之“女装才是第一类

目，凭啥给美妆”。

- 算法工程师之“基于原算法加了实时行为特征，上线看看效果吧”。
- 运营人员之“马上双 11 了，几个落地页看起来都不错，到底用哪个呢”。

2. 需求目标洞察

彼得·德鲁克曾说过：“你无法衡量它，你就无法管理它。”定义清楚试验的目标很重要，试验目标的好坏是衡量试验成功与否的最重要标尺。一般来讲，试验目标必须契合需求产生的初衷，且必须是可量化的。

不同行业有不同的属性，目标指标通常也会有差异。比如在电商行业，常用的量化指标有点击率（CTR）、转化率（CVR）、复购率、跳出率、净推荐值（NPS）、用户留存、停留时长、GMV、人均 UV 价值（ARPU）、客单价等。

试验目标也应该尽可能聚焦，单个 A/B 测试最好聚集到 1 个北极星指标，不要超过 3 个指标，指标多了试验本身容易受到干扰，不便于进行因果的相关性分析。

明确了需求场景及目标后，针对以上示例的争议场景，都可以通过 A/B 测试得到科学客观的答案。

7.2.2　试验需求发起

一般而言，试验需求可能源于不同的对象，业务人员、开发人员、产品经理、领导都可能有 A/B 测试的诉求，他们对试验诉求进行需求整理后需要向 A/B 测试系统的分管产品经理提试验需求。

需求发起流程大致如图 7-3 所示（流程没有绝对的标准，仅供参考）。

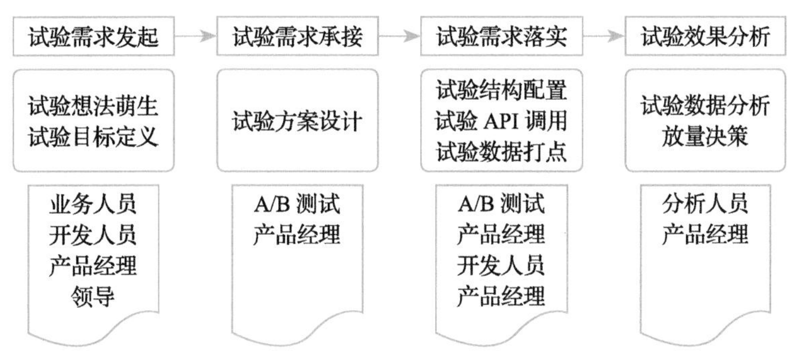

图 7-3　试验需求发起流程

比如一些中小型公司和创业公司，并没有专门的 A/B 测试系统，这时 A/B 测试的需求可能直接向开发人员提（代码试验分流），而试验效果的数据分析也可能由提需求的产品经理包办。流程并不是绝对的，只要保证试验需求的准确传达与执行即可。

7.2.3 试验方案设计

接到试验需求后，A/B 测试产品经理需要与需求方就试验细节进行深入沟通，产出 A/B 测试分流方案。同时，需求方产品经理也要就试验需求进行产品或功能上的配合，产出 A/B 测试产品方案。两种方案的简单介绍如下。

- ❑ A/B 测试分流方案：明确具体分流算法，明确试验分层与分组、每组流量占比及调整方式，明确分流试验周期，明确分流人群，预测分流风险。
- ❑ A/B 测试产品方案：产品原型设计（包括试验组和对照组）、产品效果指标定义和数据采集埋点方案设计。

A/B 测试的成功进行需要这两个角色的密切配合，A/B 测试系统侧解决分流问题，需求侧则解决分流测试载体“产品或功能”的问题。

7.2.4 试验需求落实

上一步产出的 A/B 测试产品方案和 A/B 测试分流方案，需要进行需求评审，并对有疑义的点进行方案调整，直至评审通过后进入开发。

A/B 测试产品方案的开发跟一般的产品开发并无两样，这里不多介绍。A/B 测试分流方案开发通常包括如下内容：

1）在 A/B 测试系统创建分流，录入分流相关基本信息，如分流名称、分流类别、产品、业务部门、业务对接人、测试周期、流量分配算法等；

2）创建分流后，需要配置分流结构，包括试验分层及分组、每组流量桶值分配、配置试验参数，详见图 7-4。

通常来说，两者的开发由不同的团队负责，产品整体功能开发完毕后可进行 A/B 测试联调测试，且一般由业务功能模块调用 A/B 测试的 API 进行。

上线运行后，实时监控 A/B 测试数据及性能指标，如有异常则选择相应风险应对方案，降低流量或者关闭分流开关。

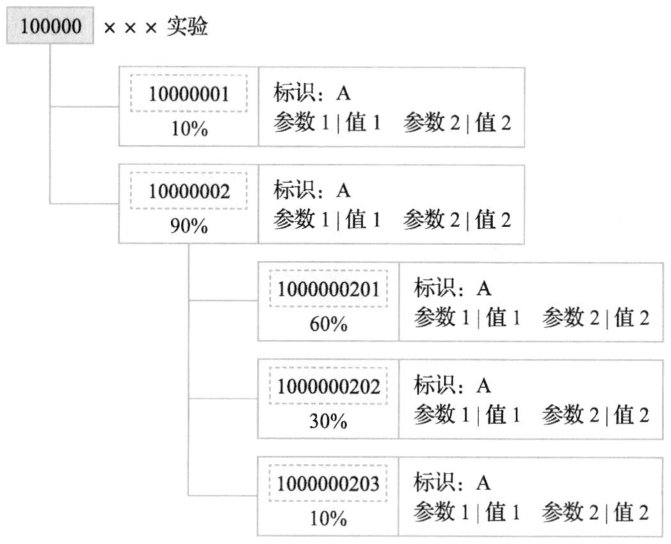

图 7-4　分流结构示例

7.2.5　试验效果分析

试验上线后就会有数据输入，此时分析人员可以按埋点进行数据提取，围绕试验目标，进行对照组与试验组数据分析。对于周期性不那么强的一般性试验，收集 2 周的数据基本可以做完整分析了，结合正态分布、中心极限定理、t 检验等统计学理论，判断试验结果是否显著可信。

一般而言，选择目标指标 95% 置信度下的置信区间 $[a,b]$ 作为参考：

- 若 a、b 同向（同正或同负），即 $ab>0$，且统计指标均值或汇总值落在置信区间 $[a,b]$ 内，则可以认为该试验结果是显著的，胜出方案可以逐步放量至全量，以追求利益的最大化；
- 若 a、b 反向（一正一负），即 $ab<0$，且统计指标均值或汇总值落在置信区间 $[a,b]$ 内，则不能认为该试验结果是显著的，此时说明试验组的策略并未导向与默认组的稳定的差异，应调整策略或关闭试验。

7.3　A/B 测试系统设计

不管在精益创业还是增长黑客理论中，A/B 测试作为一种成熟的数据驱动产品优化的科学方法，其核心意义并不在于某一次试验的成功或者失败，而是这种通过试验和数据驱动产品不断进化的过程。A/B 测试系统就是一套能将 A/B 测试方法标准化的工具，通过产品化后，可以降低用户使用门槛，提高 A/B 测试迭代速度，规范试验流程，减少人为操作过程中所犯的错误，还可以沉淀不同的数据和策略。

7.3.1 A/B 测试系统核心功能

虽然 A/B 测试可以分为界面类、功能类、人群类以及算法类，但其整体流程、核心功能基本一致，故可以设计一个通用的 A/B 测试系统来支持。一般而言，一个完整的 A/B 测试系统至少需要有试验管理、分流模块、业务接入、数据采集和结果分析这五个模块，下面来一一介绍。

1. 试验管理

试验管理就是一个 A/B 试验配置后台，通过页面与用户交互引导用户完成试验关键参数配置，并允许用户对试验进行管理。方便用户快捷地创建 A/B 测试试验，增加新的 A/B 测试分组，调整 A/B 测试方案各个组的比例，让 A/B 测试运行起来。试验管理模块对实时性要求最高，需要在用户操作调整确定后，实现线上试验随即变更。

2. 分流模块

分流模块也叫流量分配模块，这个模块根据试验配置信息在用户请求服务时将用户分配给不同的试验组别。可以说分流模块是 A/B 测试最核心的模块，一个 A/B 测试系统设计的好坏关键看分流算法及策略是否优秀。好的 A/B 分流模块可以让流量分配得均匀随机，同时具备根据用户、地域、时间、版本、系统、渠道、事件等各种维度来对请求进行分组的能力，并且保证分组的均匀性和一致性。分流模块相当于一个路由器，所有的请求进入分流模块后根据用户唯一 ID 以及其他参数，通过系统的随机化算法，按照给定的配比将流量（用户）分为 A、B 两组（或者多组）。

（1）常用用户唯一 ID 选择

一般来说，通用分流服务的用户唯一 ID 会根据不同终端采用不同的用户标识，目前通用做法为 Web 端（含 PC 及 App 端的 H5）采用 CookieID，App 端采用设备 ID（对于设备 ID，不同操作系统有各自生成的算法，一般来说 iOS 会用 IDFA，安卓采用 MAC 地址 +AndroidID+IMEI），小程序端采用 OpenID。如果需要做到多端联动，还需要通过用户的注册 ID 等其他信息进行 ID 之间的强打通（ID-Mapping），建立平台真正的统一用户标识。

（2）通用 Hash 算法

Hash 算法即散列算法，它并不是一种算法，而是一族算法，是密码学中一种单向不可逆加密算法。目前比较通用的 Hash 算法有 MD5、SHA、Murmur 等，通过一个函数将明文随机均匀分布到算法设计的多维空间中，空间维度越多，算法越复杂，也越难破解。如果有技术实力，可以根据密码学知识设计自己的 Hash 算法，具体可以查看密码学相关知识。

目前在 A/B 测试中应用比较多的是通过 Murmur 算法将用户的唯一标识以及试验层 layerid 作为参数传入进行分组。这样既保证了用户分组的随机性，同时保证了多个层之间的正交关系。

常见的流量分配策略见表 7-1。

表 7-1　常见流量分配策略对比

策略名称	方　　法	优　　点	缺　　点
简单随机分配	在用户请求时生成随机数，根据产生的随机数给用户分配试验组	简单粗暴、快捷、技术实现简单	同一用户多次请求会返回不同结果，导致体验不一致，不易回溯，基本已经弃用
按唯一 ID 分桶	根据用户唯一 ID 取模，根据取模后的余数分配用户	用户所在分桶固定，很好回溯	随机性与选择的唯一 ID 强相关，如果选择的是注册 ID，由于其是根据时间递增的，故会与时间存在强相关，并能很好地实现随机
唯一 ID 的 Hash 分桶	通过用户唯一 ID 进行 Hash 处理后取模	随机化较好，一个用户只能进行一个试验	单层模型通用，但容易导致用户瓶颈
唯一 ID+ 参数的 Hash 分桶	通过用户唯一 ID 及层 ID 进行 Hash 处理后取模	在保证随机化的情况下，保证了各层正交，同一个用户可以参加多个试验，在每个试验中用户均为随机	多层模型通用，业内最佳实践，对技术实现能力要求较高

3. 业务接入

业务接入便于在产品迭代优化的各个阶段整合 A/B 测试能力，对优化点做各种 A/B 测试。一般通过提供一个 A/B 测试 SDK 或者 A/B 测试 RESTful 接口的形式供业务方使用。接入模块需要做到高效易用，最好能够适用于产品上所有类型的 A/B 测试优化。

业务接入目前主要有以下 3 种方式。

（1）分离 URL 试验

分离 URL 试验最终会在试验配置完成后生成两个不同 URL，对应两个不同版本的页面。这种接入方式的优点是实现简单，数据采集也比较容易，正常的系统日志即可实现数据采集，但是需要做两套试验页面，对前端资源占用比较大。特别是在做同一个页面的多变量试验时，工作量会显著增大。

（2）编程代码试验

编程代码试验是通过在同一个页面内设计实验，但是会通过代码控制页面的展示，这种方式对系统复杂度有更高的要求，在试验配置完成后，需要生成相应的控制和埋点代码，并将代码复制埋入试验页面。由于是通过代码控制页面展示，数据采集需要有所调整，将试验参数也作为埋点采集的数据点。

（3）可视化试验

可视化试验是前面两种方式的结合，最主要的作用是降低了设计门槛。可视化试验在生成基础页面后，通过可视化页面编辑修改变量并保存后就可以生成不同试验版本，试验的参数通过 URL 参数带入。

4. 数据采集

行为数据打点和数据收集通过记录用户在 A/B 测试模块中的行为，将用户的行为收集到数据中心，为最终确定新的优化点是否有效提供原始数据。这方面的具体内容可参考第 4 章，这里不作讲解。只需要在其中增加用户试验名称、组别以及试验变量参数等相关信息即可，不需要再为 A/B 测试单独设计一套专门的数据采集系统。如果没有现成的 SDK，采集系统基于日志也是可以的。因为在一段时间或者在同一时间整个产品中会有多个 A/B 测试在运行，只有记录了对应的试验和策略，我们在数据分析时才能更好地分析试验结果。

5. 结果分析

对上传的日志进行数据清洗和数据分析，最后通过报表的形式进行展示。将采集的数据通过报表或可视化的形式展示出来，并给出效力、置信区间等指标（如果有样本选取过小，还应提示最小样本量）。另外，最好支持各类效果评估指标的扩展，可以将指标计算通用化、模块化，方便试验人员快速上线 A/B 测试，根据不同产品及 A/B 测试案例选择合适的指标。具体的效果评估指标需要读者根据自己公司及行业特点、产品形态、功能点等来定义，指标要方便量化，并能够直接或者间接与产品体验、用户增长、商业变现联系起来。

以上就是 A/B 测试最重要的五大模块，其中试验管理、分流模块、业务接入是构建完整 A/B 测试体系必须具备的模块，而数据采集和结果分析是配合 A/B 测试更好地得出可信结论必须具备的支撑模块。其他的模块，如用户创建、权限管理等，因为与 A/B 测试关系不大，这里就不详细介绍了。

7.3.2　A/B 测试系统设计方案

前面我们了解了 A/B 测试的基本概念和核心模块，知道了每个模块的作用和价值，那么在实际构建 A/B 测试系统时，这些模块是怎么组织起来并提供服务的呢？下面就以互联网金融公司的实际应用为例，设计一个 A/B 测试系统。

1. 背景介绍

这是一家以互联网理财产品销售为主营业务的互联网金融公司，该公司对 A/B 测试系统的需求主要为 App 及对外投放 H5 页面的测试。由于合规要求，很多展示需要用户完成三要素鉴权或者满足合格投资者认定才能向其推送，因此策略需要针对用户保持一致性体验；用户只有在完成注册且登录的情况下才能购买相应的产品，因此需要打通用户多端 ID。我们以统一的 PassportID 代表用户的唯一 ID，以出借率作为其核心关键目标。

2. 流程设计

根据 A/B 测试的一般流程设计出 A/B 测试系统的流程，因为 A/B 测试系统其实就是将 A/B 测试固化的工具。它的基本步骤如图 7-5 所示，下面来详细介绍。

1）系统登录。这是系统的通用模块，需要有用户及权限管理功能，可以基于公司的 OLAP 系统或者公用的统一权限平台接入，一般企业内常用公司邮箱账户作为登录名，以免公司内部账户和权限管理不一致，特别是因员工离职或换岗带来的权限变更。这一部分有成熟的解决方案，可以参考 RBAC（用户角色权限控制），如果前期项目用户较少，也可以采用白名单机制。

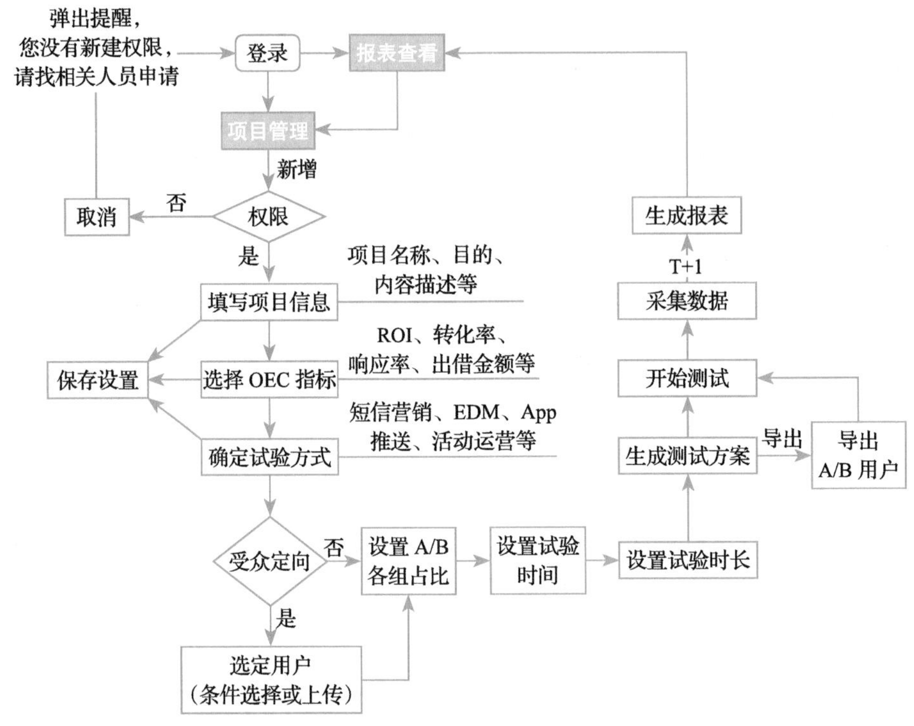

图 7-5　A/B 测试系统流程图

2）填写项目信息。项目信息包含项目名称、试验目的及试验假设等相关信息。项目信息一定要清晰填写，以保证其他用户能通过项目信息全面了解试验目的和试验方案，一般来说，在线下沟通并确定好业务的需求才填写相关信息。

3）选择 OEC 指标。在系统设计 OEC 指标时一定要多与业务方沟通，确定当前业务最核心的目标是什么，一定要将业务最为关心的指标包含在内，而且指标模块要有扩展性，在设计系统时留出接口，为后期扩展提供便利。

4）确定试验方式。确定试验用来探索哪个因素对目标产生的影响，比如目标是提升出借率，那么可能就是短信营销、消息推送、优惠券活动，也可以是文案的情况、页面素材的颜色、按钮大小，你需要确定这次试验是就哪个变量进行测试。之所以要这样分类，是为了分析中可以对同一类试验进行对比。

5）设置各组占比。根据选择的变量，创建变量的变化，并分配各组的用户比例。比如控制变量是按钮的颜色，我们就可以设计红色按钮、蓝色按钮等多种颜色按钮的变化。在这里颜色就是要测试的变量，而红色、蓝色等对应的是变量值。值得注意的是，A/B 测试并不是一次只能测试一个方案，如果你的用户量足够多，能满足试验需求，那么完全可以针对一个变量的多个变化同时测试。要确保创建的这些变化符合我们的预期目标。

6）控制试验。在试验创建成功后，对试验进行控制，可以修改未启动的试验、启动创建的试验、停止异常试验、克隆其他试验等。试验控制相当于用开关直接控制分流模块，决定是否让用户参与试验。开启试验后，网站或 App 的用户会被随机分配到控制组和试验组，用户每一步的操作都会被记录采集、计算和比较，以确定对照组和试验组在每一项改变上的表现。

7）采集试验数据。试验开始后，我们需要持续采集各个版本的访问用户的行为，这一块可以参考第 4 章介绍的埋点统计。目前前后端埋点采集系统都可以得到相应的数据，只是需要注意的是，要把不同实验 ID 等信息作为埋点信息项进行采集。

8）分析试验结果，生成试验报告。完成之后就是结果分析。将行为数据与业务数据相关联，最终是为了针对 OEC 进行分析或者其他信息挖掘。A/B 测试会显示试验数据，并告诉我们两个版本的用户行为是否存在显著差异。

9）持续迭代。如果试验组的行为达到了预期目标，那么就可以继续根据 A/B 测试结果进一步改进产品；反之，也不必气馁，可以把此次测试作为经验并生成新的假设，继续测试。需要再次强调，A/B 测试不是一次性的试验，是一个反复迭代优化的过程，不管测试结果如何，我们都要根据测试经验来实现产品优化的闭环并持续不断地提升用户体验。

如果利用的是分层模型，可以设计针对人群定向的功能、白名单功能，以及增加根据试验结果动态分配不同组别流量的自动化发布工具等，但这些都是在 A/B 测试系统中改进，在此不再一一介绍。

3. 原型设计

（1）试验概览

试验概览类似于系统的 dashboard，方便试验人员快速了解系统目前的运行状态，主要包括试验概览、流量的概览，如图 7-6 所示。

试验概览模块是让实验者或分析师快速了解系统全息信息的地方，类似于网站的首页。首先要让用户了解到目前进展的实验有哪些、实验中的用户情况，一般可以包括以下数据指标。

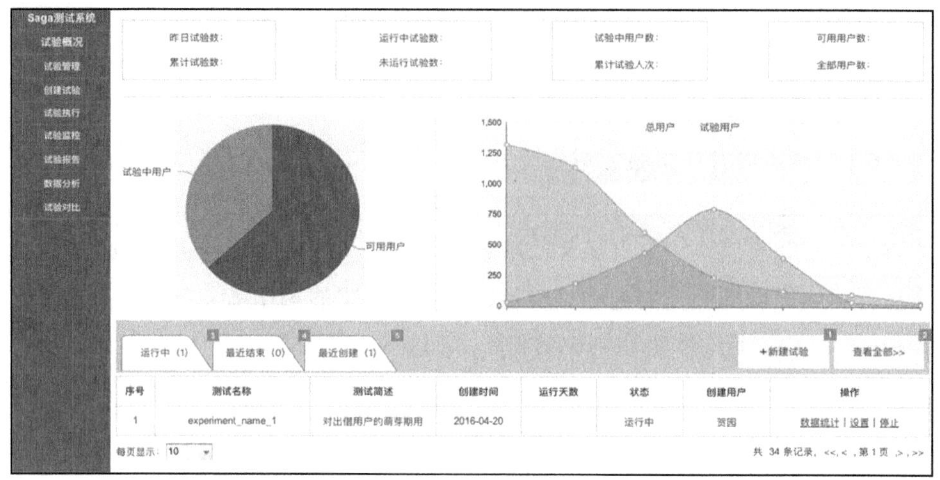

图 7-6　试验概览设计范例

- ❑ 昨日试验数：昨天开始运行的试验数。
- ❑ 累计试验数：所有运行过的试验数，等于运行中的试验数 + 已结束的试验数。
- ❑ 运行中试验数：状态为运行中的试验数。
- ❑ 未运行试验数：所有未运行过的试验数。
- ❑ 试验中用户数：参与试验的 bucket 中的用户数。
- ❑ 累计试验人次：所有运行过试验的用户数之和。

建议更多使用展示图形，比如柱形图、折线图等，可以根据各自要展示的信息选择相应的图表，比如图 7-6 中用的饼图和面积图代表的意义如下。

- ❑ 饼图：当前时间，系统的实验中用户、可用用户以及占用用户的占比情况。
- ❑ 面积图：最近 7 天，系统的实验中用户、可用用户以及占用用户的构成情况。

图 7-6 的左下角有“运行中”“最近结束”和“最近创建”三个选项卡，单击每个选项卡均可自动排序，默认按照试验的创建时间降序排列，最新的在最前面，单击会切换为按升序排列。

- ❑ 运行中：使用状态为运行中的所有试验的列表。
- ❑ 最近结束：结束时间为当前时间前 30 天内的所有已结束试验的列表。

❑ 最近创建：创建时间为当前时间前 30 天内的所有试验的列表。

如果当前没有任何记录，则显示“您没有运行中、最近结束、最近创建的试验，请创建试验”，单击方框区域，直接跳转到试验设计页面。

点击表格上的“+新建试验”按钮，同样直接跳转到试验设计页面。

点击表格上的“查看全部 >>”按钮，直接跳转到试验管理页面。

（2）试验管理

如图 7-7 所示，单击页面上部导航条中的不同选项卡，可以切换到不同的表格，默认为“全部试验”(包含未运行试验)。单击“未运行”选项卡，则表格筛选出状态为未运行的所有试验；单击“我的试验”选项卡，则只显示该登录用户创建的试验。

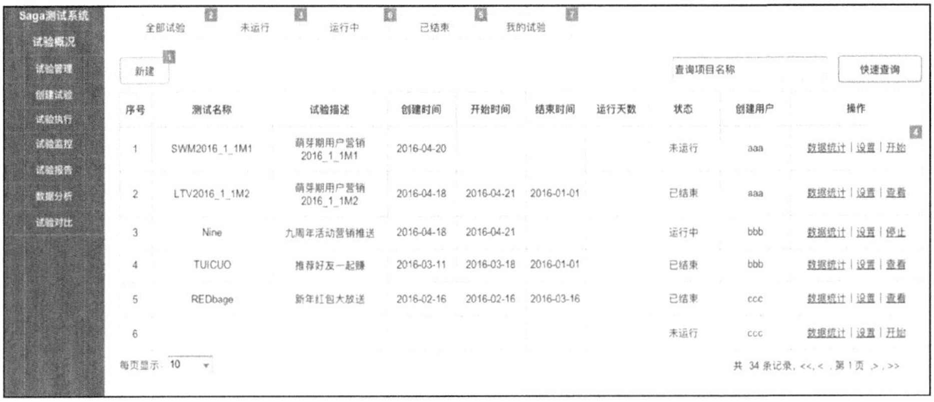
Saga测试系统
试验概况
试验管理
创建试验
试验执行
试验监控
试验报告
数据分析
试验对比
全部试验
未运行
运行中
已结束
我的试验
新建
查询项目名称
快速查询
序号
测试名称
试验描述
创建时间
开始时间
结束时间
运行天数
状态
创建用户
操作
1 SWM2016_1_1M1 萌芽期用户营销 2016_1_1M1 2016-04-20 未运行 aaa 数据统计 | 设置 | 开始
2 LTV2016_1_1M2 萌芽期用户营销 2016_1_1M2 2016-04-18 2016-04-21 2016-01-01 已结束 aaa 数据统计 | 设置 | 查看
3 Nine 九周年活动营销推送 2016-04-18 2016-04-21 运行中 bbb 数据统计 | 设置 | 停止
4 TUICUO 推荐好友一起赚 2016-03-11 2016-03-18 2016-01-01 已结束 bbb 数据统计 | 设置 | 查看
5 REDbage 新年红包大放送 2016-02-16 2016-02-16 2016-03-16 已结束 ccc 数据统计 | 设置 | 查看
6 未运行 ccc 数据统计 | 设置 | 开始
每页显示 10
共 34 条记录，<<，< ，第 1 页 ，>，>>

图 7-7　试验管理设计范例

在表格右上角的搜索框中，搜索会模糊匹配表格中的测试名称或者描述上与输入文字匹配的记录。

当试验还未运行时，可以进行删除、开始操作；当试验正处于运行中时，可以进行查看、停止操作；当试验已经结束时，可以进行查看、数据统计操作。

只有创建该试验的用户能修改试验的状态，即只有创建者才能进行开始、修改、删除和停止试验等操作。

（3）创建试验

如图 7-8 所示，首先填写试验名称，试验名称只允许包含英文字母、数字或下划线，建议命名规则为日期 + 试验内容 + 受众，字符长度在 16 个字符以内。

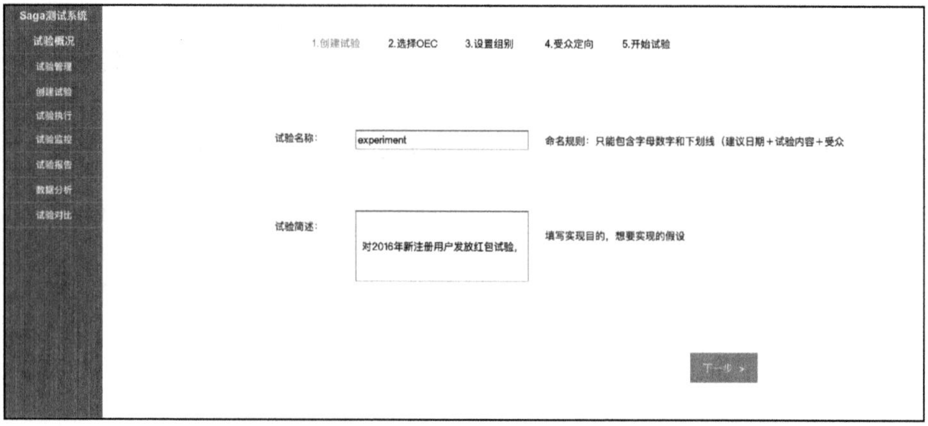

图 7-8　试验创建设计范例：步骤 1

然后填写试验简述，包括试验的目的、假设及特殊操作等，可以填写中文字符，不超过 256 个字符。

在图 7-8 所示的界面中，点击“下一步”按钮进入指标选择界面。每次进入下一步，将保留所填写信息；返回上一步，会显示所填写的信息，且可以修改。

如图 7-9 所示，试验类型为下拉选项，选择试验是修改哪一类变量，比如 Push、营销活动、文案素材等。对于评判指标（OEC），目前出借端定义为出借率 = 出借人数 / 参与试验人数 ×100%。

图 7-9　试验创建设计范例：步骤 2

如图 7-10 所示，默认生成两个组，第一个组为控制组，第二个为试验组。组别名称默认为试验名称 + “ _ ” + 数字，可以修改，变量描述是填写对各组所做的差异性控制。试验组别名称不超过 20 个字符，变量描述不超过 50 个字符。

1.创建试验　2.选择OEC　3.设置组别　4.受众定向　5.开始试验

增加试验组　1

当前可用用户：

NO.	组别名称	类型	变量描述	流量分配	删除
1	experitment_1	控制组	不操作	8 % 保存	X
2	experitment_2	试验组	电话访问	8 % 保存	X

< 上一步　2

下一步 >　3

图 7-10　试验创建设计范例：步骤 3

试验用户分配的百分比最小区隔是 1%（由系统分桶的最小颗粒决定，我们将用户按 100 分桶，故最小用户群为 1%），可以直接填写数值也可以拖动滚动栏。占比必须是整数个百分点，在表格上面有当前可用用户百分比，各组试验用户分配百分比之和不得大于该数值。

单击“增加试验组”按钮后，表格会增加一行，组别名称同样是试验名称 + “ _ ” + 数字，数字往下不断增加，试验类别只允许为试验组。最后一列为操作列，可以删除组别，但不能删除控制组。每个试验中试验组可以有多个，但是控制组只能有一个。

如图 7-11 所示，人群定向可以针对 IP 地址、浏览器或用户标签进行。点击“添加受众条件”下拉列表框可以选择相应的字段，字段的类型不同，筛选条件也不一样。

主要比较运算有 >、<、=、!=、>=、<=、包含（in）、不包含（not in），后续逻辑连接是该条件与下一个条件的关系（与或非）。

如图 7-12 所示，设置开始和结束时间。开始时间必须大于当前系统时间，如果选择了其他时间，则为预约的开始时间。结束时间默认为开始时间 +30 天，也可以自由选择。试验到结束时间后自动结束，也可以手动结束，到时结束时间以手动结束时间为准。在试验创建成功后，根据试验平台的设计会提供 URL 连接或者代码，需要将这些配置到要试验的页面或功能中，需要技术同事介入。

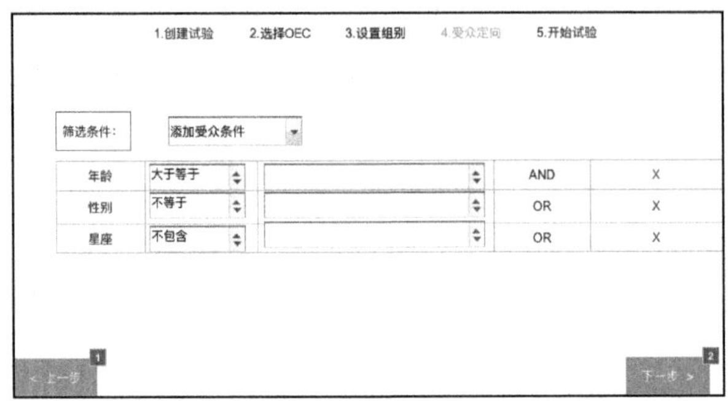

图 7-11　试验创建设计范例：步骤 4

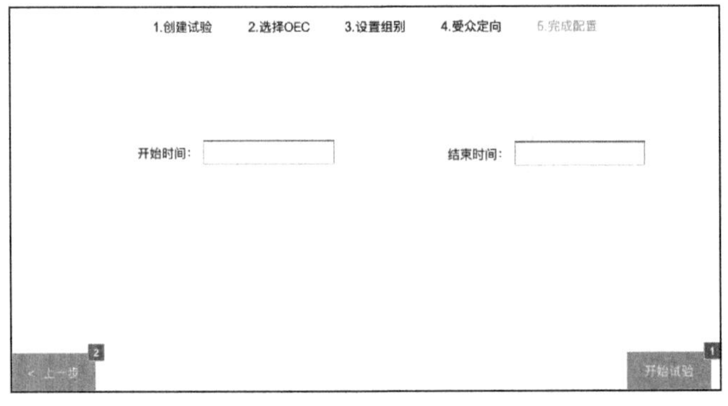

图 7-12　试验创建设计范例：步骤 5

（4）试验执行

单击“开始试验”按钮后，进入代码及 URL 验证阶段，验证通过后根据反馈即进入试验执行阶段，用户被正式分配给不同方案，同时数据采集系统或者日志系统会记录用户的后续行为，包含业务行为和操作行为。如果验证没有通过，需要重新验证代码或者 URL 的配置是否正确。

（5）试验报告

如图 7-13 所示，试验报告展现试验的进展情况，包括试验的基础信息、多少用户参与试验、各组占比、运行天数、开始时间、各组的指标情况以及结论。对于试验分析模块，如果有技术实力，可以实时更新；如果没有相应的资源，

T+1 更新也是能接受的。

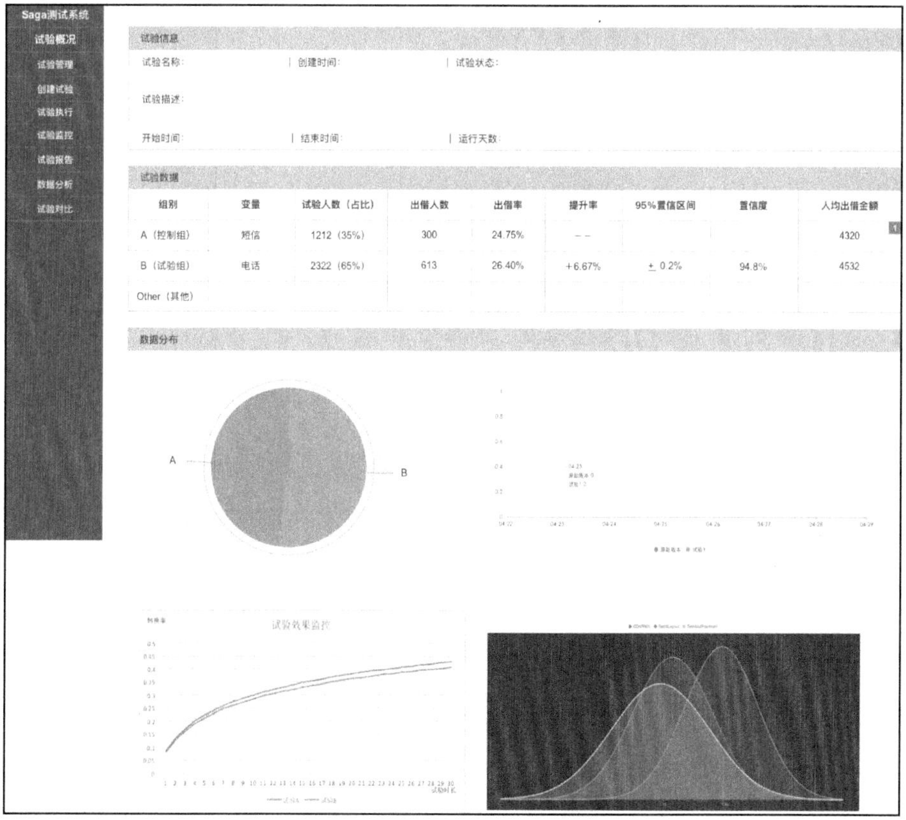

Saga测试系统
试验概况
试验管理
创建试验
试验执行
试验监控
试验报告
数据分析
试验对比

试验信息

试验名称：| 创建时间：| 试验状态：

试验描述：

开始时间：| 结束时间：| 运行天数：

试验数据

组别	变量	试验人数（占比）	出借人数	出借率	提升率	95%置信区间	置信度	人均出借金额
A（控制组）	短信	1212（35%）	300	24.75%	--			4320
B（试验组）	电话	2322（65%）	613	26.40%	+6.67%	±0.2%	94.8%	4532
Other（其他）								

数据分布

试验效果监控

图 7-13　试验报告设计范例

7.3.3　A/B 测试系统设计要点

上面以互联网金融公司的实际应用为例简单设计了一个 A/B 测试系统，虽然对于不同的业务 A/B 测试系统会有差别，但总体来说一个合格的 A/B 测试系统要做好以下几个方面。

1. 科学的流量分配

很多人在设计 A/B 测试系统时会发现系统本身存在偏差，导致系统根本无法使用。A/B 测试系统又叫随机试验系统，其核心在于随机，故在系统设计完成后，需要进行多次 A/B 测试，以验证系统随机算法。原则上利用分桶方式的随机算法，每一个桶中的用户与全体用户的特征属性保持一致，即统计中样本的特征属性与总体保持一致，故可以通过分组人群特征分析及A/B试验进行结果验证。

2. 足够的用户数据

A/B测试的结果需要大量数据作支撑，试验用户越多得出的结果越准确。因此在不影响其他试验的前提下，尽可能为每个试验分组提供更多的用户数据，这样对提高试验准确率有很大帮助。然而任何公司的用户都是有限的，而需要进行的试验很多，分配用户越多其成本越大。一个有效方式是通过多层试验模型，让用户一次参加多个变量试验。在多层试验中，每一层都包含了全部用户，通过多层叠加可以放大用户数，每一层可以是一个变量试验，但一般需要通过转化率计算出试验所需的最低试验用户数。

另外，要想得出令人信服的结论，A/B测试需要经历一定的周期。如果只测试很短的时间，有些时候会由于用户存在周期性或者用户对新事物的偏好，导致数据与真实情况存在偏差。这时最好的做法是让A/B测试运行一个足够长的时间段，让结果稳定下来，再来比较核心指标。具体选用多长的时间需要根据行业及经验来定，并且在计算核心指标时，可以剔除掉初期的数据，以避免初期的新鲜感影响最终评估结果。

3. 严谨的结果分析

在进行结果分析时需要运用严谨的统计推断知识，而不能仅仅根据不同组别之间的数据差别凭经验直接下结论。在数据采集量不够或者数据差异不够显著的情况下是不能得出试验结论的，因此不能只以某个指标几日来的平均值作为试验好坏的参考和依据，而需要采用统计学中的方差分析或T检验等手段对试验数据进行评估。这能够有效规避大部分由时间和分组随机性带来的数据波动，得到最准确的评估结果。

4. 持续的迭代更新

A/B测试本身是一个开放的、不断循环迭代的进化过程，因此系统也要为了满足其不断迭代的需求而变化。首先测试目标是多样的，系统要支持定义和增加新的评价指标；其次是要支持对多种场景应用的测试；最后要尽量减少用户的重复操作，提高试验效率，因此克隆之类的功能都是不错的改进点。

至此，A/B 测试系统实现问题就介绍完了，其他算法类的 A/B 测试也类似。希望读者能够从中学到怎么落地 A/B 测试系统。

7.4　A/B 测试案例分析

互联网巨头谷歌可以说是 A/B 测试的始祖，每年进行的 A/B 测试数以千计；亚马逊 CEO 贝索斯曾在至股东信中提及“勇于试错、拥抱创新”，并数次强调 A/B 测试在亚马逊创新发展中的重要推力；脸书更是在创业之初便创建了自己的 A/B 测试系统，无数大胆创新的功能均通过 A/B 测试的方式验证；算法驱动的今日头条对 A/B 测试格外重视，曾有报道称，今日头条每发布一款新 App 前，都必须先将 App 以不同的名字打多个包，投放到各大应用市场进行多次 A/B 测试来决定用哪一个名字。

由此可见，A/B 测试已成互联网巨头创新增长的标配与利器，当然，规模化的增长不是几个试验就能达成的，A/B 测试是一个系统的、持续迭代的过程，没有最好，只有更好。

7.4.1　奥巴马竞选总统

2008 年，奥巴马的团队在其总统竞选募捐网站（见图 7-14）用 A/B 测试在 16 种方案中找到最佳方案，将竞选页面的注册转化率提升 40.6%，而这 40.6% 的新增用户带来了额外的 5700 万美元募捐资金！奥巴马最终在竞选中胜出，出任美国第 44 任总统，这当然离不开其人格魅力，但他的竞选宣传团队的作用也是不可忽视的。

我们从 5 个流程来看奥巴马总统竞选募捐网站的 A/B 测试详情。

1. 试验需求洞察

以网站募捐形式，提高网站页面注册转化率，进而提高募捐竞选资金，助力奥巴马参与总统竞选。

试验目标：注册转化率（一级）、募捐资金（二级）。

2. 试验需求发起

将指令传达给网站募捐团队。

图 7-14　选举网站素材截图

3. 试验方案设计

3 张图片和 1 个视频分别与 4 份按钮文案组合，共计 16 种不同展示方案，观察一段时间后，从中选择注册转化率最高的方案，推广到全量用户。

4. 试验需求落实

按 16 种方案分别生成页面，并将流量随机等量切分为 16 组，上线并观察 A/B 测试数据。

5. 试验效果分析

一段时间后，“CHANGE”图片 +“LEARN MORE”文案胜出，转化率提升 40.6%，全量上线。令竞选团队吃惊的是，在所有情况下，奥巴马的一张简简单单的黑白全家福照片所取得的效果，竟然超过团队可以找到的任何其他照片及视频。常理来说，视频方案似乎要胜出，但可能因为当时的网络环境并没现在这么好，卡顿的视频还不如一张动情的图片来得直接。

7.4.2　商品详情页相似推荐

国内某知名电商布局较早，其个性化业务已经非常成熟，对商品详情页等的相似推荐进行了大量 A/B 测试，这里分享其中针对尺码缺货情景下商品详情页中的相似商品推荐模块。

1. 试验需求洞察

（1）需求来源

通过数据跟踪发现，访问主商品的用户在未来两周内需求满足率未达到

30%，而活跃度是其他用户的 1.5 倍，因此萌生了订阅后给用户推同尺码相似商品的想法，目的有二：其一，最大限度满足用户对主商品的购买诉求；其二，让用户尽可能在单一路径内成交，减少选购时长及选择成本。

需求满足程度如下（由强到弱）：

购买了主商品 > 购买了同品牌同品类的其他商品 > 购买了其他品牌同品类的其他商品。

（2）需求目标

由于本试验涉及 App 站内功能的调整，因此需要前端产品经理配合才能完成，试验目标也需要一起来设定。

试验目标提炼：需求的初衷是希望在商品详情页有一个更合理的推荐模块，满足消费者更便捷购买的诉求，最终是希望客户购买，而且购买金额（销售额）越高越好。销售额可以按图 7-15 进行层层拆解。

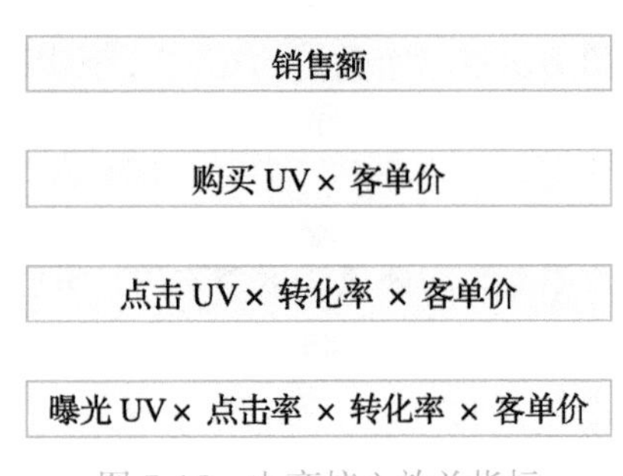

图 7-15　电商核心效益指标

一般而言，日曝光 UV（即 DAU）是比较稳定的，提高另外三者的乘积是电商项目的终极目标，我们把三者的乘积定义为人均 UV 曝光价值，简称人均 UV 价值，即

人均 UV 价值 = 点击率 × 转化率 × 客单价

由于这三个指标会互相影响制约，有时甚至是此消彼长（卖得便宜的转化率自然高，贵的商品通常点击率和转化率不会太高），因此，一般会以人均 UV 价值来衡量一个模块的核心目标，以点击率、转化率、客单价为具体操作核心优化指标。

这样，就明确了 A/B 测试的最重要的目标：A/B 试验组相比对照组人均 UV 价值的提升。

除了核心效益指标外，还有一些可供辅助参考的体验性指标，如详情页停留时长、跳出率，也可用来评判本需求在体验侧的影响。

2. 试验需求发起

与业务方产品经理达成共识后，按内部需求流程向 A/B 测试的产品经理发起试验需求。同时通过正式邮件知会干系人，包括相关领导、业务方产品及开发人员、A/B 测试系统产品经理及开发人员、QA、项目经理、BI 分析师，确保大家对试验需求的范围、进度、质量、成本等信息保持同步，为后续的产品开发、测试、验收、效果分析打好基础。此外，在企业内部通信工具中建立需求主题群，以便于后期的信息同步。

3. 试验方案设计

（1）前端产品方案

考虑到商品详情页的特定场景，与前端产品经理协商后确定以触发浮层的样式展示相似商品，初始展示商品个数定为 10 个，采用单行滑动交互，明确陈列信息（图片、标题、价格、标签等），以女装类目为试点设计原型。

（2）后端算法方案

相似算法选型：比如用欧氏距离或杰卡德距离，最终由算法人员定。

个性化弱干预：本模块由于更偏向商品侧的推荐，故采用较弱的个性化干预。比如用户平时经常购买高端品牌，对该用户推荐时要考虑相似商品的品牌调性是否相符。

品类及商品池规则：这里只考虑女装类目，推荐商品必须同三级品类。

（3）分流方案

由于该电商采用的是多层重叠试验框架，在本需求中可进行两层试验：第一层测试本模块的存在是不是正向影响；第二层测试不同相似算法的试验效果。图 7-16 所示为分组详情，其中各分组说明如下。

- ❑ 试验组：商品详情页流量随机 6%，透出推荐模块，下层再等分两股流量测试相似算法，算法 1 为文本相似算法，算法 2 为文本相似融合图像相似算法。
- ❑ 对照组：商品详情页流量随机 6%，不透出推荐模块。
- ❑ 备用组：剩余 88%，不透出推荐模块。

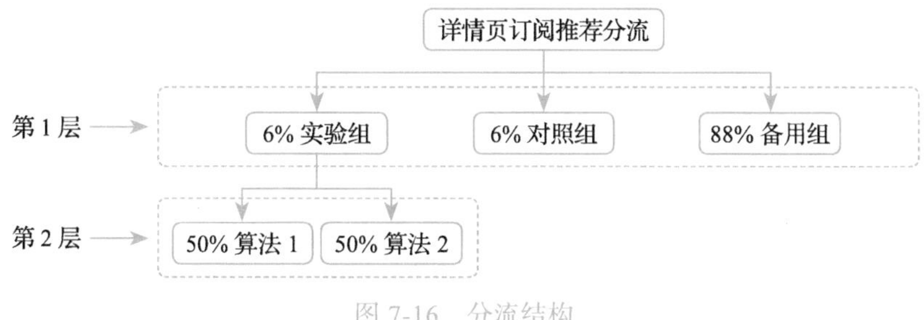

图 7-16　分流结构

流量切分逻辑如下。

- 第 1 层：设置 100 个桶，桶值为 [0,99]，基于设备 MID+ 业务场景 ID 进行拼串 Hash 运算。
- 第 2 层：设置 100 个桶，桶值为 [0,99]，基于设备 MID+ 业务场景 ID+LAYERID 进行拼串 Hash 运算。

由于该公司有很成熟的 A/B 测试系统，且有足够大的 DAU，6% 的流量足以让 A/B 测试效果显著。

方案定制后需要评审，由于本项目在前期做了足够充分的准备工作，评审顺利一次通过。

4. 试验需求落实

按评审通过的前端产品方案、后端算法方案、分流方案执行。大体拆分为如下 WBS（工作分解结构）进行：

- 完成前端推荐模块界面开发；
- 完成推荐算法的开发；
- 完成前端界面打点；
- 完成 A/B 测试订阅推荐分流配置；
- 完成功能及算法测试、埋点测试、API 调用联调测试；
- 项目经理、产品经理完成验收；
- 整体功能上线；
- 监控上线后的功能及数据指标。

最终效果见图 7-17。

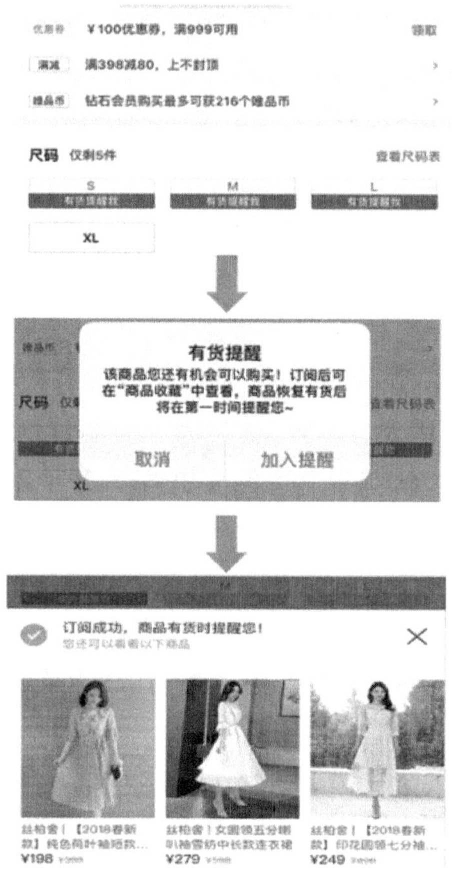

图 7-17 订阅推荐效果图

5. 试验效果分析

在进行效果分析前先引入一个很重要的概念——大盘归因。大盘归因也称整体归因，是衡量局部优化、策略调整对整体影响的有效统计方法，旨在识别与规避局部正向、整体负向的情况。对于个性化推荐，尤其是详情页的个性化推荐来说，很多时候归因至推荐模块的效果是绝对正向的，但归因至大盘的效果可能不明显，甚至是负向的。该公司曾多次尝试过商品详情页的相关推荐，很多试验效果不甚理想。

试验进行两周后，收集数据进行分析。

归因至 App 大盘：

- 试验组相比对照组的人均 UV 价值提升 1.3 元；
- 透出订阅推荐模块的用户整体转化率提升 0.25%（绝对值）；
- 推荐模块的点击率超过 25%；
- 文本相似算法与文本相似融合图像相似算法的效果近乎持平。

最后对效果进行总结。人均 UV 价值和转化率均值在 95% 的置信度下效果是显著的。同时，详情页的停留时长、跳出率的数据并未有显著的正向或负向变化，这说明在人均 UV 价值的核心目标下，本模块的存在是正向于大盘 App 的，于是逐步放量至全量，也扩展到更多的品类。后续也融入了新策略，比如个性化强干预策略、文本相似的单特征调优策略、图像相似算法迭代策略，不过整体效果并没有优于原文本相似算法。这就是 A/B 测试的魅力，客观数据总是不时地打破产品经理的常规认知，经验主义未必可靠，保持空杯心态，试试才知道。

7.5　A/B 测试经验建议

前面已经介绍完 A/B 测试系统建设并分析了两个 A/B 测试案例，最后再讲讲实践中的经验及建议。

7.5.1　培养驱动文化

首先，公司管理层一定要有数据驱动的战略意识，否则即使有了 A/B 测试能力，也不太会推动在产品迭代中利用 A/B 测试来驱动业务。管理层有了数据驱动的意识后，需要自上而下推动 A/B 测试在企业的落地。

其次，需要多个团队协力合作，明确 A/B 测试应用的范围、短期目标、未来的发展方向，确定 A/B 测试的价值体现形式，最终大家一起协力开发一个适合本公司当前阶段和产品形态的 A/B 测试系统。业务部门和产品经理确定需要在产品上进行 A/B 测试的种类，需要具备什么样 A/B 测试的能力；大数据算法团队实现分组的算法方案和进行日志的收集分析、可视化展示；后端团队设计适合公司业务的 A/B 测试框架，并开发后端的各模块及其与前端交互的接口等；前端团队负责 A/B 测试管理平台的开发，让业务部门可以更加方便地使用 A/B 测试工具，同时实现日志打点及与 A/B 测试系统的交互能力。

最后，A/B 测试系统构建完善后，需要产品经理提供完善的 A/B 测试接入文档，让大家都能够轻松使用该平台。需要大家一起努力打造利用 A/B 测试来驱动产品迭代的团队文化，让更多的业务接入 A/B 测试系统，通过数据分析得出有价值的结论，让数据说话，最终让 A/B 测试系统为业务带来价值。

7.5.2 自研或第三方工具

自己构建一套完备好用的 A/B 测试系统并不是一件容易的事情，有很多细节方面需要注意。目前市面上有很多第三方公司提供 A/B 测试服务，通过购买这些服务可以方便地让自己的产品具备 A/B 测试能力。建议初创公司或者非技术驱动但是需要 A/B 测试能力的公司采购第三方服务，这样可以快速让自己的产品具备 A/B 测试能力，将主要精力放到优化产品体验而不是实现一个 A/B 测试框架上。

第8章 数据管理

本章首先综述数据的定义和分类，阐述元数据、主数据、业务数据的意义和价值，以及企业为什么要管理好数据。在我们弄清不同类型数据的价值后，再更有目的性地了解数据管理的真正意义，以及如何做好企业级的数据管理。随后我们会分别系统剖析主数据管理和元数据管理在数据管理中的定位及产品化方案。

8.1 数据的类型和主要特点

8.1.1 数据的类型

企业级的数据管理一般涉及三大类型的数据集：主数据、业务数据和元数据。

- 主数据是用来描述企业核心业务实体的数据，如客户、合作伙伴、员工、产品、物料单、账户等。
- 业务数据是用来描述主数据之间在某一时间点产生的某种数量关系，如交易订单表、视频流量表等。

- 元数据是用以描述数据及其环境的结构化信息，便于查找、理解、使用和管理数据，如数据字典、建表语句等。

8.1.2 三类数据的主要特点和差异

1. 主数据

主数据是用来描述企业核心业务实体的数据，而不同的业务实体数据会以维表的形式存储在数据仓库中，每一张维表包含多个字段，用来辅助描述该实体的属性特点。主数据有一个比较明显的特质是缓慢变化，也就是主数据的变化频率会比交易类数据低很多，比如一家公司的产品主数据，描述了该公司的产品类型、产品定价、包装、生产厂商等，决定这些产品详情的就是该公司的主营商品种类，而一家公司主营商品的更新换代往往是非常缓慢的。

2. 业务数据

业务数据描述某一时间点不同业务实体之间产生的某种数量关系，如交易金额、交易数量等，这样就能把业务实体对象和发生的事实关联到一起，所以一般我们会称业务数据为事实表。事实表会以多个字段存储在数据仓库中，其中主要包含事实的主键、主数据的外键、时间点信息、数量信息等。相比主数据，业务数据的变化频率非常快，而且数据量巨大，比如淘宝的交易订单，可能一秒就会产生上千万条业务数据。

3. 元数据

元数据是和业务非强相关的一种数据，它是描述数据结构、数据类型、数据存储位置等信息的一种数据形态的总称。就好比我们把交易流水记录到笔记本上，而第一页就是一个交易目录，这个目录记录着一系列汇总和索引信息，能够帮助我们迅速定位到我们需要的数据。

4. 主要用途差异

一般我们在做数据分析的过程中会用到上述三类数据集。举个例子，假设我们要查询今天公司的销售数据。首先通过元数据检索数据库中的表名称，比如通过检索 sale 一词，能找到 bw_sales_snapshot，从表名大致判断出这是销售数据快照表，而这个类型的表被我们称为业务数据。然后我们通过元数据可以进一步了解到这张表的字段 desc bw_sales_snapshot，有日期、产品类型、销售数量等。但这些字段一般只保存为某种特殊格式的id，比如产品类型的字段是product_category_id，具体存储的数据都是加密的数据，比如658293，所以我们并不知道这个产品类型具体指什么，这时我们一般用产品维度表（也叫产品维度主数据）关联这张销售业务数据表，从而获取具体的产品类型中文描述信息和其他附加描述信息。

总结一下，这些数据集的主要用途如下：

- 元数据是用来定位和理解业务数据的字典；
- 业务数据存储着核心的交易内容；
- 主数据是用于提取辅助描述信息的数据结构。

为什么不把业务数据和主数据放在一张表里呢？因为很多主数据的字段很多，数据量很大，但实际上一般主数据是有唯一性的，即一个产品会有很多描述字段，但商品B和商品A却能通过一个代号区别开，这样能极大提升数据存储效率。这就好比数学中的提取公因式，我们习惯把公共的部分提取出来，而不是在每个多项式中都重复写同样的数字。主数据就相当于我们提取出来的公因式。

8.1.3 业务数据有数据管理吗

细心的读者可能发现了，数据类型有三类，而后面只有两节，分别介绍主数据管理和元数据管理，少了一类，即关于业务数据的管理。这是因为，业务类数据和管理关联性并不大。一般我们提到业务类数据是叫数据处理、数据治理或数据清洗，而非业务数据的管理。这里的管理从宏观上可分为两类：一类是对业务属性、流程及人员的管理，另一类是对数据上的数据维度、描述信息、存储位置等元数据的管理。我们管理的是主数据和元数据，因为主数据和元数据都是业务系统可以维护的、缓慢变化的维度。而业务数据一旦发生即是事实，我们不希望也不能够管理一个已经发生的事实，去篡改它是不对的，而是需要从源头去管理业务实体，梳理业务流程，重建业务逻辑。当然也会存在很多需要处理事实表的情况，主要原因是数据聚合与数据质量本身存在问题或缺漏，但这与数据管理的关系已经不大了。所以我们需要明确，数据管理一般是指主数据及元数据的数据管理。

了解了不同类型数据的定义，接下来我们进入主题，讲一讲数据管理的两大方向：主数据管理和元数据管理。

8.2 主数据管理

本节首先会详细介绍“主数据”及“管理”在实际项目中的意义和含义，让读者深切感受到主数据管理的重要价值和定位，然后会简单介绍下主数据项目的方法论及产品化的落地方案。

8.2.1 主数据管理概述

明确了什么是主数据后，还需要了解主数据管理能够解决什么问题，以及这些问题对于业务有哪些影响，这样我们就能了解企业为何需要主数据管理，以及主数据管理在企业中的重要作用和定位。

1. 主数据问题的形成

在业务飞速发展的今天，一家公司的业务发展越快，组织的规模越大，就越有可能遇到规模性的管理成本问题。这时企业的管理在短期不会有太大的影响，但是长期来看，失去有效的管理会带来多方面的问题，当然也会体现在数据的层面。在企业各条业务线上原本有很深的业务交集，但各个部门往往会独立研发自己的业务系统，这就会产生很多数据定义上的歧义，最终又会反馈到业务本身上，当它们之间有更深层的业务逻辑交互时这种问题就会逐渐爆发出来。实际上这是一开始就注定的结果，因为业务发展过快，没有人来在统筹的层面梳理业务定义、标准、规范、流程、职责等，就会产生问题。

举个具体的例子，假设你是一家电商公司的老板，想看下商品的线上线下销售情况。你们线上用了系统 A，线下用了系统 B，当这两个系统自行结算时是不存在问题的，但是从公司层面看，同样的一款商品，在系统 A 和在系统 B 中的商品编码、商品描述、商品类型均不一致。这时就很难从技术层面支持整个企业的运营，无法对接下游的数据分析与数据整合，上游无法对接业务的营销推荐 CRM 等业务系统。原因在于在公司级别没有一套统一的主数据标准。主数据在企业运营的各个环节都起到非常关键的连接作用，是各个系统所共用的业务实体，我们需要把它们很好地管理起来，这样才能提升企业在多系统中运作的效率，顺应业务发展的需求，构建企业级的主数据平台及数据中心。

2. 主数据问题的类型

了解了主数据问题产生的来龙去脉后，我们还需要具体了解问题的细节，这样才能梳理解决问题的思路，以及最后产品化落地需要对接的功能点。一般主数据能解决的问题有主责部门不清晰、数据定义不明确、维护流程不统一、数据共享不及时、数据状态不可控、数据属性不完备等。

（1）主责部门不清晰

主数据的共享应用特性决定了它将在各部门都有应用，只是侧重点不同，比如人员主数据，在人力资源部需要管理人事信息，在信息安全部管理账户信息，在财务部管理工资信息，在OA中管理绩效信息等。各部门都在管理或需要人员管理主数据，但是范围各不相同，维护的属性也不统一，这样在数据层面就容易出现同一个人员的主数据信息不一致的情况。处理的办法往往是明确各个部门数据维护的范围。维护的字段完全不一致、没有任何重叠还好，但经常会出现多部门维护同一个字段的情况，这时就需要明确主责部门，谁需要对字段内容负责。

（2）数据定义不明确

数据定义包含数据属性定义、数据标准规范、编码规范等，由于应用习惯不同，数据定义在部门之间也不明确，比如各部门同一类主数据编码规则不统一、数据大小写不一致（如规格型号有大小写之分）、名称不统一（如同名时容易叫张超、张超1）等。一般碰到这种情况，我们需要梳理业务规则，定义业务规范，消除业务歧义。而业务规则的梳理就像是业务系统的重构，在垂直领域，需要比较资深的业务背景和知识，弄清业务的定义才能对接不同的部门，帮助他们定位问题，并说服他们使用更合理的业务规则。

（3）维护流程不统一

企业是自下而上发展的，在创业初期希望业务得到快速拓展，并没有公司级的数据顶层设计，所以跑得过快，会造成系统各自为政，难以沟通，分散维护，职责不清晰，流程不清晰，最后不能形成公司级别的主数据。这时候需要一套系统，统一维护，制定一套标准流程打通各个业务系统，并支持各个业务系统使用同一套主数据。

（4）数据共享不及时

主数据本身是缓慢变化的，但是一旦反映到业务系统，如员工离职，涉及财务结算、系统账户注销等业务操作，则要求实时性非常高，如果主数据不能及时感知变化并告知下游的需求系统，那么会带来很多业务风险和异常问题。对于没有主数据管理系统的业务架构来说，一条主数据的生成或变更往往伴随着多个系统之间复杂的业务逻辑，并且系统之间的主数据存在误差，响应时间也各不相同，这时如何快速准确地获取唯一正确的主数据就成了难题。

（5）数据状态不可控

主数据在企业内部的各个系统之间是存在不同状态的，如增加、删除、修改、冻结等。如果状态不对，是不能被分发到下游系统的，否则会出现严重的业务异常。这里就需要对主数据的状态及版本进行管理，并结合业务流程反馈给业务系统正确的数据状态。

（6）数据属性不完备

商品主数据包含多少个属性字段，这个问题恐怕在不同的公司会有不同的答案，同样，在企业发展时，主数据在部门之间也会有类似的问题，大家对于同一种主数据的认知不同，对某些字段是否应纳入主数据存在分歧。这样有时候就会漏掉一些属性，而在后续的需求中，发现这些属性是多个系统共同的需求。所以梳理数据属性是否完备也是一个非常重要且非常有挑战的工作。

8.2.2 主数据管理四要素

要想管理好主数据，不能只在技术层面上解决问题，而要从源头，从业务的根源，从人员的管理、业务流程、职责边界上，都有明确的定义及梳理，所以对于主数据的管理这里提出四要素原则：

- 梳理好主数据的范围边界及定义标准；
- 确认业务规则，对齐业务口径；
- 明确人员、部门的权限及职责范围；
- 要有一套企业级的主数据平台，便于主数据的统一管理和维护。

这四要素分别对应着主数据平台的实体模型、业务定义及流程、人员职责与权限、主数据平台及填报系统的工具易用性。

1. 实体模型：如何定义一种业务实体

定义一种主数据的业务实体，一般包含许多字段，每个字段都对应这个实体的某一种业务属性，最基本的有商品编码、商品描述等字段。我们发现这些实体属性字段可以抽象成几种类型，便于我们有效管理和区分这些数据。这里大体可分为以下三类属性字段。

- 唯一类属性：在全局属性值唯一，一般用来描述某种物体或实体的唯一编码。
- 公有类属性：有多个业务线或部门共同使用或生产的属性字段。
- 私有类属性：各系统会有一些针对该系统自身研发所需要的特殊字段，与其他系统关联性不大。

这三类字段分别对应不同级别的管控流程及产品功能点。如唯一类属性商品编码，为了做到一物一码，一般会有编码规范及编码查重等功能。公有类属性需要明确业务主责以及审批填报流程。私有类属性需要限制订阅及分发权限等。

2. 业务定义及流程

明确业务定义是消除部门之间主数据歧义的一个重要方法，要想有效推进业务梳理及明确定义标准口径，需要大量的跨部门沟通和深厚的业务知识功底。仅是梳理一种商品域的主数据，就需要对商品足够熟悉，这种熟悉是指业务字段级别的理解，可以清晰地从全局抽象出不同的商品，比如洗漱用品、医疗用品、日常用品等。再针对不同种类的商品，制定不同的业务规范和属性字段，并与业务方深度对接，打通数据申报审批的链路和数据主责方。当这一切梳理完毕后，会形成企业级的某一类主数据填报规范，以及数据变更、删除、冻结的审批流程。这些是整体主数据管理解决方案中非常重要的一环，这些业务输入会指导业务或技术人员，配置主数据实体，最终将业务知识沉淀成企业的基础技术能力，从而真正发挥主数据管理的技术价值。

3. 人员职责与权限

显然确认和梳理业务逻辑是非常烦琐而复杂的工作，并非一人就能完成。不论是从工作量还是业务职责，甚至是从组织结构来看，都需要不同团队的人通力配合，才能保证项目的落地。所以对于人员的职责、权限、知识学习甚至是考核都需要有明确的管理。企业需要有多种不同类型的人才配置来满足整个项目的需要。

（1）某一业务域的主数据负责人

业务域的主数据负责人会对该领域的主数据整体流程和质量负责，把控数据质量，确认主数据属性的标准及口径，负责对主数据的增删改进行审批，一般由该领域多部门的总经理或总监担任。

（2）资深业务专家

资深业务专家主导主数据业务实体规范的梳理、业务流程及审批流程的梳理。他们是业务指导手册的编制者和执行者，跨部门推动部门间的业务沟通；提炼总结业务问题，并输出解决方案。作为某一领域的资深业务专家，他们一般需要有不少于 5 年的多家公司实战业务经验，通晓该领域的业务流程，并有过多个类似的主数据实战实施经验。

（3）业务线对接人

推进主数据落地的甲方执行责任人，是该领域主数据负责人意图的执行者，一般实际掌控业务系统或运营流程的管理，属于企业的中层人员。他们需要与业务专家充分沟通，提出各自的需求，以及明确现有的问题，使业务专家对企业目前主数据的现状及管理流程有充分的认知。

（4）主数据结构维护人员

主数据的技术落地需要形成实体建模，而建模的过程一般由专业的技术人员操作把控，他们依照业务输出的主数据规范、业务流程及审批流程，将业务知识转化成技术知识并最终落地。在长期的业务发展过程中，也有可能需要对主数据实体结构或分发订阅内容进行修改，这些都需要有专人管理，明确责任。

（5）主数据录入人员

当主数据的业务逻辑、口径、业务流程都梳理完善，并且技术人员也把这些业务知识转化成技术模型时，相当于企业已经搭建好一套主数据的框架，但其中并没有数据内容。数据一般有两种来源：一种是业务系统本身，经过一系列的数据清洗、转换、加载可以供给主数据系统；另一种是需要业务人员手工录入上报的。对于上报数据的质量把控，最终会落实到具体上报人员的职业能力和业务知识储备上，因此企业需要培养优秀的数据录入人员，才能保障最基础的数据来源。

4. 工具易用性

某些主数据包含太多的属性字段和业务知识，而在实际落地时很难保证所有数据录入人员都有较高的知识水平，这时如何帮助录入人员提升录入效率和数据质量是主数据管理中非常重要的一项工作。一般需要将录入人员的需求分为批量录入、默认选项、数据自动查重纠错、Excel 导入、错误提示等相应的功能点。

8.2.3 业务输入

业务输入即指业务专家梳理出来的业务知识，它是设计整个主数据模型的蓝图，是所有设计实施人员的知识产出，其重要性不言而喻。这里介绍下业务输入所需内容的大致分类。我们并非业务专家，所以这里就不详细展开，而仅作了解，知道它的目的及用途，并从中抽取可以产品化的方案即可。

主数据管理的设计蓝图主要包含以下部分。

- 主数据的编码规范：用于统一主数据的核心编码及校验查重逻辑。
- 数据清洗规则：业务系统之间的数据映射转换规则、大规模业务主数据接入的业务逻辑前置条件。
- 业务流程管理规范：主数据订阅、分发、增删改冻等操作流程和审批流程。
- 主数据填报规范：主数据所需填报字段以及字段级别的属性约束规则、校验逻辑等。

图 8-1 所示为业务输入中主数据填报规范的一段示意，在图中我们能看到对于主数据有明确的字段填报要求，有必填字段、选填字段，并枚举了其中所有代填字段。

<table>
<tr><th>商品基础数据类别</th><th>属性</th><th colspan="2">字段性质</th><th>字段名称</th></tr>
<tr><td rowspan="3">中西成药</td><td rowspan="3">主档</td><td rowspan="2">必填字段</td><td>唯一性字段</td><td>通用名、商品名、规格（型号）、批准文号、国际条形码、单位、生产厂家、剂型</td></tr>
<tr><td>其他必填</td><td>产地、国别、全国建议零售价、法定属性、批号管理、效期管理、采购属性、是否进口、是否计件称重商品、箱规格、中包装数量、供应商地点编码（主供应商）、供应商地点名称、含税进价、进项税率、含税进价、不含税进价、销项税率、贮藏条件、普通 / 特殊药品、批准文号有效期、大类分类、中类分类、小类分类、子类分类、进项税率、起订量、运输条件、是否外用药</td></tr>
<tr><td colspan="2">选填字段</td><td>药品本位码、电子监管、灭菌批号、三控品种、是否贵重商品、是否串味、是否易碎商品、是否赠品、是否专利、适应症、主档原批准文号、主档原批准文号有效期、成分码、商标、DTP 特药、国家基本药物、大包装毛重、外箱体积、外箱条形码、单品长宽高、最大订货数量、供应商运输天数、订单提前天数、地方基本药物、区域物价、替代商品编码、替代商品名、直送门店 ID 及名称、经营区域公司范围</td></tr>
</table>

图 8-1 填报规范片段示意图

8.2.4 主数据管理产品化解决方案

上面我们概述了整个主数据管理项目的四要素，而产品经理的核心工作就是支持上述需求的产品化落地，做出可执行、可使用的工具，所以这里具体解析下主数据的产品功能点细节。

1. 主数据产品化解析

“万事俱备，只欠东风。”对于产品经理来讲，项目前期我们需要做的事情就是帮助业务专家梳理，建立一套统一的业务标准和流程，但这并不是我们的核心工作内容，这些应由业务专家来承担，我们辅助梳理的同时最主要的还是了解业务，在熟悉业务的基础上给出产品化解决方案。接下来我们就详细剖析一个案例，看看一个 MDM（主数据管理）项目在产品建设上都需要哪些功能点。

图 8-2 展示了主数据产品整体的功能矩阵，从底层到顶层，分别是主数据的源数据、数据治理模块、数据分发模块，以及对这条链路各模块的功能点的详细拆分。

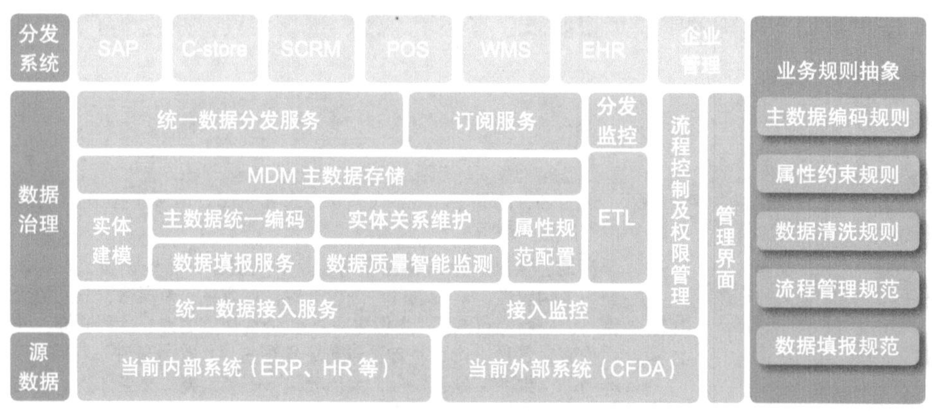

图 8-2 产品功能矩阵示意图

可以看到，主数据确实链接了各种业务数据及业务系统。从底层的一些源数据抽取接入业务数据源，到中层的 MDM 系统，再到上层的各项业务系统的应用，贯穿了这个数据应用生态。构建主数据系统可以降低各个业务系统的复杂数据对接，从而提高数据质量。

主数据产品的系统架构如图 8-3 所示，主数据管理平台作为主数据的管理及分发方，肯定需要与多个业务系统进行复杂的交互，这里大概说明主数据系统与各个业务系统之间的关系。企业完成主数据系统的落地后，会从复杂的网状结构变换成星型结构，以保证数据的高度统一治理和分发。

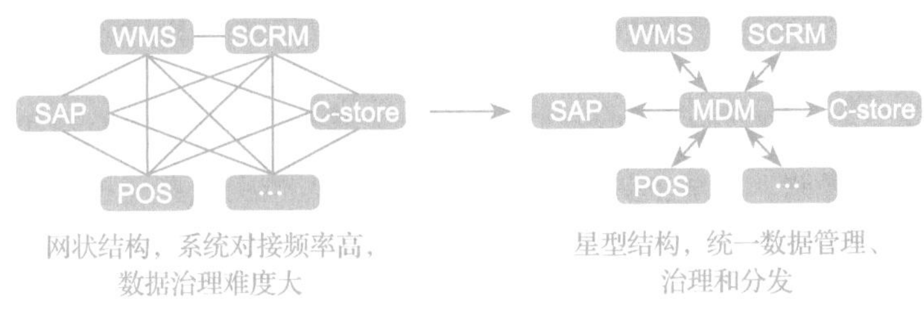

图 8-3　主数据产品系统架构图

2. 详细功能点剖析

主数据系统非常庞大，下面简单介绍几个核心功能模块，如图 8-4 所示。

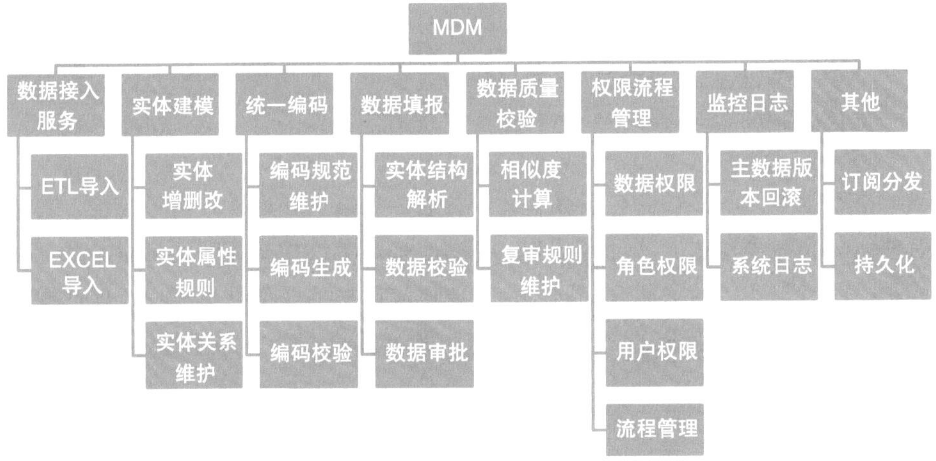

图 8-4　核心模块拆解

（1）源数据接入服务

企业主数据的数据来源有两种：业务源系统或外部数据输入。MDM 平台需要支持并兼容一系列的数据格式，并且我们要建立一套主数据统一的字段命名规范，这样才能兼容从不同系统传入的相同或雷同的字段。在数据从源系统加载至 MDM 平台时，我们还需要字段命名和映射功能，同时支持一些 SQL 级别的数据处理能力，从而很好地帮助数据清洗进入 MDM 系统。最后需要确认 MDM 与各种源系统的数据对接方式，在实际场景中，数据不是一次对接的，而是以增量的形式对接，所以需要与业务系统明确怎样触发增量数据流程，以及以何种方式进行数据同步，是源系统 push 还是 MDM 主动 pull。

（2）实体建模

实体是主数据的主体框架模型，对应的数据都会依照框架模型的标准和关系进行处理和存储。这里主要需要一些建模功能，借助这些建模功能，业务或技术人员可以参照业务输入的业务规范，顺利创建主数据模型。这里有个业务域的概念，在业务域下面有多个属于该领域的不同业务实体模型，相当于目录，从逻辑层面隔离不同领域的实体模型。针对某一领域的实体模型，相应的有模型的增删改功能，对应每个模型需要有一系列子功能用于模型参数的配置。

（3）属性规则

属性规则是校验字段逻辑的一个重要工具，它可以通过校验字段类型、枚举值、异常输入项、查重、是否为必填项，甚至是正则等方式进行字段级别的数据规则校验，可以集成在数据录入和数据源接入等功能中，以实现数据快速校验功能。

（4）实体关系维护

主数据实体间往往会有多级的父子关系，最终会形成一种树形结构，甚至有些实体会有多棵树，这时需要有一个功能来简单维护实体间的相对关系。在维护的同时与实体的增删改相同，均需要比较严格的业务处理流程，保证模型的修改是符合业务逻辑的。比如，组织机构实体会分为一级机构、二级机构、三级机构等。

（5）统一编码

统一编码是指创建实体后，需要对属于该实体的数据配置一套独立的编码规范，以满足实体内容一物一码的要求。用户可根据业务输入的编码规范，在这个功能下创建实体级别的编码规范，从而确保数据的编码唯一性。

（6）数据填报

数据填报是 MDM 一个非常重要的数据来源，从源系统无法获取的数据、纯线下的无法通过系统自动传入的数据，都必须通过数据填报流程进行清洗和收集。对于基层数据录入人员来讲，这是日常使用非常频繁且重要的工具。这里需要设计一些可以帮助填报人员提升效率的功能，如Excel批量数据导入、录入格式导出、字段属性规则校验、错误提示、多源数据对比核查等。

（7）数据质量校验

数据质量校验功能分以下三个阶段。

第一阶段是数据源接入时，需要保证字段级别的数据逻辑规则校验。

第二阶段是平台级的复验，因为绝大多数时候数据出错并非业务人员有意为之，而是因为他们不太熟悉业务知识。这时通过多源数据对比核查，可以有效降低和控制错误数据的录入。

第三阶段是业务级别的数据反馈，如果一项主数据被采纳，走过了各种流程，最后推送给业务系统还是出错，这时需要快速反馈和溯源，并定位具体出错原因，是技术问题、业务问题还是流程问题。

（8）流程及权限模块

流程与权限是贯穿数据管理各项功能的核心模块，无论是实体建模、数据校验审批、数据填报审批、数据订阅与分发，均需要对应的业务审批流程，以及功能和数据授权，所以主数据平台需要一套强大的工作流，用来支持各个功能模块之间的业务流程和审批流程的管理。

（9）监控及日志

主数据是业务系统非常重要的数据源，这就意味着所有数据的变动都要留痕，以便在发现问题后定位问题的根源，所以基本所有模块都需要接入监控及日志服务，便于问题的追溯复盘与数据版本甚至是功能模块的技术回滚。

（10）主数据分发和订阅服务

主数据生产的最后一道环节是订阅与分发服务，它是真正输出最终价值的服务，将符合企业级要求的主数据安全、稳定、高效、准确地送达各个业务系统。不同的业务系统所需的主数据内容和字段千差万别，所以需要字段级别的权限控制功能。各个业务系统通过订阅功能可以订阅自己所需的字段，最后主数据系统会有针对性地推送增量或全量数据，甚至由于数据结构变化，推送相应的元数据等，从而满足多源业务数据的主数据共享需求。

（11）主数据存储持久化

在生产的过程中，主数据是以流程化的方式进行生产的，并非一步到位，所以从数据存储区间来看，会分多级进行保存，便于数据的回溯和数据管理。

第一级为各系统的缓存数据，也就是业务源接入进来后的存储空间，便于数据上报时频繁地修改数据；第二级为平台级缓存，便于对比多源系统之间数据集的差异，以及处理事务性的审批流程；第三级为持久化级别，数据经过一系列的流程进入这里会被正式分配编码和版本号，生成一条新的主数据，并推送给各个系统订阅方。

3. 主流厂商主数据产品的对比分析

不同类型的企业，在不同阶段可能对 MDM 系统的功能性和特点有不同的需求。我们曾调研过很多主数据系统的厂商，主流的包括 SAP、Oracle、用友、Stibo、美琳等。整体来看，主流欧洲厂商的产品在业务细节上功能强大，但操作烦琐，不太友好。相比之下，国内的厂商会把一些功能抽象得更好，UI 和操作流程也更简便，但可扩展性不如外国厂商。我们当时梳理了一些我们认为非常重要的功能点进行实际的功能测试，并对测试的操作流程是否达到业务标准做功能性判断，同时进行易用性和可用性评分，最后进行功能刚需评级和加权，得出最终的评分。

我们最后对主要待定的核心厂商进行了详细的测评和打分（评分仅作参考），如图 8-5 所示，我们把评分分为功能清单、对应功能得分、功能对于企业的重要性加权以及功能支持程度等来进行综合计算。

功能清单	美琳加权得分	Stibo 加权得分	刚需等级
数据采集	5	5	低
数据清洗	5	5	低
实体建模	15	15	高
数据批量填报和交互式报错	15	12	高
计量单位及转换	0	5	低
属性继承	10	10	中
编码管理	10	10	中
实体关系映射	10	10	中
层级关系映射	15	15	高
多样性效验规则	12	9	高
相似度算法	12	12	高
可配置自动去重合并功能	5	5	低
自动生成系统映射字典	10	10	中

图 8-5　核心厂商功能打分对比

功能清单	美琳加权得分	Stibo 加权得分	刚需等级
数据质量报告	10	10	中
数据版本管理	15	15	高
模型版本管理	10	0	中
数据初始化模块	10	0	中
图形化配置工作流	15	15	高
用户角色和权限控制	15	12	高
订阅和分发	15	15	高
多语言	0	5	低
高度可配置的 Web UI	0	5	低
附件上传	8	10	中
操作易用性	12	6	高
功能性加权总分	234	216	
售后支持			
采购成本			
总分			

图 8-5 （续）

8.3 元数据管理

元数据将一个组织中的语义进行了统一化的定义。元数据管理将组织内不同的语义定义管理起来。本节阐述元数据管理相关的概念，由于元数据管理涉及对元数据的创建、修改、版本管理，以及对元数据的分析和应用，因此本节先介绍元数据的概念与类型，并给出一些业界通识的元数据标准，接着介绍元数据管理的策略和管理过程，最后讲解元数据管理相关功能的产品设计思路。

8.3.1 元数据管理概述

谈到元数据管理，必须先了解元数据是什么。本节通过对元数据的诞生和应用场景、元数据的类型进行介绍，来阐述元数据管理的对象。

1. 元数据的概念

目前，对元数据（Metadata）较为主流的定义是“描述数据的数据”（data about data)，又称为中介数据、中继数据，也有人将其英文名译为“参考数据”，主要是描述数据属性的信息。元数据包括业务术语、数据元素和实体的定义，是描述数据仓库内数据的结构和建立方法的数据。但是对于这个定义的确切含义有很多种解读，数据对于数据的描述能够到何种程度是这个陈述中较为模糊的部分。因此本节着重阐述元数据是什么，元数据是如何产生的，以及元数据概念的提出解决了什么问题。

元数据并非仅存在于信息化的系统中，元数据一词最早出现在 1968 年，是用某种实体来描述和反映客观事物的属性和属性之间关系的。举一个容易理解的例子，在公元前 245 年前后，世界上并没有信息化的系统，世界上第一套图书目录由卡里马库斯（Callimachus）为亚历山大图书馆制作出来，从几千年中得以保存下来的图书目录和书卷编目的部分可以解读出一些重要信息：按题材书名和作者姓名排列著作，并且大致记录了书籍的篇幅。科技发展至今天，当我们去图书馆检索书籍的时候，我们仍旧可能会通过书籍的年份、作者、领域和关键词等信息进行检索。书籍有一个唯一的编目号码，书籍的扉页上有许多其他信息，如作者、主题、简介、出版日期等，这些关键信息可以高度抽象地描述书这样的实体，这也就是在信息时代与书籍相关的元数据（见图 8-6）。

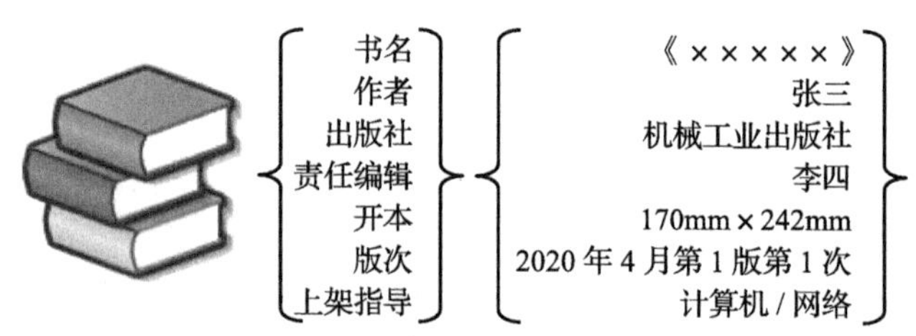

图 8-6　书本的元数据举例

这个例子很好地说明了元数据是对现实世界中实体和实体之间关系的抽象，只是随着信息技术和数据库的出现，人们可以保存并管理有关任何事物的结构化和非结构化数据，而不局限于图书相关的描述性信息。

元数据与数据的关系就好比书籍的编目信息和书籍本身的关系。在信息系统中，元数据描述了该系统使用的物理数据、技术和业务流程、数据规则和约束，以及数据的物理和逻辑结构的信息，简言之，元数据本质是描述性的标签，描述了数据、实体、业务以及它们之间的关系。

元数据本质上是一个相对的概念，在上面的例子中，我们认为书名、作者、出版社等是“书”这个实体的元数据，这些元数据是用来描述“书”这个实体的，但如果把实体换成“书名”，那么元数据的内容就发生了变化，元数据不再是描述“书”这个实体了，而是“书名”这个实体（见图 8-7）。

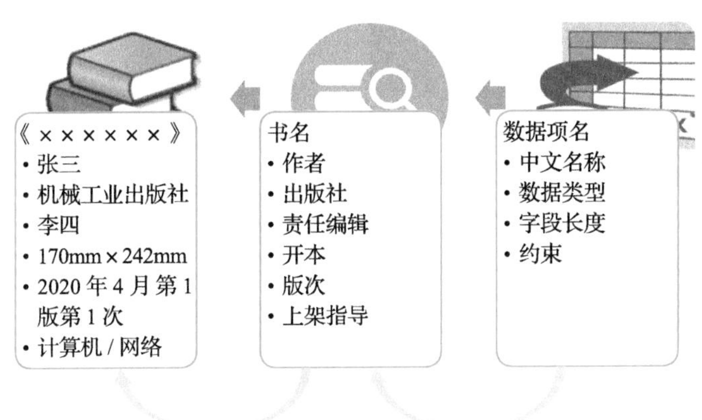

图 8-7　元数据的相对性举例

2. 元数据的类型

元数据并没有一个公认的分类，不同的时期、不同的领域和不同的研究者会将元数据进行不同的类型划分。

数据仓库领域的开创者和权威专家 Ralph Kimball 博士认为，元数据应当分为操作元数据、业务元数据和技术元数据。NISO（美国国家信息标准组织）将元数据分为描述性元数据、结构性元数据和管理性元数据。DAMA 将元数据划分为业务元数据、技术和操作元数据、流程元数据和数据管理制度元数据。

随着移动互联网行业的发展，国内的一些企业和设计人员将元数据划分为描述性元数据、结构性元数据、管理性元数据、参考性元数据和统计性元数据。

笔者认为，对于元数据并没有一个放之四海而皆准的分类，元数据的分类更多是为了让每一类元数据更专注在一个聚焦的范围，并且该分类相应的管理和建设人员也应当既相互独立也能相互联系。因此上文总结的多种分类，是为了说明对于元数据的分类，最核心的点是明确元数据的使用目的和使用场景。如果是解决企业内部信息系统建设的问题，那么区分为业务和技术层面，是为了驱使不同的职能部门更好地定义和使用元数据。如果将元数据区分为描述性和管理性，那么很可能是为了解决数据的管理和治理方面的问题。因此在定义元数据的时候，对元数据的分类可以依据实际的运用场景，进行因地制宜的划分，划分的时候充分考虑元数据的定义方、使用方、作用范围、作用目的即可。

3. 元数据管理的应用价值

谈到元数据的价值，就必须谈及对元数据进行管理的价值。元数据主要是为了用统一的语义规则描述某类实体，一个概念对应一个语义，如果遵循同样的元数据标准来描述实体，那么相互关联的实体越多，关于实体的记录也就越多，而可以进行关联和运用的知识和信息也就越多。

对于一个领域或一个行业来讲，只有每个个体或者绝大多数个体在多数情况下遵守相同的标准，才有可能进行大规模的合作，才能通过共享和合作创造和获取更大的价值。对于企业内不同系统或者程序的编码人员来讲，创建元数据解决的主要问题是对于一定范围内（如一个企业或一个领域内）的实体或流程有统一的语义来描述，避免鸡同鸭讲的尴尬和信息不对称带来的重复定义问题，同时企业内通过不同系统或程序产生的关于实体的知识和信息也会更加有效地关联起来。对于数据的使用者（这里可能是系统或程序用户，也可能是利用元数据进行检索等操作的人员）来说，元数据解决的问题是用统一的标识来使用数据，并且当关于实体的描述信息足够丰富的时候，他们便会从前期系统建设者对元数据的遵循过程中获得更大的价值。

元数据管理是一种应用在组织中，对元数据进行管理和分析的手段，这种手段通过信息化的方式进行，有效地简化了元数据管理的复杂度。元数据管理的核心应用价值在于解决以下方面的问题。

（1）实体的信息或知识的存储问题

企业建设的各个阶段都会有关于实体的信息与知识的积累。以往，通常的保存媒介仅仅为文档、表格或一段说明等，这样的知识积累是非常零散的，为了弄清楚一个很久之前建设的实体是什么意思，往往需要查询多份材料，并且可能会遇到资料丢失或者资料信息质量不高的情况。因此将这些零散的信息有组织地管理和存储起来，对于企业数据资产的积累是非常重要的。而且统一的管理和存储能够提升数据资产的运用效率，当组织内有新成员加入时，新成员就可以通过统一的路径获取这些约定好的数据资产，降低学习成本。

（2）实体的信息或知识的传递和管理问题

回顾一下，当元数据没有得到有效管理的时候，企业是怎么完成这些事情的。往往一个业务系统有一些专门的负责人，相关阶段的知识传播是靠线下完成或者是通过文档的传递。在元数据版本进行更新的时候，通过线下的方式进行培训和宣贯。这么做的风险在于，由于传递是通过线下的方式进行的，员工流动造成的信息传递成本就非常高，新员工需要花大量成本了解这些元数据的规范，以保障企业内的信息化建设有序开展。而在数据管理方面，由于没有标准化的规范和权限的控制，非常容易产生数据丢失和泄露。

（3）信息化建设的效率和标准化问题

站在宏观的角度，将企业内不同业务系统的元数据进行集中呈现与管理，需要对数据的定义和实体的详细示意进行梳理，因此在梳理的过程中有助于识别数据的冗余，通过自底向上的整合和自上而下的整体设计，能够有效去除冗余，增加数据的共享性。

当没有形成企业智能化的数据资料库的时候，企业内各个业务系统的元数据是相互割裂的。例如，同一个企业内的不同业务系统往往是相同领域内面向不同具体问题的，因此在用户的定义上，可以存在共同的部分，如用户性别、用户类型、用户身份等。如果对这种类型的用户元数据不进行统一设计，那么公司内部各个业务系统之间就会针对用户这一实体进行多次元数据设计，并且由于元数据的定义不一致，还会导致后续的数据分析无法高效开展。

在职能型的团队中，元数据缺乏管理还会对生产效率造成极大的影响。因为在职能型的团队中，同一位研发人员可能在不同时期参与不同的系统实现，如果相同实体的元数据在不同系统内的定义都不一样，那么研发人员就会花费非常多的时间去研究实体属性和实体关系。元数据管理机制对实体进行规范化的定义，可以降低人员在项目间切换带来的学习成本，进而提高生产效率。

因此元数据管理能够有效协助数据使用者快速找到正确信息，降低学习成本；弥合设计人员与研发人员之间的认知分歧，提升数据的共享性；减少数据冗余，避免异构元数据的定义，提高实体在不同业务系统之间定义的重复利用率，减少重复造轮子的工作。整体来看，元数据管理有利于提升企业的生产效率，有效识别错误，降低风险，节约企业成本。

（4）数据战略价值问题

对于数据的使用者来说，往往存储在数据仓库中的数据已经经过了清洗转换等操作，当业务系统中的数据与数据仓库中的数据不一致的时候，数据使用者如何追溯呢？由于企业中关于相同实体的不同信息能够通过统一的元数据定义进行整合，那么数据和数据之间就产生了关联。关联的数据能够更加丰富和全面地反映一个实体的信息。这也是第 2 章数据分析相关内容的一个前置条件。因此数据的协同价值需要元数据的管理来奠定一部分基础，通过数据的上下文关联帮助分析人员做出更有效的决策和更全面的分析，以此提升战略信息的价值。

当下业内非常火热的数据中台的概念，其实也是这种促成企业数据战略实施的一个具体的组织形态。为了达成这一战略，使数据能够持续对外提供价值，不可缺少的就是元数据管理。元数据管理使得数据仓库中的数据有序地对指定对象开放，是数据实现体系化共享与交换的前置条件。

8.3.2 元数据管理标准

作为数据产品经理，我们在数据标准方面需要明晰的是，元数据的管理是依赖于数据标准的。在元数据管理的相关产品和项目进程当中，数据标准是一个供遵循的前提材料；而在许多面向 B 端的项目落地中，数据标准又是一个软件产品之外的产物。在不同的企业和项目当中，数据标准的产出会由不同的岗位负责，也可能是由产品或项目的服务对象自发产生。但无论数据标准由谁产出，形态如何，它都将作为元数据管理的一个依赖条件存在。本节主要介绍主流的数据标准有哪些，为读者提供一些数据标准方面的知识参考。

1. 元数据编码框架

8.3.1 节阐述了元数据的概念及其能够对企业产生的影响和作用，这一节将介绍元数据是如何产生和投入应用的。要知道元数据管理是如何进行的，必须先知道信息系统中的元数据是如何存在的，以及元数据是如何编码的。对于设计元数据管理系统的产品经理来讲，必须对元数据是什么、元数据的形态和结构是什么、元数据如何拓展和元数据在系统中应当如何存储有清晰的认识。因此本节我们主要阐述元数据是如何在信息世界中被描述的。

如图 8-8 所示，元数据标准化的编码框架由以下几个层级的内容组成。

- 元数据内容：这一层是最贴近底层描述的语义层，对现实实体进行描述，通常包括术语、主题词表、本体、分类、数据元素、代码集等。
- 元数据描述语言：向上一层是交换方式的描述，这一层通过规范化的元数据描述语言对实体概念进行描述，通常包括数据结构、元数据 schema、结构化命名协议、语法原则、描述语言等。
- 元数据描述框架：再向上抽象一层是形式化表示层，主要是通过元数据描述框架对元数据进行建模，包括元对象基础设施（Meta Object Facility，MOF）、资源描述框架（Resource Description Framework，RDF）等。

图 8-8 元数据编码框架

这三个层次逐层抽象，最底层描述的是概念层级的数据内容，上一层是表示通过什么方式或者什么语言来描述这样的概念，再抽象一层表示用怎样的框架将描述语言组织起来，从而对现实的概念进行一定程度的泛化和抽象。当然每一层都无法完整全面地描述现实中的事物，在每一层的抽象当中一定会发生不同程度的信息丢失。通过三级抽象，目的是在同一个语境下，能够用通用的框架最大限度保留实体在当前语境中需要体现出来的特征。

（1）元数据内容

元数据内容用来描述元数据概念层级的数据内容的信息，并且定义了使用机读形式表示和传输记录及相关信息的标准。不同的行业有不同的元数据内容描述方式，也有各自适用的元数据描述内容。比如在资源和图书管理领域，国际上采用基于 MARC 标准的一些衍生标准，国内在 MARC 基础上做了改进，形成了 CNMARC 的元数据内容描述标准。下面即为一个使用 MARC 描述方式来描述书籍的样例。

```
记录控制 001 0102218479
处理时间 005 20041126104239
处理数据 100$a20031113d2003 em y0chiy0110 ea
作品语种 101 1$achi$ceng
出版国别 102$aCN$b110000
编码数据 105$ay z 001yy
```

另外，在许多行业当中存在一些与行业相关的元数据内容描述标准。如在允许多国和多行业的电子商业文件交换的领域，EDIFACT 标准提供了一套语法规则的结构、互动交流协议，并提供了一套允许多国和多行业进行电子商业文件交换的标准消息。如在开发和研究色彩的领域，潘通（PANTONE）提出了一套完整的描述颜色的数据描述标准。

但从样例中就可以看出，在这个层面对实体本身内容进行描述，并不应当是数据产品经理关注的重点。在这个层面，只需要了解这样的描述标准是如何用来描述元数据的就可以了。

（2）元数据描述语言

当前用来形式化表示元数据的主流语言有 SGML（标准通用标记语言）、HTML（超文本标记语言）、UML（统一建模语言）和 XML（可扩展标签语言）等，这些都是用来进行元数据交换和描述的标准语言。在互联网诞生之初，元数据的描述语言通常采用 HTML 语言，但是由于 HTML 语法的不可扩展性、可读性差和灵活性差，W3C 联盟在 1998 年 2 月公布了 XML 1.0 标准，该标准的设计初衷是为了给 EDIFACT 提供一个标准的数据描述语言。这类交换语言适合网络传输和存储，因此可以用来描述和交换独立于应用程序或者业务系统的结构化或半结构化数据。这样的描述语言超越了系统和平台本身，而元数据也是超越应用系统本身的对实体的描述。

（3）元数据描述框架

前面介绍了元数据的内容表示和形式化的描述语言，那么接下来试想会产生怎样的情况。各个企业的各个系统内部有了用 XML 语言描述的支持数据交换的元数据，在跨产品的元数据交换时会发生什么？ A 产品采用 XML 语言描述了系统内的元数据，B 产品采用 XML 语言描述了自己的元数据，但是涉及信息交换的时候，由于没有统一的 Schema 标准，各个产品对于自己 XML Schema 的定义其实是私有化的。这时候就需要一些通用的模型建设标准来规范 XML 描述的元数据的内涵了。

这些标准化的模型包括以下标准。

- 从 1994 年开始陆续发布的 ISO11179 的部分内容。这个国际标准是用于对数据元素定义进行规范化和标准化的。
- 由 W3C 联盟针对资源的交换在 1999 年提出的 RDF，主要是为元数据在

Web 上的各种应用提供一个基础结构，使应用程序之间能够在 Web 上交换元数据，以促进网络资源的自动化处理。

- 1995 年由都柏林核心元数据倡议计划（DCMI）在俄亥俄州都柏林市最终商定的都柏林核心元数据元素集（Dublin Core Element Set），简称 DC。该标准到今天为止已经进行了多次扩充，目的是用一个简单的元数据记录来描述种类繁多的电子信息。
- 由元数据联盟（MDC）在 1995 年发布的开放信息模型（OIM），以及由对象管理组织（OMG）在 1998 年开发的公共仓储元数据模型（CWM）。这两套标准已经逐渐融合成为当前的 CWM，越来越多元数据的存储模型开始遵循这一套标准。

如下就是把我们之前举的图书的例子利用 XML 语言、遵循 RDF 框架描述出来的实例。

```
<?xml version="1.0" encoding="utf-8"?>
  <General name='通用' datatype='' length='1000 个字符'>
    <Title name='标题' datatype='' length=''>
        <langstring xml:lang=" zh" >******</langstring>
    </Title>
    <Author name='作者' datatype='C' length='2000'>
        <langstring xml:lang="zh">张三</langstring>
    </Author>
    <Publisher name='出版社' datatype='C' length='2000'>
        <langstring xml:lang="zh">机械工业出版社</langstring>
    </Publisher>
  </General>
  <Lifecycle name='生存期' datatype='' length=''>
    <Version name='版本' datatype='C' length='50'>
      <langstring xml:lang="zh"> 2020 年 4 月第 1 版第 1 次</langstring>
    </Version>
  </Lifecycle>
  <Description name='描述' datatype='' length=''>
    <Type name='资源类型' datatype='C' length='1000'>
        <langstring xml:lang="x-none">图书</langstring>
    </Type>
    <Suggestion name='上架建议' datatype='C' length='1000'>
        <langstring xml:lang="zh">计算机/网络</langstring>
      </Suggestion>
    </Description>
```

2. 行业 / 国际元数据标准

本节提到的各个元数据标准，是国际或行业针对不同的领域和问题总结沉淀，并作为相关参与方形成的共识结果发布的，后续的行业信息化建设会借鉴和采用这些标准来统一信息语义。由于不同的行业当中的行业实体存在较大差异，因此对元数据的模型标准和元数据描述标准体现出了一定的行业区别。以下是地理信息及教育领域的主要元数据标准。

- 描述地理及空间信息的空间地理标准。数字地理空间元数据的内容标准（CSDGM）是由 FGDC（美国联邦地理图像数据委员会）管理的一套标准，这套标准对描述空间的数据标准、描述地理的数据标准进行了定义。遵从这套规范的组织和地理测量机构之间能够友好地使用描述地理和空间的信息。此外，澳大利亚和新西兰土地信息委员会（ANZLIC）也为一些国际通用标准的建设贡献了力量，如 ISO 19115:2003 地理信息元数据和 ISO 19139:2003 地理信息元数据实施规范。
- 教育领域元数据标准。前面提到的都柏林核心元素集在国际上的教育资源领域有着非常广泛的应用。在我国，教育领域有非常多的元数据规范，这些规范对国内教育领域的信息化起到了非常强的参照和规范化作用，如由教育部发布的 JY/T0607-2017 基础教育教学资源元数据信息模型。

除了行业相关的元数据标准，还有国际标准组织（ISO）发布的 ISO/IEC11179。该标准的目的是为零散的数据元素描述和元数据内容的标准化和描述方式提供指引，从而以标准和统一的方式对数据元素进行定义。它主要描述了数据元素如何进行标准化工作，如何进行注册工作，以此定义了拓展元数据进行标准化描述的方法，从而使得数据的可理解性、可拓展性和可共享性得以提升。由于该标准对所覆盖的每个主题都提供了十分详细的内容，所以对于希望通过元数据管理和开放从而提供给更多参与方接入使用的人来说，此标准有重要的指导作用。而对于企业内部，在建设自身信息化工具的时候，也可以参照该数据标准，为后续数据价值的发挥奠定基础。

8.3.3 元数据管理解决方案

元数据管理就是要建立一套行之有效的规范以及该规范的管控体系，实现从管理到查询到综合分析的全面管控，管理层次从接口到 ETL 处理、业务逻辑处理、结果展现处理和指标分析的方方面面，以此构成数据仓库应用系统的核心和基础。做到开发者严格遵守规范，维护者和使用者有规范可查，有力保障数据中心的健壮性和可维护性。

元数据管理对数据仓库中元数据的层次结构、主题域划分、各层的对象（如表、存储过程、索引、数据链、函数和包等）进行管理，能够清晰地展现各层次结构之间的数据流程，展现各对象之间的关系，展现表中数据的来龙去脉。

1. 元数据管理策略

元数据管理当中，最为重要的是将现实工作或业务中的问题和流程梳理清晰，再进行线上线下的对应。建立元数据管理的指导原则和策略主要有四个方面，从宏观至微观，依次为元数据战略的确定、元数据标准的确定、元数据功能的支持和元数据相关管理机制的健全。从这四个方面可以发现，为了最大限度地发挥元数据管理的效用，需要企业内或组织内多方协作，上至 CEO、CTO，下至初级编码人员，都需要在其中扮演或引领或跟随的角色。

不同企业对于数据产品经理在其中扮演的角色也有不同的定位。本书开篇便将数据产品经理划分成了三大类型，不同类型的产品经理在元数据管理当中也起到不同的作用。这里从全局角度来描述，具体的职责内容可以在企业实施元数据管理的时候再进行对应。

（1）元数据战略的确定

首先，建立一套元数据相关的战略是在企业层面进行的规划，需要来自高层管理者对企业元数据管理的认可和许诺、资金和推行方面的支持。元数据相关战略需要在确立时明确目的，也就是解答因何产生、为何存在、到何处去的问题。从企业或组织全局角度考虑，元数据战略应当在元数据管理开展之前就提出。

（2）元数据标准的确定

元数据标准的确定在企业或组织范围内需要有良好的互操作性和拓展性，既要考虑当下的情况，又要从发展的角度考虑到拓展的可能。可采用敏捷开发的思路来实现最先交付最有价值的部分。在元数据标准制定过程中，需要和相关方面理解和沟通每一类元数据的语义、内容、价值、使用场景，以确保该元数据能为企业或组织带来价值。

（3）元数据功能的支持

元数据在功能设计上，要兼顾对数据操作的稳定性和易用性。由于元数据管理的功能设计，在逻辑上需要周密严谨，以保障管理的结果是正确、有效和可用的，所以该部分功能设计在业务流程设计、状态时序逻辑设计上要求较高，同时还需要加入多重保障，如过程监控、结果记录、质量校验等环节来确保执行的正确性。

（4）元数据管理机制的健全

元数据管理机制旨在保障元数据管理的参与方职责明确，评估方式明确。数据监管制度能够保持业务人员对该制度的参与感，将责任和权力结合，提高元数据管理的运转效率。有条件的企业和组织，还应当为项目和后续管理提供专职的元数据专家，作为知识和经验的保障。

2. 元数据管理过程

元数据的管理遵循需求收集与理解、元数据标准建设、元数据生命周期管理、元数据交换与共享和元数据运用与分析这 5 个步骤（见图 8-9），每个步骤都有各自的使命。整个环节基本的思路是按照元数据从无到有，从有到运用，从运用到跟踪的思路来进行的。下面就对这些环节进行介绍。

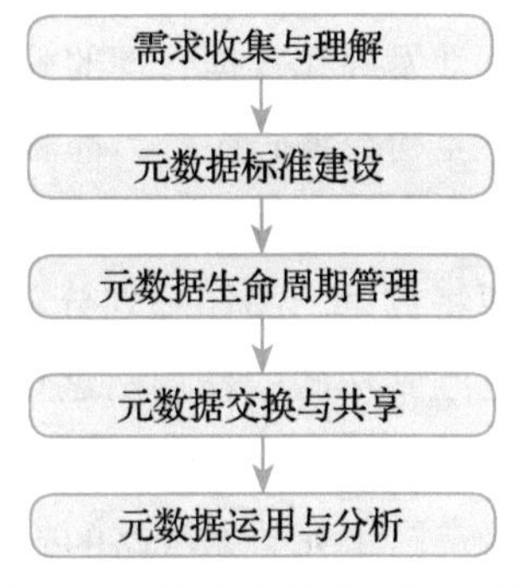

图 8-9　元数据管理实施流程

（1）需求收集与理解

需求收集与理解环节需要对元数据的需求进行详细的定义，在过程中对业务元数据和技术元数据进行多方面的调研和设计。

元数据管理过程中需要对元数据管理背景和支持条件、元数据建设的范围、元数据建设的内容优先级进行需求收集与理解。在元数据管理经验薄弱的企业或组织中，还需要对相关人员进行培训和沟通。对元数据内容和元模型建设的现状进行调研，对企业或组织内采用或设计的现有元数据内 / 外部标准进行梳理和调研，来评估元数据管理的规模、成本，以及需要的人员和服务支撑。

元数据需求是通过与企业或组织中数据管理和使用的参与者进行沟通，并对企业现行的数据情况、系统情况进行统计和分析，综合多方信息进行分析提炼而出的，通常采用定量与定性调研相结合的方式，而不是简单地询问用户的元数据需求。

（2）元数据标准建设

该环节的产物包括两部分：一是最终形成的可落地的元数据标准，二是对于参照过的元数据标准的归总收集和对元数据历史版本的管理。后者并不是必需的，但在元数据管理的演进历程中这个步骤能够追溯元数据标准的变化，提前进行能够为后期奠定稳固的基础。

元数据标准建设是进行元数据管理的前置步骤。在进行元数据建设的时候，应当采用或参考已被业界认可、面向行业特定需要的元数据标准。这也就是为什么上文花了一节介绍元数据管理标准的原因。

元数据标准可用来指导元数据的建设，作为元数据质量校验和稽核的参照依据。进行这一个步骤的时候，最理想的情况是有完整的国家标准或行业标准可以参照。但是现实情况往往是有多份国家标准对该元数据进行了描述，并且多份标准当中对同一个实体定义的元数据还存在矛盾的地方，又或者是参照既有的标准之后发现与现实情况不相符。这个时候就体现出这个步骤的重要性了。在元数据落地应用之前，需要依据现有标准和实际情况进行因地制宜的调整，这样产生的元数据标准才是既符合大背景又能够最大限度满足实际情况的。

（3）元数据生命周期管理

该环节的主要目的是对元数据进行生命周期的管理。依托的工具有数据仓库、数据库管理系统、对象建模工具、流程建模工具、报表生成工具、数据质量工具、元数据和主数据管理工具、商业智能工具等。在这个环节主要的任务就是依托这些工具的支持，建设和管理元数据。

要使用元数据管理的相关产品，首先需要根据需求定义元模型，然后进行添加、删除、修改元数据等操作，也就是元数据的生命周期管理。这个步骤可以由授权用户或系统以手工方式完成，也可以通过元数据管理的相关产品进行任务调度、定期扫描和更新。最后需要采用质量校验和稽核的手段来验证数据的合法合规性并报告异常。元数据的创建和管理需要遵循的就是元数据标准当中制定出来的内容，在元数据管理功能设计时，还应当注意元数据内容本身、元数据存储结构和元数据存储结构的定义。

（4）元数据交换与共享

该环节的主要目的是使元数据能够被使用方访问到，能够对外起到参考作用。该环节的具体产物与这个环节对元数据的分发方式有关。若采用一些动态形态提供元数据，那么产物是元数据访问和使用的相应 API；若采用文件方式进行分发，那么可能会采用一些可记录的文件作为本环节的最终产物。

元数据的交换一般遵循以下过程：先确定需要交换的元数据范围，再确定元数据的交换的对象，最后确定元数据交换的方式。在产品设计的过程中需要注意的是，交换相关的功能需要支持选取元数据交换范围、交换对象设置，并支持上述的多种交换方式。

由于元数据在特定场景下是具备时效性的，因此推荐的做法是采用 API 提供的方式。这种做法有两个好处：一是能够以动态的方式对外提供元数据，使得元数据接收对象的元数据与存储库当中的保持一致，并提供给最终用户使用；二是可以一定程度上保障元数据的安全，主要体现在能够对使用方使用权限和使用范围进行控制。

在一些场景中，由于对元数据交换的产物有特殊要求（如安全要求、部署方式、客户要求），因此无法用封装好 API 的方式暴露元数据，那只能退而求其次，采用文件方式让元数据与外部组织进行交互。比较常见的是使用 XML 等元数据描述语言作为传输格式在多个系统之间进行元数据交互。

（5）元数据运用与分析

该环节需要借助元数据质量管理相关的工具，对元数据的管理进行运营分析、元数据分析、数据的血缘和变更影响等方面的分析。我们所熟悉的数据产品经理的数据分析岗位中，有一类更为细分的岗位是元数据分析师，这个岗位的职责就是对元数据的质量进行管理，对其血缘和影响范围进行分析。

在元数据管理的过程中，数据开发者需要汇聚用户所有数据信息，通过元数据信息收集、数据血缘探查、数据权限申请授权等手段，帮助完成数据信息的收集和管理。元数据运用与分析就是为了解决数据开发者“有哪些数据可用”“到哪里可以找到数据”的难题，并提升数据资源的利用率。元数据运用与分析相关的功能有数据地图、数据血缘分析、数据影响分析等，这些功能主要对控制并审计数据、流程和系统之间的数据传递起着关键作用。元数据在什么情况下如何被使用，数据的来源、处理过程和应用情况如何，在这个过程中元数据的影响范围如何，与其他部分的数据的关系等，都将在这个环节进行追溯。

3. 元数据管理功能

谈及元数据管理，首先需要了解清楚元数据从产生到应用的业务流程，以及元数据管理面向的主要用户。对于数据管理员来讲，元数据管理可以通过将以各种形态散落在各处的数据信息进行描述、检索、追踪与分析，提高数据治理的效率。对于数据分析师等数据的使用方来讲，元数据管理通过对业务指标、规则、业务实体等信息进行描述，协助数据使用方了解业务语义和业务规则，统一业务指标的取数口径和影响范围等。

元数据管理需要具备对元数据的采集、汇聚和应用三个层面的功能，如图 8-10 所示。

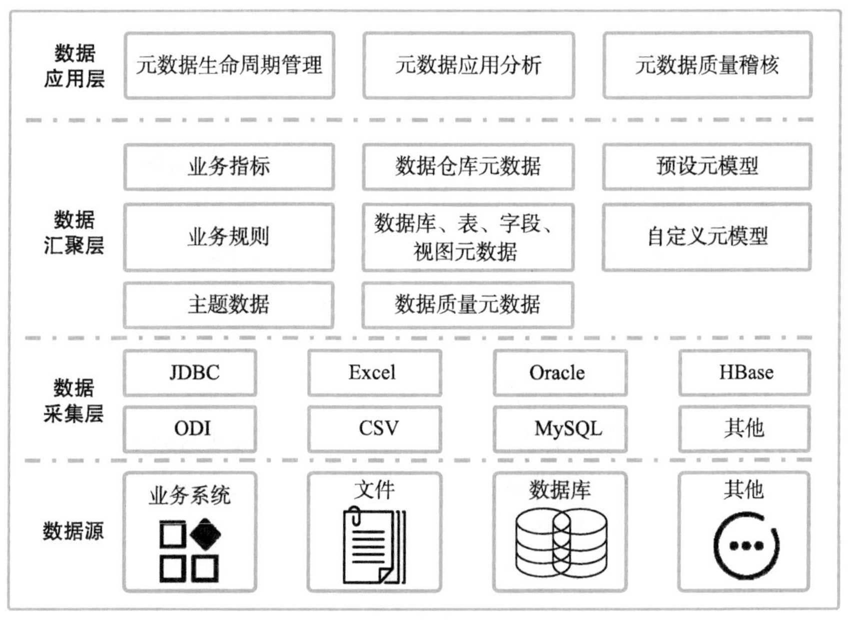

图 8-10 元数据管理业务架构图

数据源是元数据的来源，一般元数据管理需要支持多种来源，最普遍的有数据库、文件、业务系统的来源方式。

在数据采集层，针对不同的数据源需要有相应的适配器，元数据管理初期可以针对性地建设采集适配器，遵循帕累托法则，着重花 20% 的精力解决 80%

的问题。最常见的采集适配器有 JDBC 采集适配器、MySQL 采集适配器，如果涉及大数据，则还有 HBase 采集适配器。通过这些采集适配器，实现端到端的自动化采集。在后期建设中，可以逐渐拓展适配器的种类，扩大自动化采集的范围。

数据汇聚层是对元数据的存储，以实现对业务元数据、技术元数据及元模型相关数据的物理化存储。其中，业务方面包括与实体相关的业务语义、业务规则和数据维度等，技术相关的包括数据仓库的元数据，视图、数据库、表、字段的元数据等。

数据应用层主要体现了元数据管理的核心功能，功能主要分为元数据生命周期管理、元数据应用分析、元数据质量稽核几方面。最终的数据应用层是提供给数据管理者或数据分析师等操作使用的功能。因此在进行元数据管理功能设计的时候，需要以终为始地看待问题，从数据使用方需要使用到的功能出发，来考虑何种能力能够支持这样的功能。

与元数据管理应用层相关功能的设计，主要目的是使上述的元数据流程能够通过信息化的手段完成，因为从上述的环节来看，涉及元数据层面的管理，必须要有强大的管理和应用功能做支撑，以有序、高效、稳定、准确地管理好元数据。因此数据应用层的功能设计，需要从三个方面考虑。

首先是元数据的生命周期管理功能。这个部分主要是对元数据本身的生命周期做管理，主要是实现元数据的增删改查，也就是实现元数据从无到有的过程。在这个环节中经常需要考虑元数据从哪来、到哪去的问题。在元数据的来源步骤中，一般的做法是采集元数据的 schema，然后将元数据采集进来。由于元数据 schema、元数据、元模型、元－元数据可以抽象成一个层次关系，因此元数据管理通常以树形结构对元数据进行存储。

其次是元数据的开放应用类功能。我们管理了元数据，但是元数据如何在企业的发展、其他产品的建设和发展当中发挥作用，这就涉及如何使用元数据的问题了。这个部分主要包括提升元数据的质量、开放权限的设计及元数据开放方式设计，主要致力于打造元数据运用的闭环。

最后是元数据的分析类功能。这个部分主要对元数据的来龙去脉、元数据的血缘和影响、关联和属性进行分析。目的是对元数据的来源和去向进行跟踪，实现对整个过程的监控和管理，并且对元数据的作用范围和影响范围进行分析，使得元数据在企业的数据和产品建设中起到标杆和指引的作用。这也就实现了元数据从运用到跟踪的过程。

以下介绍一些数据应用层基本和通用的功能（见图 8-11），这里仅关注相应的功能设计的意义，不深入讨论功能本身的细节内容。

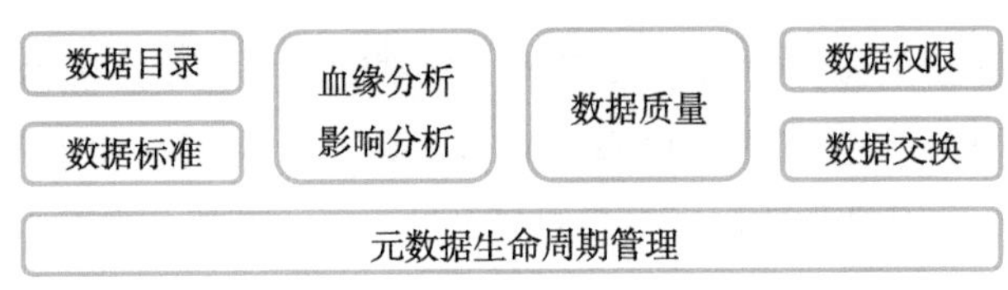

图 8-11　数据应用层功能结构

（1）元数据生命周期管理

根据元数据的信息进行数据的生命周期管理，使用户能够方便地查询、比较和追溯。业务元数据的部分主要是对元数据日常的增删查改、版本管理和全局检索等。技术元数据的部分主要描述了用于开发和管理数据仓库的数据，包括数据仓库结构的描述（各个主题的定义，数据的表、库、视图等的存储结构）、ODS（Operation Data Storage，操作数据存储）层的企业数据模型。

（2）血缘分析

血缘分析（也称血统分析）是对数据从某一结果出发，回溯至目标源以及其经历的传递和联系的分析，简单来说就是对数据的来龙去脉进行分析。数据血缘分析是对不同类型的实体，以历史事实的方式记录每项数据的来源、处理过程、应用对接情况等，记录了数据在治理过程中的全链血缘关系。它让数据的应用方或分析师能够根据自身的需求，了解不同实体和不同数据的处理过程、变化情况和各个处理过程的产物。

（3）影响分析

影响分析是基于血缘关系信息进行的，是指对选定的数据进行追溯，寻找依赖这个数据的表或处理过程。主要思路是以追溯或展示数据流向为主线的功能。该功能主要价值在于，当某些数据发生变化或修改的时候，能够对其进行溯源，找回问题的根源，评估与其相关的影响范围，从而提升数据信息的可信度，为数据的合规性提供验证手段，帮助企业或组织实现信息共享、提升工作效率。

（4）数据稽核

元数据管理对数据质量的价值主要体现在，元数据内容可作为质量稽核的依据和参照物。数据稽核的功能以数据的生命周期为线索，遵循元数据的规则和约束来进行质量检查。进行数据质量处理前，需要对指标规则和稽核算法进行配置，配置的依据主要来源于元数据管理中对元数据的约束和定义。在配置了指标规则和算法的基础上，在数据产生到使用的过程中设置检查点，在检查点采用数据稽核技术进行数据检查，并与元数据约束规则和指标规则相比对，得出稽核结果，分离异常数据，最后对异常数据进行改进（见图 8-12）。

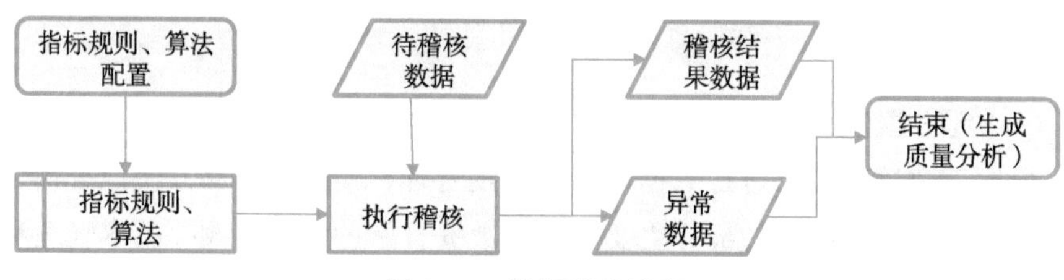

图 8-12　数据稽核流程

第9章 数据服务

如何将数据部门的海量数据高效、便捷地开放出去，这是数据服务要解决的核心问题。

数据赋能问题有两种数据服务解决方案：基于标准指标的数据服务和基于Hive表的数据服务。本章将为大家梳理这两种解决方案的服务架构与产品模型，以及数据服务隐藏的一些问题。

9.1 数据服务概述

数据服务是一个相对陌生的概念，数据赋能更是一个宏大的命题，本节将通过什么是数据服务、为什么要做数据服务、数据服务的利益相关者三个角度阐述数据服务是什么、为什么的问题。

9.1.1 什么是数据服务

数据服务通过数据API将数据部门的海量数据开放出去，所以数据服务是数据API的生产工厂与管理空间。数据服务的核心是生产数据API与下游应用调用API，这其中涉及监控、管理、权限校验、限流等数据管理模块，完成数据赋能的闭环。

数据服务的核心定位是作为公司内的数据管理与出口平台。数据服务作为数据内容和数据计算与数据消费之间的传输通道，承担着承上启下的数据输出与数据管理功能，要解决的核心问题是如何将数据高效、安全、便捷地开放出去，实现数据部门最大化数据赋能的使命。

数据服务是数据中台的核心组成部分之一，与统一指标体系形成共同作战体系。

在数据链路上，数据服务处于数据开发—数据消费的中间层（见图 9-1）。统一服务层之后将大大提高数据管理效率和数据消费效率，最大化数据赋能的价值。

数据服务可以分为两种模块：基于标准指标的数据服务和基于 Hive 表的数据服务。在“基于标准指标的数据服务”模块中，我们会了解到数据对外透出的两种模式。

- 数据服务以指标为核心构成的 API 服务来服务下游应用用户，即基于标准指标制作一致、标准、准确、稳定的数据 API。
- 数据服务以更加灵活、个性化的方式将数据能力开放给应用，即基于标准指标构建标准指标池，服务下游应用。

在“基于 Hive 表的数据服务”模块中，我们尝试探索数据服务另一种更加灵活的方式，即通过构建逻辑与物理分层模型解放效率，让用户快速获取想要的数据。“基于 Hive 表的数据服务”有两种模式。

- 可视化模式，即小白模式。通过可视化选择的方式让用户选择 Hive 表中的字段，然后把选择的字段作为数据 API 的入参与出参。
- 自定义 SQL 模式，即脚本模式。通过自定义 SQL 设置数据 API 的入参与出参。

9.1.2 为什么要做数据服务

在没有数据服务的年代，数据开放与数据赋能的方式一般是简单粗暴地把未经处理的数据直接导给对方，这样的方式不仅低效，还伴随着数据安全等问题，缺少数据管理与监控。

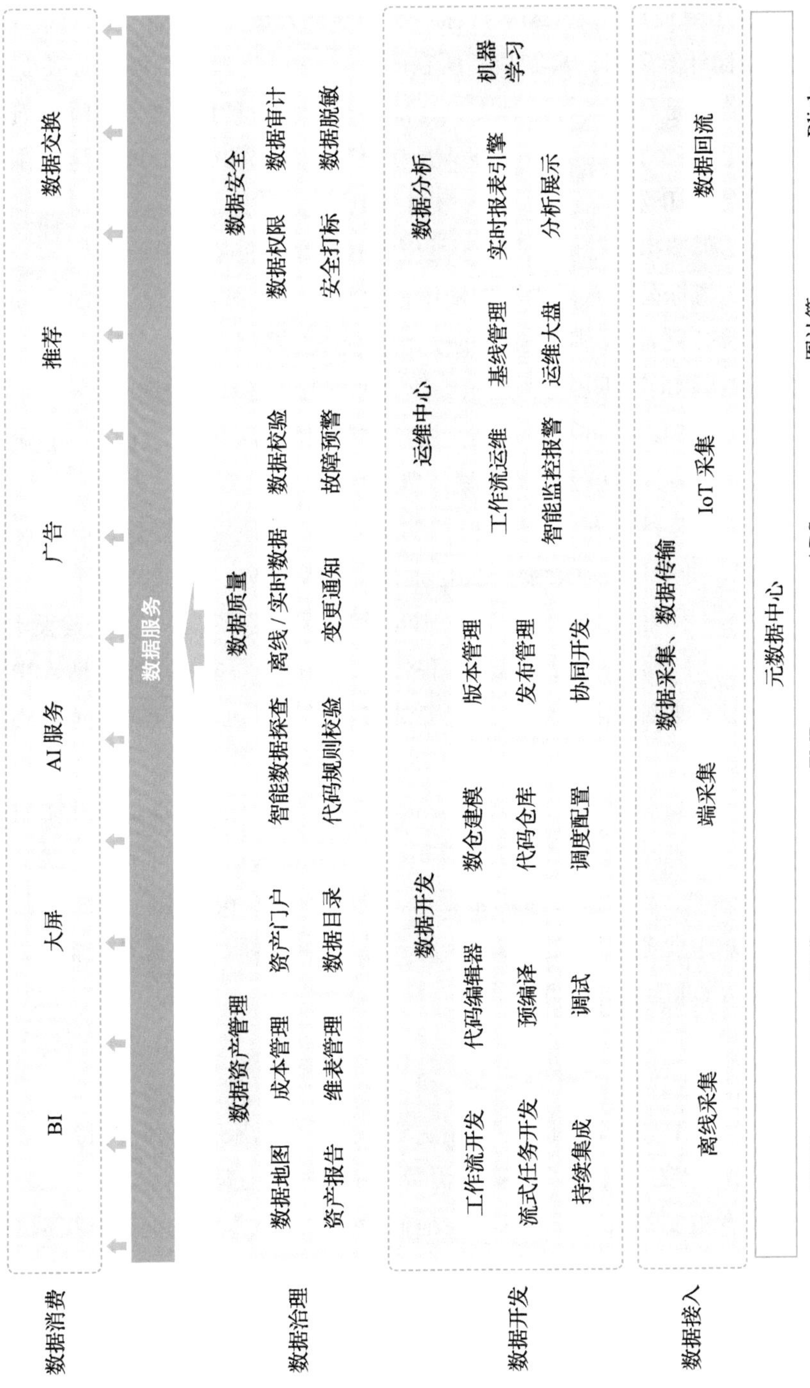

数据消费
BI　大屏　AI 服务　广告　推荐　数据交换

数据服务

数据治理
数据资产管理
数据地图　成本管理　资产门户
资产报告　维表管理　数据目录
数据质量
智能数据探查　离线 / 实时数据　数据校验
代码规则校验　变更通知　故障预警
数据安全
数据权限　数据审计
安全打标　数据脱敏

数据开发
数据开发
工作流开发　代码编辑器　数仓建模　版本管理
流式任务开发　预编译　代码仓库　发布管理
持续集成　调试　调度配置　协同开发
运维中心
工作流运维　基线管理
智能监控报警　运维大盘
数据分析
实时报表引擎　机器学习
分析展示

数据接入
数据采集、数据传输
离线采集　端采集　IoT 采集　数据回流

元数据中心

ODPS　RDS　EMR　ADS　图计算　Blink

图 9-1　数据产品架构图

比如A应用要使用某个GMV指标，数据开发人员需要先和业务对接指标业务口径及指标计算逻辑，拿到指标所在的Hive表、字段之后再手动写GMV指标API。倘若只是几个指标这种方式还能支撑，而一旦指标数量增加，比如该应用一周要上10个指标，数据开发人员就要写10个API，估计会开会疯掉。

A应用的数据开发人员很顽强，每周写10个API也没事。但是B应用来了，A应用用的那些指标它也需要，于是他为B应用又重新写了一遍。

一个GMV指标公司有多少地方使用，就要写多少遍，这种烟囱式的重复开发会极大浪费开发人力，降低指标的使用效率。

“基于标准指标的数据服务”的核心产品价值就是打破这种烟囱式开发，将指标提前构建成API，放进API市场，用户申请权限后就能直接调用。这样一次开发多次使用的方式将极大提高数据消费效率。

数据服务对效率的提升还有另外一个方面。在应用使用数仓（数据仓库）建设Hive的时代，业务方往往会要求数仓在DM或者DWD层基础上再建设一层层聚合层，甚至不同业务方对同一底层Hive表的不同需求，要求数仓建设不同维度的APP层。对于数仓来说，这是一种性价比极低的重复性工作，且APP层拓展性、灵活性、兼容性极低，一旦业务的需求发生变更，还需要数仓更改表的字段并回溯数据。

“基于Hive表的数据服务”模块会根据数仓建设的DWD层或者DM层Hive表，通过将物理表与逻辑表分层的方式将字段抽离出来，维护一个庞大的字段池或者指标池，而业务方可以根据所需选择的字段构建逻辑上的二维表，这样将会大大减少业务方对数仓的直接建表需求。数据服务在提升数仓开发效率的同时也提高了业务方的效率。

9.1.3 数据服务的利益相关者

利益相关者是B端产品用户类型端主要抽象。数据服务的利益相关者主要分为三大类：数据产生者、应用级数据消费者和用户级数据消费者。

数据产生者主要是数仓开发人员，他们的需求是数据服务能够承担从DM层到APP层Hive表的创建工作，解放他们人工计算与创建APP层表的工作，提高他们的生产效率。可以利用数据服务指标池，让用户自己从指标池中选择指标与维度形成APP层逻辑二维Hive表。

应用级数据消费者就是常规调用API的主体应用，这些应用希望通过API的服务获得准确的指标内容，它们在意的其实是数据内容与数据质量：能不能拿到最标准、一致的数据内容。

用户级数据消费者的主体是在数据可视化平台上利用指标与维度快速创建可视化报表的用户，他们的具体需求是通过某种形式快速获取标准指标。他们比较关注整个服务的便捷性与高效性。也正是这一部分用户，最是考验数据服务的整体服务：如果数据服务解决方案还没有用户自己用Hive表创建可视化报表数据源来得方便高效，那他们为什么要用数据服务呢？

9.2 基于标准指标的数据服务

本节将介绍数据服务“怎么做”中数据服务解决数据赋能的第一种解决方案——基于标准指标的数据服务。

第5章介绍过，数据中台的重要组成结构之一是统一指标平台，该平台用于指标体系的统一建模与指标口径定义，也就是梳理公司业务层面的具体指标，通过规范化的建模理论定义出公司内唯一一个标准、准确、权威的指标。但是即使统一指标平台已经梳理好了标准指标，如何使用指标口径对外、对业务赋能还缺少数据通道。

在功能层面，数据服务的意义是一个数据通道，承担着数据传输的功能，即通过API的方式桥接起上游数据生产系统与下游数据消费系统。在业务层面，数据服务有着标准数据出口的含义，即业务下游数据消费系统通过API拿到的指标数据应该是一致、稳定、准确的。这一点恰恰是数据产品最难的一点，即数据内容。

大多数公司数据消费的主要方式还是使用Hive表。Hive表具有非常高的灵活性，但是也正是Hive表的灵活性，使得标准指标的数据消费存在数据不一致的情况。

基于标准指标的数据服务的核心就在于基于标准指标制作一致、标准、准确、稳定的数据API，通过产品层面的一致性校验与选表规则以及强大的计算能力来保障数据内容的准确性与一致性，即利用统一指标平台定义好的指标通过不同的耦合方式生成标准数据API。然后通过API调用的方式供下游消费，完成内容定义—内容计算 & 内容传输—内容消费的全链路。

API服务与指标池服务（9.2.3节详细介绍）只是不同问题与场景下的不同产品解决方案，内核都是基于标准指标的耦合。它们分别对应不同的产品能力，提供不同的产品服务与数据服务。

9.2.1 API服务

前面讲解了基于标准指标的API数据服务是什么、为什么做、具有什么价值，后面将详细介绍基于标准指标的API数据服务怎么做、构成模块是什么。

在API的角度上，API开发—API测试—API发布—API被申请权限—API调用构成API服务的完整流程。基于标准指标的数据服务在产品形态上就是围绕这条主线展开的。

1. API开发平台

数据服务的核心是API，那么API是什么？

根据百度百科的定义，广义上的API是应用程序接口，是一些预先定义的函数，指软件系统不同组成部分衔接的约定。目的是提供应用程序与开发人员基于某软件或硬件得以访问一组例程的能力，而又无须访问源码，或理解内部工作机制的细节。

数据服务的API是指数据API，抽象来说是一段描述取数的逻辑，简单理解就是构造一个取数的函数，输入一个X值，运行之后返回Y值，即分别为入参和返参。举个例子，使用GMV指标&时间维度创建了一个API，输入时间，API会返回输入时间相对应的GMV数据，API输入的时间参数就是入参，API输出的GMV数据就是返参。

那么数据服务平台怎么生成这样的API呢？

基于标准指标的API开发平台建立在指标定义系统上，用户选择指标，系统自动读取指标支持的维度，用户再选择自己需要的维度。接着用户再对自己选择的指标维度进行一些API参数设置，比如字段设定为入参还是出参、字段类型、字段名命名、是否必请求和必返回、默认值等。然后再进行一些API属性设置，如请求协议、请求类型、返回类型、API名称等。最后进行一些数据更新的同步方式与调度设置，这样，一个完整的API开发操作流程就完成了。

但是单个API往往不只包含一个指标，比如用户在城市维度下既想看GMV也想看订单。那该怎么做呢？如果API有多个指标，系统会识别这些指标的公共维度。用户在选择维度的时候只能选择公共维度，公共维度的建设是基于标准指标的数据服务很核心的数据内容建设，后面会详细介绍。

API 开发平台的核心与难以理解的地方在于选择指标与维度的交互逻辑。当用户选择多个指标的时候，维度待选区会展示已选指标的公共维度；当用户选择多个维度的时候，指标待选区展示的是同时支持这几个维度的指标。

2. API 测试平台

API 开发完了，用户想测试一下 API 是否能够正常跑通，也就是测试一下 API 是否正常，这就需要一个 API 测试的功能区。常规意义上的 API 测试需要用户输入入参，测试一下是否能够正常跑通，不过为了尽可能真实地模拟实际环境中的 API 调用，在 API 测试的时候就要考虑到集群执行 YARN 队列、调用应用、调用鉴权、返回的内容、请求的详情、执行日志等，同时还要考虑当 API 报错时的展示信息以及让用户去调试的用户路径。

3. API 市场

在初始阶段 API 市场是 API 的集中展示平台，不仅用户创建的 API 会集中发布到 API 市场，而且用户可以根据需要在 API 市场中申请对应的权限，这样即使自己不创建也可以使用 API。

数据服务的最终构想是基于 API 市场打造公司的统一 API 网关，作为公司数据 API 的统一管理与出口平台。在这个最终构想中，API 市场最后承担着公司 API 注册与展示平台的职责。

4. 应用管理

API 开发完成之后要怎么使用？实际上调用 API 的是系统，人只是背后的执行者，所以调用的对象应该是应用而不是人，我们能说某系统调用了这个接口 500 次，不能说某个人调用了这个接口 500 次。所以 API 管理的对象应该是应用，而不是人，需要把人剥离出来。具体来说就是用户首先注册应用，以应用的身份创建 API 或者申请 API 权限，这样实际调用的时候 token 鉴权只是判断这个系统有没有这个 API 的权限，而不是这个人有没有这个 API 的权限。

这样就构成了 API—应用—人三层关系，人是这个应用的用户。这样做的一个很大的好处就是将人的因素剥离出来，将内容沉淀到一块，不受人的因素的干扰，比如人离职了，系统依然还能调用相关的 API。

所以人在数据服务产品内应该隶属于某一个应用，用户的新建 API、申请权限、调用等操作一定要在某一个应用下进行。

应用管理最核心的就是负责应用的注册、API 调用事件监控与管理、API 资产管理、用户管理等。

5. 资产管理

一个用户名下创建了多少 API，有多少有权限的 API，加入过多少应用，这些都是用户的资产，而管理这些资产的就是资产管理平台。

资产管理分为 API 板块与应用板块。API 板块除了展示 API 的基础属性之外，还可以对 API 进行测试、发布、下线等操作。应用板块则展示已经加入的或者创建的应用的基础信息，而应用的具体操作应该在应用管理中进行。

6. 数据血缘

数据血缘即是某一个元素的上下游关联成分的关系链。

数据服务的产品涉及 Hive 表字段—Hive 表—指标—API 等多个层级逻辑，相较于常规 Hive 表的使用方式增加了 API 的节点，这有两个问题：一方面，使用链条增长使得数据准确性、一致性、安全性出问题的风险大大升高；另一方面，Hive 表字段—Hive 表—指标—API 等多个层级逻辑使得出现问题后排查问题非常麻烦，无法快速定位到具体出问题的地方，以及某一个节点出问题可能会波及的范围。

数据血缘就可以解决这个问题。数据血缘能够快速追溯与解析一个 API 的所有组成部分，细化到字段级别（见图 9-2）；能够快速查到任何一个节点的实际上下游，方便在 API 出现问题的时候快速定位问题。

图 9-2　数据血缘示意图

比如图 9-2 中由日期维度、城市维度、订单量指标、GMV 指标构建的 API，数据血缘即记录与解析了这个 API 的构成指标、维度以及指标与维度背后的实际物理表、字段。这样在 API 发现数据问题后，通过数据血缘能够快速查到是具体哪张表出现了问题；或者在上游 Hive 表预警机制确定产出延迟后，可以通过血缘关系向 API 的负责人报警，通知 API 负责人上游 Hive 表产出延迟，API 数据也会产出延迟。

9.2.2　API 服务的用户路径

上面介绍到在 API 的角度上，API 开发—API 测试—API 发布—API 被申请权限—API 调用构成 API 服务的完整流程。那么在用户的角度上，怎么利用数据服务开发 API？如何调用？如何使用？针对 API 服务的使用，我们通过以下两个使用场景来直观、具体地了解数据服务的使用和价值。

1）小明在数据服务平台上的 API 开发页面选择了 GMV 标准指标与时间维度，在进行基本设置后生成了一个 API。打开 BI 产品，数据来源选择自己创建的 API，小明利用自己选的 GMV 指标与时间维度创建了一个 GMV 随时间变化的趋势图。

2）小明在数据服务平台上的 API 开发页面选择了 GMV 标准指标与城市、时间两个维度，在进行基本设置后生成了一个 API。在其他系统直接调用 API，显示昨天北京市的 GMV。

9.2.3　指标池服务

基于标准指标的数据服务在对外透出产品形态上，除了核心 API 之外还有一种可能的形态：指标池服务。API 服务模块是数据服务的主线结构，也是核心构成部分，指标池是这个核心构成的产品功能矩阵的需求补充。

指标池服务是专门为了满足 BI 系统希望通过标准指标数据快速创建报表的需求而存在的。在 BI 系统中，用户可以通过拖曳指标与维度快速创建报表组件与图表。

数据服务与 BI 系统的联动就是数据服务将某一批、某一业务线或者全部的指标数据通过一个接口全量放给 BI 系统，这样在 BI 系统的界面中就可以直接选择指标及其所关联的维度，然后快速创建报表。这种不需要考虑指标一致性和准确性而直接使用的方式，非常适合那些不是非常熟悉大数据体系、不是很了解 Hive 表及字段但又想创建报表的用户使用。

这种指标池服务对指标建设的要求就是指标内容的丰富度和公共维度内容建设的完善度。作为数据服务本身，只需要承担 API 数据管道与数据内容计算的能力，指标池建设应该依赖于上游指标定义的系统，在这里不过多阐述。

9.3 基于 Hive 表的数据服务

9.2 节不仅详细介绍了数据服务"怎么做"中的第一个解决方案——基于标准指标的数据服务是什么、为什么做、具有什么价值，也介绍了具体怎么做、构成模块是什么。下面我们将简单介绍数据服务的第二种解决方案：基于 Hive 表的数据服务。

数据服务的核心是通过 API 的形式将数据开放出去，基于标准指标的模式能保证数据内容的一致性、准确性和安全性，但是用户往往还有一些更加灵活的需求，比如想通过写 SQL 获取数据，然后封装成 API 以供调用。

这种需求的本质是用户通过读取 Hive 表，将 Hive 表字段设置为 API 的入参与出参，在不保证数据内容质量的情况下创建一个 API。

这种方式会有两种模式，一种是可视化模式，一种是开放平台自定义 SQL 模式。我们简单介绍一下两种基于 Hive 表数据服务创建 API 的方式。

9.3.1 可视化模式

可视化模式，即小白模式用户，用户不用写 SQL，可以通过选择 Hive 表和字段设置创建 API。常规理解是，用户首先通过选择数据来源、数据源名称、数据表的方式获取到 Hive 表，待系统读取 Hive 表中的字段后，用户再对展示的字段进行基本属性设置、入参设置、出参设置以及一些其他和指标一样的设置，就创建完成了一个 API（见图 9-3）。之后走正常的测试—发布—申请—调用的流程。

9.3.2 开放平台自定义 SQL 模式

开放平台自定义 SQL 模式，即用户通过写 SQL 获取 Hive 表中的字段，然后创建生成 API。

下面是一个非常简单的例子。

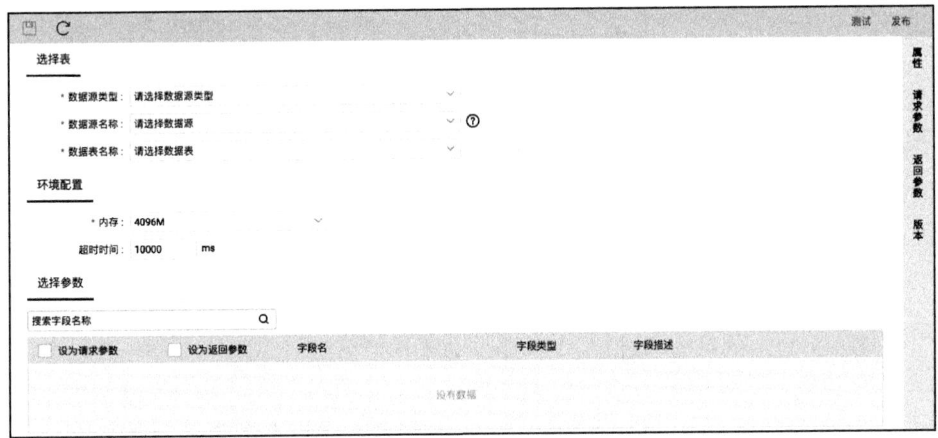

图 9-3　阿里数据服务（可视化模式）

```
SELECT
    name
FROM
    table_name
WHERE
    card_id=${id};
```

例子中 SELECT 查询的字段即为 API 返回参数，WHERE 条件中的参数为 API 请求参数。用户编辑完 SQL 后再对参数进行入参与出参的设置就完成了一个基本 API 的配置（见图 9-4）。之后也是走正常的 API 创建流程。

图 9-4　阿里数据服务（自定义 SQL 模式）

9.3.3 两种数据服务的对比

基于标准指标的数据服务强调的是数据内容的权威性、标准性、一致性、安全性、准确性，目标是以中台的理念解决重复性建设指标 API 的问题，体现到具体场景就是平台构建标准 API，应用直接使用而不用重复构建，解决数据消费的效率问题。但是基于标准指标的数据服务在建设难度上远高于基于 Hive 表的数据服务，标准指标的口径定义、数据内容的一致性校验、公共维度的建设、需要数仓等各部门的配合等都会是建设基于标准指标数据服务路上的拦路虎。

基于 Hive 表的数据服务强调的是灵活性。API 中的数据是用户自定义的，用户需要什么数据自己写一段 SQL 就行，不再局限于标准指标数据。用户写一段 SQL 获取到数据内容后就可以将其设置成一个 API，然后拿到自己的网页上使用，或者在 BI 系统中做分析使用，这无疑将大大提高数据消费的效率。这种获取数据内容的方式也可以利用数据服务的不同引擎对数据的处理效率，从而提高自己使用数据的效率。比如数据服务使用 HBase 或者 Kylin 引擎对用户的 API 数据进行了加速或者预计算，即通过预聚合维度组构建 cube 数据，那么用户 API 中的数据就是 cube 数据。这样，用户原本需要对 GMV 指标进行聚合计算，现算的话需要 10 秒，而数据服务的引擎提前帮用户计算好了 cube 数据，用户可以直接查询，可能只需要 1 秒甚至还不到，10 倍的差距体现在报表上，一个页面加载了 10 秒，一个 1 秒内渲染出来，对用户体验的影响是极大的。

9.4 相关问题

上面我们了解到数据服务是什么、为什么和怎么做，本节将详细介绍数据服务存在的问题、局限性与弊端、数据服务的挑战、数据服务的难点等。

9.4.1 局限性与挑战

在没有数据服务的时候整个数据消费的链路是数仓（Hive 表）—应用，而现在多了一层数据服务之后就变成了数仓（Hive 表）—数据服务—应用。从链路风险上来说，多了一个中间链路就会增加数据风险。原本数据出现了问题，应用可以直接排查数仓的 Hive 表数据，而现在要先对接到数据服务检查数据质量与数据差错，再追溯到数仓，对应用来说这样无疑大大增加了排查数据问题的成本。

这种局限性恰恰也是数据服务最大的挑战：如何保障数据内容质量，如何保障数据的一致性、准确性、稳定性与标准性。

而这种挑战也正是数据服务的产品价值所在：保障数据内容的质量，作为平台标准数据的出口。

本质上数据服务只是数据的出口与管道，数据内容与数据质量应该在上一层完成把关，但数据服务仍然应该具有一个兜底的一致性校验规则，这一点稍后会详细阐述。

9.4.2 数据内容

1. 数据内容的一致性与一致性校验

目前大多数公司数据消费的主要途径是 Hive 表，指标与维度只是 Hive 表的字段。Hive 表的数据获取方式具有极高的灵活性，但也正是 Hive 表的高度灵活性，导致标准数据的获取极大可能存在数据不一致或不准确的情况。

为什么会导致数据不一致？常规数仓模型可以分为 ODS 层、DWD 层、DM 层、APP 层。同一个指标字段可能存在于不同层级的不同 Hive 表中，甚至由于 Hive 表的不同用途，如用于分析、用于展示、强保障时效性、强保障范围性，同一个指标字段可能存在于同一层级的不同 Hive 表中。比如 GMV 这个指标，给老板看的需要保障时效性，可能只有城市、时间两个维度，而给分析师看的可能要求维度非常多，所以分析师使用的和老板使用的虽然是同一个指标，但不是同一张 Hive 表，这样同一个指标就会存在于不同的 Hive 表中。

这样会造成一个很糟糕的问题，由于 Hive 表的调度、回溯、聚合等业务操作，可能会存在同一个指标在不同 Hive 表中的数据不一致的情况，这种数据不一致的问题是致命的。还是举 GMV 指标的例子，指标字段存在于 A、B 两张表中，B 表由于聚合维度数据致使数据紊乱，A 表与 B 表中的两个 GMV 值不同，老板看的是一个，分析师看的是另一个，这种情况是非常令人头疼的。

基于标准指标的数据服务产品，核心理念是作为标准指标数据的核心出口，那么数据内容问题就是其需要直接面对的挑战，数据内容的一致性也是其最核心的问题。虽然原则上，数据服务只是数据内容传输的管道，数据内容定义与数据内容质量应该由上游定义系统来负责，但是作为数据输出的最后一道关口，数据服务势必要对数据内容做最后一层的把关与校验，也就是兜底。那么数据服务怎么解决数据一致性的问题？

简单来说，解决方案就是在指标—Hive 表层面逻辑关联的时候构建一个 Hive 表池，即指标 -Hive 表字段不是一一对应的关系，而是一对多的关系，在每日例行更新完 Hive 表的数据后，对指标—Hive 表池内指标的数据进行比对，即做一层一致性校验，如果校验差在某一个阈值区间内，则认为数据是一致的；否则，报错，进行人工排查。

一致性校验具体怎么做？不考虑个人复杂性的问题，在理想情况下选择维度最多的 Hive 表 A 表作为标准表，与第二张表 B 表进行比对：取 A 表中 a 维度 & 指标数据与 B 表中 a 维度 & 指标数据并求其交集，当余值为零或小于某一个阈值的时候则认为该维度下数据具有一致性。以此类推，比对完 B 表中的所有维度，然后再取 A 表中 a 维度 &b 维度指标笛卡儿积数据与 B 表中 a 维度 &b 维度指标笛卡儿积数据做一次一致性校验。最后比对完 B 表中的所有维度组合情况，再用 A 表比对 C 表，最后比对完 Hive 池中的所有 Hive 表。

虽然理论上这样做是可行的，但实际操作起来具有一定难度，还需要考虑很多问题，比如聚合数据如何与明细数据做比对，不同维度的数据 Hive 表之间如何做比对，不同数据更新时间的 Hive 表如何做比对，当新接入一张同指标不同 Hive 表的时候应该做什么校验，历史数据是否需要校验，当同一个指标的不同维度处在不同 Hive 表中的时候如何做一致性校验。

2. 数据内容的准确性

什么是数据内容的准确性？举个简单的例子，就是你今天看到的公司昨天的 GMV 数据应该是准确的。

数据内容的准确性由两个方面来保障：业务口径的准确性和数据采集—数据生产—数据加工等数据链路上的准确性。业务口径的准确性方面是由指标定义系统来负责的，而第二个方面具体到数据服务上时最终应该还是会回归到数据一致性上。在保证指标业务口径一致的情况下，同一个指标存在的多张 Hive 表数据一致性校验没有问题，则基本确认数据的准确性没有问题。

9.4.3 公共维度

基于标准指标的数据服务在 API 开发时是通过拖曳指标 & 维度的方式来构

建一个完整 API 的。这种产品效果要有一个很高的硬性要求，即公共维度的内容建设。

举一个比较极端的例子，A 指标的城市维度市级别都带有“市”这个字，B 指标的城市维度不带有“市”这个字，比如一个“北京”，一个“北京市”。对于这种情况，系统在识别的时候是识别成一个维度还是识别成两个维度？用户选择“北京”这个维度的时候，“北京市”维度下的指标要不要罗列出来？可见要想达到基于标准指标的数据服务的最理想效果，势必要拉齐维度，即建设好公共维度。

公共维度的内容建设对于数仓而言具有非常高的挑战性，如果前期在数仓模型设计时没有一个统一的规范，那么在拉齐维度的时候可能会面临需要重新构建一整套数仓模型的境地。

9.4.4 选表逻辑

前面数据内容一致性部分提到过同一个指标会存在于不同 Hive 表中，我们先构建指标—Hive 表一对多的逻辑关系，再通过校验 Hive 表池内的 Hive 表来做一致性校验，从而保证数据的一致性。但是这样会衍生出另外一个问题，即 API 中的指标与维度如何一对一映射到 Hive 表中，毕竟像城市这个维度在确保了数据一致性的情况下可能存在于不同的 Hive 表中。

选表逻辑有几个核心要素：产出时间尽可能快，跨表查询尽可能少，符合用户需求的情况下尽量查询聚合数据。

行业中有一种解决方案是系统自动判定。如逻辑表与物理表分层，与某个指标相关的维度可能存在于 10 张 Hive 表中，我们把所有这些维度都提取出来，与指标一起构建一层逻辑上的二维大宽表，系统会自动判定逻辑维度与实际物理维度所在 Hive 表的读取关系。

系统自动判定的选表逻辑在策略上要非常灵活，比如用户选择了多维度，则系统会选择维度最多的一张表作为核心表，缺少的维度从其他产出时间尽可能早的 Hive 表中读取。如果用户选择了比较少的维度，那么尽可能选择既能保证产出时间又能尽量在一个表中读取的 Hive 表。这样做有利有弊，优势是用户不用关心 Hive 表，直接使用就行了；劣势就是有较大的局限性，不仅对技术上的强保障要求会高很多，对数据内容建设的标准程度要求也会高很多。比如如果用户要求要有极早的产出时间，而系统根据维度因素选择多维度但产出时间较晚的 Hive 表，那么对于用户来说需求是没有得到满足的。

另外几种解决方案的集合就是让用户自己选择，这对用户的要求比较高，这里不过多阐述。

9.4.5 数据安全

数据的安全性与一致性、准确性一样，也是数据内容需要核心保障的属性。数据安全可以从以下几个层面考虑：

- 数据安全等级的划分；
- 基于数据安全等级的完整权限模型；
- 数据监控；
- 数据安全隐患。

系统之间的数据传输方式有两种：系统—人—系统，系统与系统之间的 API 调用（9.5 节会详细介绍）。系统—人—系统的数据传输方式非常原始，也存在非常高的数据安全隐患。系统与系统之间进行自建的 API 数据调用在缺少数据监管的情况下，在数据量、数据级别、调用次数、访问人、访问权限、访问审计等方面都没有标准的管控与监控，安全隐患非常高。

数据服务以 API 市场为基点构建公司级的 API 网关，作为公司内的 API 统一管理与出口平台，所有数据 API 必须经过 API 市场的注册与监管，这样能极大避免数据安全问题，杜绝数据安全隐患。

9.4.6 权限控制

权限是每个数据产品经理都必须非常关注但又比较头疼的一个问题。数据服务的整个权限系统非常复杂，其复杂之处在于对外透出的产品形态会有多个：API、指标集。而这些对外透出的产品形态的原材料是指标，本质是 Hive 表的字段，而指标、Hive 表与人都有权限关系。

细化一下，具体会有以下问题。

- 如何控制人与指标之间的关系？
- 基于标准指标的数据服务是用户通过勾选指标生成 API，那么在选择指标的时候如何鉴权？

- ❑ 如何判断用户是否拥有指标的权限？
- ❑ 指标的本质是 Hive 表的字段，能否通过验证用户是否拥有 Hive 表的字段权限来判断用户是否拥有该指标的权限？如果答案是肯定的，那么如果一个指标的维度存在于不同的 Hive 表中，是不是使得鉴权模型更加复杂了？

人与指标的权限原则上应该是在指标定义层面确认好，即数据服务直接读取权限关系，上游系统可以增加一层人与指标层面的权限申请。

API 作为数据服务对外透出的核心产品形态是要有一层权限模型的，即完整的申请—调用—鉴权流程。这一点应该是没有什么疑问的，但是有个小细节：拥有指标的权限的用户应不应该拥有 API 的权限？举个例子，假如用户拥有 GMV 这个指标的权限，而这个指标被做成了一个 API，那么用户应不应该直接拥有这个 API 的权限？笔者认为是不应该拥有的，拥有底层数据权限不代表可以拥有加工过的上层数据，因为加工的逻辑也是具有业务隐私的。

指标集作为基于标准指标的数据服务的另一种产品形态，需不需要有一层完整的权限模型？笔者认为一个完整的产品中主权限模型应该只有一套，指标集作为 API 场景的扩充，需要鉴权，但不应该有完整的权限流程。

所有的产品方案都没有绝对的好坏，但有解决当前业务场景与历史包袱的最适合的解决方案。

9.5 数据服务构想

数据服务有什么想象空间？

数据服务的一个比较明确的目标与构想就是基于 API 市场打造公司的统一 API 网关，作为公司数据 API 的统一管理与出口平台。

API 市场是数据服务 API 的集合，支持注册与申请调用。前期内容输入方比较收紧，待后期开放后可以支持外界 API 注册进 API 市场，即 API 市场可以作为公司级的 API 管理平台。这个管理会涉及数据监控、调用监控、访问监控、日志监控等监控模块，权限鉴权、赋权、权限管理、权限回收等权限模块，以及 API 调用的一些 token 鉴权管理逻辑。

公司数据 API 的统一管理与出口平台更大的产品价值在于公司层面的统一

管理，对于数据安全方面来说会有极大提升。系统与系统之间的数据传输有两种方式：

1）从上游系统下载到本地，再上传到下游系统；

2）系统开放通用接口，下游系统接入接口。

这两种方式在数据安全管控的角度来说都具有非常高的风险。第一种方式中有人的参与，数据有线下的经历，具有非常高的数据安全风险。第二种方式中虽然是系统与系统之间的接口调用，但是在数据量、数据级别、调用次数、访问人、访问权限、访问审计等方面都没有标准的管控与监控，从公司的层面看就是一团糟。

所以基于 API 市场打造公司的统一 API 网关具有非常实际与理想的产品价值。

第10章 策略产品详解：以搜索系统为例

本章首先讲述策略产品经理的前世今生以及思维方式，再以搜索为例，详细讲述搜索产品的工作内容。

产品经理这个岗位出现也才不过十几年的时间，但却随着互联网生态及技术的发展而快速发展，形成了很多垂直的产品经理类型，比如用户端产品经理、后台产品经理、数据产品经理等，当然还有今天更加垂直的策略产品经理。

然而究竟什么是策略产品经理，策略产品经理需要具备哪些能力？

策略产品经理有什么独特的思维体系和分析方法？

策略产品经理是如何维持一个策略系统日常运行的？

如何用一个实际的例子讲述策略产品经理的具体工作方法？

接下来我们会一一解答上面的问题，为大家揭开策略产品经理的神秘面纱。

10.1 策略产品经理的前世今生

最开始电商只有编辑，没有运营。想卖东西，只要把东西放到页面上就可以了。随着互联网的发展，开始出现运营的角色，大家开始研究如何更好地挖掘用户的需求，让用户更快地做决策、购买商品。在这个阶段我们经常会在商品列表或者搜索结果页面看到用户购买最多的商品列表和用户浏览最多的商品列表。后来还引入了地理特征，所以就会有类似北京用户最喜爱的商品列表等。

随着互联网及大数据技术的发展，简单的策略已经不能满足运营的需要，数字化运营慢慢浮出水面，并成为电商的主流运营方式，而数字化运营背后的策略产品经理也开始逐步进入大家的视野。

比如你在某个电商平台搜索了某种商品，接下来就会在很多位置看到类似或者相关的商品；再比如你在某电商平台购买过尿不湿，在快用完的时候，突然收到一条提醒购买的短信。这些都是数字化运营的典型场景。

随着大数据技术的发展，策略产品经理不仅在数字化运营领域十分关键，在搜索、推荐、风控和运筹等领域也开始发挥越来越重要的作用。

10.1.1 策略产品经理定义

通过前面的介绍，大家已经知道，策略产品经理是伴随着大数据技术的发展而发展出来的。那么到底什么是策略产品经理呢？

首先，策略产品经理依然是产品经理。大家可以在网上搜索到很多关于产品经理的定义，这里笔者用自己的方式来下一个定义，产品经理是为解决某类用户在某些场景下的问题而输出解决方案的人。策略产品经理从大范围来讲，也符合这个定义。

其次，策略产品经理是以策略为核心的。所谓策略，就是以数据驱动的可以达成目标的方案集合，而策略产品经理的主要交付物就是策略解决方案。

比如做用户召回，普通运营会直接给所有多少日没有登录的用户发短信或者 App 推送，而策略产品经理会先将多少日不登录的用户进行分类，比如分成待挽回、易挽回和难挽回，以用户的登录间隔数据为分类依据，再根据用户的偏好和购物周期进行召回内容的个性化定制。下面这条短信就是策略产品经理的杰作：“尊敬的 ××× 用户您好，您家里的 ××× 牌洗发露快用完了吧，最近 ××× 牌洗发露正在向老用户发放满 199 减 100 的优惠券，可以点击以下链接领取：××× 网址。”

再次，策略产品经理基于技术架构制订策略。由于技术的进步，在推荐、搜索、风控、增长和运筹等领域都有了更好的解决方案。然而新技术架构更加复杂，可能在架构的多个层都能够达到同一个目的。要想达到最好的效果，策略产品经理就需要对技术的架构有原理级的了解。

最后，策略产品经理以数据指标的达成为目标。这是最重要的一点，策略产品经理因指标而生，也因指标的达成而体现价值。无论策略产品经理做了多少策略，如果不能实现业务制定的指标目标，那么这些策略就都是无效的。而很多策略虽然看似简单、显而易见，但能够有效达成业务制定的指标目标，那这些策略就是有价值的。很多时候，看似简单的策略往往源于对于业务的深刻洞察，而制定策略的人就像是当年的锦衣公瑾，“谈笑间，樯橹灰飞烟灭”。

将以上 4 个特点概括一下，就可以得出策略产品经理的定义：依托新技术的架构，以策略输出为核心，以指标的达成为目标的产品经理。

10.1.2　策略产品经理的思维体系

策略产品经理是技术、产品和数据的综合体，所以需要具有这三种角色的思维，进而构建自己的思维体系。

1. 了解架构，懂原理，不深究技术实现

策略产品经理在行业内是很稀缺的物种，这既有行业内有策略土壤的公司本来就很少的原因，也有技术壁垒的原因。那么策略产品经理对于技术到底要学习到什么程度，是否对技术越了解就会对策略的制订越有帮助呢？

实际上对于策略产品经理而言，重要的是策略的制订，技术并不是我们追求的目标。但是随着技术的发展，策略产品经理和新技术的绑定越来越深，这就需要策略产品经理了解技术实现的架构，并理解架构中的原理。而原理就是策略产品经理追求技术的边界。如果不了解原理，就不能制订出合理而有效的策略；如果太深入技术，就会陷入技术的泥潭中，未来的成长会受到很大的阻碍。

比如推荐的技术架构，至少有召回、排序、精排及策略四层。策略产品经理需要知道每一层的作用原理，以及每一层的变化对结果输出的影响，至于如何实现就不是策略产品经理的职责范围了。

2. 需要面向用户和面向后台的产品综合思维

策略产品经理为了达成目标，经常会跨系统制订解决方案，这就需要有面向后台的产品思维；同时也需要根据每个客户的特点，制订个性化的策略，所以也需要有面向用户的产品思维。

3. 以数据为基础，以数据指标为目标

数据思维是策略产品经理最为重要的思维，也是策略产品经理进阶的重要因素。以数据分析为决策基础，以数据指标效果为追求目标，在这个大框架之下，还需要用一些关键词时刻提醒自己。

关于“以数据分析为决策基础”，需要关注以下关键词。

- 真实。需要保证数据的来源不存在伪造的成分。
- 客观。不能依据自己的目标只选取有利于自己的数据，而要保持数据的客观性。
- 业务化。这一点是数据分析的重中之重，必须基于业务的思考进行建模，然后选择算法，而不能过度依赖算法本身的优化，以期达成优化的目的。

关于“以数据指标效果为追求目标”，需要关注以下关键词。

- 反映业务。指标的选择必须充分反映业务的变化，在指定目标指标的同时，也需要指定反指标（可能带来负面影响的指标）。
- 口径客观。在同一个项目背景下，口径要能够真实地体现业务。同时不能随意变更，更不能将不同口径的指标进行对比，以达成表现上的指标提升。
- 打破零和博弈。这一点要时刻提醒自己。有的时候，虽然我们制订的指标口径是客观的，而且的确增长了，但是站在更高的层面看，未必是好事。比如我们用增加流量分配的方式，实现了自己所负责产品的收益，但是从公司角度看，如果这个产品的收益率不如公司其他产品平均的收益率，那么我们依然在进行流量的零和博弈，付出了代价，而不是获得了收益。

10.1.3 一个策略产品的小需求

本节来讲一个策略产品经理工作的案例，我们从一个小需求说起。

需求：在用户搜索了一个词后，让完全命中的结果排序靠前。

搜索的技术架构简介：在用户搜索一个词之后，这个词首先进入分词阶段，然后是词的召回，接下来是排序，最后是策略处理。

搜索团队拿到这样一个需求后，首先要做的是需求评估，判断这个需求是否合理。根据需求方提出来的案例进行分析，发现的确符合用户的搜索预期，于是对需求进行了确认。

接下来策略产品经理制订了一个策略，就是在策略层进行调整。在用户搜索一个可以被拆分的词（例如“长安十二时辰”）后，首先分词，变成“长安”“十二”“时辰”这三个词，对这三个词进行内容的召回；然后经过一系列的算法，对内容进行排序；最后在策略层，将所有召回的内容中包含“长安”“十二”“时辰”这三个词的内容进行提权，也就是排在结果的最前面。

经过这样的调整后，发现在搜索结果中靠前的的确都是包含完全匹配“长安十二时辰”这个搜索词的内容。然而经过长时间的运营之后发现，包含“长安十二时辰”的内容在结果中很少，这是不符合预期的。

前面的策略是不是有问题呢？刚入门的策略产品经理做出上面的解决方案是一件很正常的事情，但这样的策略是从表象出发，只解决表象问题。其实这是一个复杂的场景，需要根据不同的场景制订不同的解决方案。

首先，如果搜索词是电影或者电视剧的名称，在搜索结果中没有出现预期的内容，那么应该思考是否存在基于这一类实体词的倒排索引。如果没有，就要对系统内的实体词进行倒排索引。这样才可以保证能够搜索出想要的全部内容。

其次，如果搜索词不包含这类实体词，如何处理。是不是也可以像上面一样，建立这些词全匹配的索引呢？答案当然是否定的。因为倒排索引是需要大量资源的，我们不可能穷尽用户搜索的词，也不可能预先知道用户会搜索什么，我们只能先对内容进行分词，再在最后的策略层进行重排序，来满足开始时我们说的需求。

最后，虽然我们不能预知用户会搜索什么，但是我们可以知道最近用户搜索最多的是什么。可以通过用户的搜索日志，把用户最近经常搜索的可以分词的搜索词加入倒排索引中。

通过这样一个例子，大家可以看到，策略产品经理不能只通过表象制订策略，而是要根据技术架构对需求进行深层次的理解，然后根据不同的场景，在不同的架构层进行策略制订，最后输出正确的策略方案。

10.2　策略产品经理常用思维方式和分析方法

策略产品经理和功能产品经理面对的系统是不同的，所以在挖掘需求和分析问题的过程中，常用的思维方式和分析方法也有一些区别于后者的特点。

10.2.1 策略产品经理常用的思维方式

日常工作和生活中遇到的难题有一些共性：繁多、庞大、主观、具体而琐碎。如果只能及时收集当前问题而无法准确预估事情发展，会给我们理解问题带来很大困难。所以把复杂的问题变简单，从琐碎的问题中提炼规律，从当前状态预判事态发展，这是策略产品经理日常思考问题的原则。这些过程分别对应着几种处理问题的思路，“分类”“下钻”“量化”“抽象”“极限”和“理想态”，这也是策略中最常用的几种方法。

图 10-1 所示为问题分析思路，下面来具体介绍。

1. 分类

策略产品经理在每天的工作中都会遇到非常多很难通过简单统计汇总的数据，例如我们通过日志拿到用户在浏览器输入的 1 万条数据，要从中发现用户的需求，面对这么多的信息，我们第一步应该做什么？

图 10-1 问题分析思路图

不是针对每一条数据一一查看，这样会陷于细节中而无法整体观察问题，合理的做法是分类：按照用户输入 query 的类型，分门别类整理好，然后统计每一个类别的占比，根据占比的大小依次分析每一类里面的具体问题。

分类的目的是化繁为简，将繁复的问题通过归因的方式，变为少量的、量级足以处理的问题。

2. 下钻

与分类相反，有些问题足够具体，但是浮于表面，不够细致，需要通过拆解的方法下钻到具体细节中。

例如当发现某一天搜索的请求量变少，并排除了 bug 的可能性时，我们需要通过这一个条件获得问题的答案。这时候就需要将完整的问题拆解，将表层的问题下钻，对影响“搜索请求量”的核心因子逐一拆解来定位问题。

我们将可能影响搜索请求量的因子按照经典的人货场结构进行分类分析。

- 人的原因：用户 = 新用户 + 老用户，是不是当天新用户减少，老用户的活跃度降低。
- 货的原因：按照以往经验，货中当季新品数量和实效对搜索请求的影响较大，所以把这两个因子单独拆出来分析。
- 场的原因：时间、地域和产品具体场景共同构成这里所说的场，比如是不是周末，具体哪个省市请求量降低，具体哪个场景来源请求量减少，是历史搜索、热搜词还是搜索推荐。

按照以上维度，通过下钻拆解的方式分析，直到准确定位问题。

3. 量化

策略产品应该遵循“一切用数据说话”的原则，所有的结论都要有具体明确的数据展示。有些数据可以直接通过统计的方式获得，例如 UV、PV；有些数据可以通过直接计算获得，例如转化率、无点击行为占比。这些数据的获得和指标的量化比较简单，这里重点探讨如何量化无法直接统计获得的主观指标。例如需要对搜索召回进行评估，按照常规思路，召回评估的典型指标就是召回率和准确率，其中召回率可以用召回数量 / 总量计算获得，但是召回准确率应该怎样计算呢？这就是一个典型的量化问题。

这里介绍一条思路，可以先随机抽取 100 个 query，每个 query 下按照当前召回结果截取头部 10 个作为评测数据，再对准确的标准下定义，以召回结果的质量度、销量、评分和与 query 的相关度作为结果准确的标准。按照这个标准，对每个 query 下的 10 条数据一一标注“合理”或“不合理”，最终统计合理数据的条数占总体的比例，用这个数据作为召回结果的准确率。

所以量化的核心在于明确评估的目的，找到评估的标准，用一切灵活的方法将全部问题量化为具体的数据，再通过数据客观地评估对比效果。

4. 抽象

抽象指的是从具体结果里发现共性问题或者规律，并将规律推而广之，由解决一个问题演进为解决一类问题。

举一个非常简单的例子，电商里中学生比较喜欢简单运动款，大学生喜欢潮牌衣服，成年人喜欢正装，老年人则以休闲服装为主。从中可以提炼出什么规律？显而易见，这说明不同社会身份和消费能力会影响用户浏览习惯。

从这条规律中我们又可以提炼哪些策略点？社会身份和消费能力是搭建用户浏览点击模型的重要特征。

这个例子非常简单，但是很好地解释了抽象思维在问题分析中的应用。

5. 极限

策略产品经理日常与海量的数据打交道，由于数据量足够大，我们遇到的问题并非“非 0 即 1”，而是像一个连续的动态分布轴线，这时候最需要注意的是两端的极限情况。

极限思维的典型应用场景之一是著名的冷启动。例如，搜索场景下我们会从各个维度为每一件商品打分：销售、人气、热度、商业价值等。打分的依据是对历史数据的汇总计算结果，这是最常规的通用策略，而这时候还必须对各种极限情况进行思考，以极限小、极限少的情况来看，如果一个商品处于上架的初始状态，历史数据全部为空，这种情况下各维度分值全部为 0，意味着无法进入正常的策略滚动中，这时应该怎么办？

当然解决思路也不唯一，这里列举最常用的两种：

- 对新品进行单独的加权保护或者强行插入，确保能够在最终的排序中获得较为合理的位置；
- 对分值为 0 的维度，赋予一个该维度下全部商品的平均分，只要获得了初始分值，得到曝光，便可以收集线上行为数据，完成冷启动最关键的一环。

6. 理想态

理想态，又可以理解为“最佳预期效果”。因为策略的“所见非所得”及其结果的不确定性，对于一个需求，除了确定其问题和实现方案外，还需要描述我们预期的最佳结果是怎样的，这个描述可以是综合的，也可以是具体的。

例如搜索的一次排序策略调整，我们在描述预期结果的时候，可以说希望最热门、最相关、最优先的前置，热门相关的后置，不热门不相关的在多屏以后；也可以列举几个 query，人工来排具体的结果，生成一份理想态小样本。后者的粒度已经接近数据标注的程度了。

总而言之，理想态是在用一种具体的案例，向所有参与人员具象地描述需求，其作用等同于体验型产品的原型图，全面展示策略的预期效果，让人一目了然。理想态也是策略产品研发中重要的一环。

10.2.2　策略产品经理常用的分析方法

上面讲述了几种策略产品经理的思维方式，简要描绘了策略产品日常思考的路径，是思维的整体概括，那么策略产品工作中会用到哪些具体的分析方法呢，我们仍然用理论结合具体案例的方式来一一讲述。

1. session 分析

session 即会话，是指在指定的时间段内在网站上发生的一系列互动。搜索的 session 指的是从点击搜索输入框 / icon 至离开搜索的一系列行为。

session 分析是一种专业的数据分析，把用户单点行为串联成一个整体，在此基础上进行分析，解决用户分析中的“线”型难题。㊀

其中 session 切割的时间选择一向是比较模糊的难题，有很多论文论述 session 切割标准与方法，我们在做搜索 session 分析时通常采用“离开搜索 30 分钟未返回”标准切割。

一次搜索中会包含多个用户单点行为，例如：

- 输入查询词
- 点击查询
- 浏览结果
- 点击结果
- 返回结果瀑布流
- 更换搜索词
- 收藏内容
- 加入购物车
- 购买 / 下单商品

一个 session 中通常包含多个单点行为，而每个单点行为通常含有众多参数信息。

session 分析与后面将要介绍的 query 分析一样，既可以进行全面的用户需

㊀ 此定义参考了神策 - 张乔的文章《数据分析方法论：你真的懂 session（会话）分析吗？》。

求探索，也可以针对具体问题进行分析。

10.4 节将会根据一个具体的案例说明如何通过 session 分析探索用户意图，进行问题的定位和解决。

2. DCG 打分法

DCG（Discounted Cumulative Gain）打分法又名主观评测法，是策略里独有的打分方法，对应到策略产品思维方式里就是量化思维，其目的是将难以直接量化的评估维度，例如排序的合理性、用户满意度等，通过打分的形式汇总最终结果，方便对比和评估。

这种打分方式严谨但复杂，感兴趣的读者可以搜索一下其起源和原始公式，这里讲述工业界中常用的简化后的 DCG 主观打分法。

DCG 的实操可以分为三步。

1）选维度。这里我们选取商品丰富度作为本次评估的维度。

2）定标准。维度选择之后，需要确定标准，在这里就是确定“丰富度”的标准，这关系到接下来打分法的打分部分如何进行。以丰富度为例，在这里我们选取对比核心竞品或行业标准的方式，规定头部重点内容缺失超过行业头部内容的 2/3（绝对量 10）为缺失过多，在行业头部内容的 1/3 ～ 2/3 之间为基本可以，而低于 1/3 则为优。

分别为上面三档结果设定分值，通常为 0、1、2，但分值的设置没有固定标准，划分为 1、2、3 也完全没有问题。这样就能获得标准和分值的映射关系了：头部重点内容缺失超过 2/3（绝对量 10），0；1/3~2/3 之间，1；低于 1/3，2。

3）算总分。按照这个标准，分别对需要评测的 query 进行分析和记录，然后将以上评测结果分类汇总，汇总的方式可以是计算总分，也可以是采用平均分。

分值是 DCG 打分法的输出形式，但并不是最终目的，打分的本质仍然是定位问题，所以按照 query 类型，做好问题的记录和汇总才是最终目的。

3. badcase 分析

badcase 分析并非策略中独有，这是最典型、最常用的分析方法。这种方法是通过线上遇到的具体问题的例子，反向分析这个问题出现的原因，以点带面，找到可以优化提升的通用方案。

举个简单的例子，在搜索中我们定义搜索后无点击行为是 badcase，抽取一段时间内符合条件的用户行为，针对这些 badcase，采用逐个分析（case by case）的方式依次定位原因，然后分类汇总，这就是最基础的 badcase 分析方法。

4. query 分析

以上是各细分领域都会用到的通用方法，但在当前的互联网领域中，策略包含搜索、推荐、增长、风控和运筹等多个细分领域，不同的系统会有特有的分析方法。例如搜索系统，它和其他系统的差异在于，它可以获取用户输入的查询词，基于这点差异，衍生出特有的 query 分析方法。

query 分析作为一种分析方法，从用户主动表达的查询词入手，了解用户的需求分布情况，再根据用户的 query 完成查询，通过逐个分析的方式，根据经验和数据，分析每个 query 结果可能存在的问题。

下面梳理一下 query 分析的具体过程和方法。

（1）抽样

抽样的目的是获取分析的目标样本，抽样的方法有分层抽样和随机抽样，两者应用场景略有不同。随机抽样采用完全随机的方式，是为了查看用户真实的需求分布，对大盘进行全量摸底；分层抽样按照 query 的请求量分层，是为了确定头、腰、尾的情况，方便针对性地优先解决某一层的问题。

（2）对 query 进行分类

前面介绍思维方式时提到过，将复杂问题简化的方法之一是分类。query 按照不同维度可以有多种分类方法，这里仍然以电商产品为例。

- 按照 query 组成结构分类。在分析组成结构的时候要注意分词粒度，以电商产品为例，通常可以以索引基本单元划分，即 term 级。例如“飘柔男士洗发水”可以分为飘柔、男士、洗发水，3 个 term 的类型分别为品牌、性别、类目，这个 query 的类型就是品牌 + 性别 + 类目。
- 按照 query 的精准程度分类。“飘柔男士洗发水”与“洗发水”相比较，精准程度明显大于后者，根据 query 精准程度的不同，可以划分为泛搜索词与精准搜索词。
- 按照 query 是否含有不明意图修饰词划分。例如“最好看的雨伞”中，“最好看的”就是非明确意图的修饰词。这种词出现过多时，对意图的识别、语义的理解会造成较大困难。不过此类词在垂直领域一般较少。

- 按 query 是否错误划分。同音字、错别字、输入错误导致的 query 错误、缺失，在分析定位的时候也可以划分为一种类型。

这里需要解释一个问题，为什么需要按照这么多维度进行 query 的分类。总的来说是因为不同的类型隐含着用户的不同需求，拆分维度越多，越方便精准全面地分析。这里列举以下几种。

- query 组成结构代表用户的需求，例如通常电商产品用户一般关注品牌、类目、性别、有明确意图的修饰词（比如颜色、款式）等。不同垂直领域会有分布差别，只有了解用户关注点，才能满足用户需求。
- query 精准、明确程度代表用户的购买意愿，搜索“飘柔男士洗发水”的用户往往比搜索“洗发水”的用户购买意愿更加强烈。
- 包含无明确意图的修饰词通常代表用户是专业内新手，无法明确表达自己的需求，当此类 query 过多的时候，需要考虑推送更多的资讯类内容以及让单一商品露出更多决策信息，进行新手教育。其中非常好用的是物品标签、小编推荐以及用自然语言合成的智能短评。
- query 错误的时候，需要采用归一化、纠错、改写等策略。

（3）评估结果，提出问题，给出优化方案

把每一个 query 的搜索结果评估一遍，最后汇总，汇总的时候可以思考以下问题。

1）哪类 query 内容数量少？

内容的重要程度远超策略和算法，内容少的原因是什么？少的内容是什么？如何引入更多内容或通过其他策略优化内容少的用户体验？

2）哪类 query 的召回率低？

低的原因：内容信息填写不全导致无法命中？部分信息未建索引导致无法命中？分词或其他策略问题？其他技术问题？

3）哪类 query 准确率低？

低的原因：信息填写不准确导致误召回？内容生产者作弊？技术 bug ？

4）哪类 query 平均浏览结果数量少？

少的原因：排序不合理？内容数量过多降低浏览欲望？

5）哪类 query 转化率低？

低的原因：缺乏优质和新颖内容？未召回优质内容？排序不合理无法迅速查找目标商品？其他因素？

6）哪类 query 需求和场景丰富，但满足方式却单一？

搜索结果页的内容聚合方式是否需要梳理整合？产品展示设计问题？UI 设计问题都可以逐一分析。

除了以上 4 种分析方法，常用的还有传统数据分析，不过由于这部分在第 2 章有详细说明，而且非常常规，并非策略独有方法，所以不再赘述。

通过以上讲述，我们了解了策略产品经理的通用方法论、日常工作以及思维体系和分析方法，那么在这个方法论落地的过程中，如何有效地维持一个策略系统运转呢？如何通盘开展自己的工作？如何获取日常需求？接下来以搜索为例，详细讲述搜索系统的迭代和运转，并且通过一个实际案例，详细拆解搜索系统中一个具体问题的解决思路。

10.3　如何维持搜索系统的迭代和运转

以搜索为代表的策略产品经理，日常工作中一样会面临非常多的业务需求和 badcase，有目标地满足需求和解决问题是容易的，但往往会面临另一个问题：当没有人提出具体需求时，怎样挖掘新的需求，推动搜索系统正常的迭代和运转？

回答这个问题的过程，也是展现一个策略产品经理的思维方式和工作方法的过程。根据实际工作经验总结、需求的挖掘和系统的维护，可以从四个方面入手：从搜索策略的整体架构入手，从用户需求入手，从具体问题入手和从业务发展入手。其中整体架构是策略产品的独有部分，也是我们接下来花大量笔墨着重介绍的部分。

10.3.1　从整体架构入手

从整体架构入手是一个从下到上分层挖掘需求的方法。

架构是最终效果的基础，像一个房子的骨架，必须牢固无误才能进行上层建筑的搭建，同时又像一个结构精密、环环相扣的仪器，必须将每一个环节做到最好，才能保证最终运行状况最佳。从整体架构入手的意思就是做好巡检人，不断从每一个策略层和环节入手优化。

系统的架构主要依赖于技术架构，我们需要明确每一层是如何运转的，可以解决什么问题，达成什么效果，了解其原理和作用。但是在挖掘需求的时候，考虑得最多的是如何让每一层的效果更加符合业务特点和用户需求。

图 10-2 所示是一个搜索架构，我们以此为例，看如何从下到上分层优化。

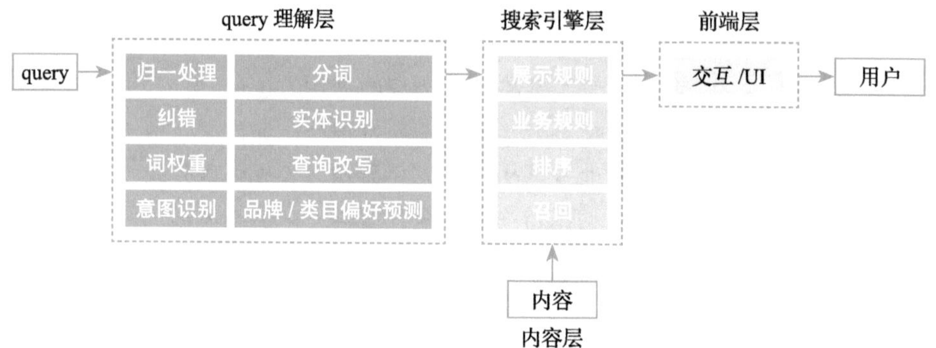

图 10-2　搜索系统整体架构图

由图 10-2 所示的架构图可知，一个完整的搜索的流程基本包括 query 的输入、query 的理解、搜索引擎内容召回、搜索引擎的排序、产品前端展示、最终呈现到用户面前。

1. query 理解层优化

query 理解层的主要作用是对 query 的处理、识别和理解，完成用户需求的解析，输出给搜索引擎，完成接下来的检索部分，也就是我们常说的 NLP（自然语言处理）。NLP 能对所有的文字语言进行识别和理解，所以目前在互联网公司的划分中，NLP 往往作为搜索以外的独立团队，负责搭建基础的 NLP 功能，向各团队提供横向的支撑。以搜索为例，涉及的理解层的重要功能包括归一处理、分词、纠错、改写、实体识别、意图识别和品牌类目偏好。

我们通过一个实际的例子讲述一个词进入 query 分析层后，会对其进行哪些处理和计算。

输入 query：“好 yong 洗发水、”。

通过人工判断，用户想要输入的其实是“好用洗发水”，其中“用”字可能是因为输入过程中的某些操作，变成了拼音，且多了一个“、”。“好用洗发水”

里有两个关键词，一个是“好用”，一个是“洗发水”，很明显这两个词中“洗发水”才是目标的关键，用户想要找的是洗护品类中的洗发水品类。然后我们再来思考，一个电商平台中有那么多的洗发水，哪一款才是用户想要的呢？我们自己在挑选洗发水的时候最看重什么呢？答案应该是牌子，也就是说用户在挑选洗发水的时候非常看重品牌，这意味着我们在最终呈现结果时要注意把用户喜爱的品牌优先展示。

以下就是这个例子的 query 理解全过程。

1）把无意义的“、”去掉，就是归一过程；把“ yong”纠正为汉字“用”，就是纠错。

2）“好用洗发水”按照汉语习惯断句为两个词“好用 / 洗发水”，即是分词。

3）分词后判断“好用”是修饰语，而“洗发水”才是实体，这就是实体识别。

4）在匹配过程中，洗发水类目实体词的权重明显高于修饰语，这就是权重计算。

5）判断洗发水是洗护品类下的洗发水类目商品，这是意图分析。

6）在洗发水意图之下计算哪种品牌才是用户最倾向的，这就是类目预测。如果用户的意图是“水”，而水对应“矿泉水”“护肤品的精华水”等多种类目，我们也需要进行类目的预测。

这个例子很好地呈现了 query 理解层到底在做什么，那么在这个环节中，产品经理可以做什么呢？首先需要做的是全面分析问题和逐步优化，这里可以尝试不断自问自查。

- ❑ 头部 query 的分词结果是否符合用户日常语言习惯？
- ❑ 我们的业务是不是要支持英文纠错？
- ❑ 当前实体识别覆盖率能否继续提升？
- ❑ 新词、热点词是否没有被很好地捕捉提权？
- ❑ 同义词已经覆盖全部头部需求了吗？
- ❑ 意图识别准确率还能不能继续提升，多意图的各意图权重分配是否已经合理……

这样在没有遇到需求输入和明显问题反馈的时候，我们依然能够通过不断的 case 分析，从基础上进行详细优化。

我们再次举其中“类目偏好预测”的例子，拆解产品经理从中可以做什么工作。

第一层，依靠规则从无到有。没有做过意图识别——品牌 / 类目偏好预测的搜索，只靠文本的匹配，相关性会很低，搜索“水”，可能召回的是含有“水”字的某些水果，这时候就需要提需求，完成从 0 到 1 的识别。这个从 0 到 1 的过程用规则就可以完成，例如只要完全匹配到“类目表”中的类目，便判断为其对应的类目意图。如果匹配不到再来统计搜索该 query 下的后续相关行为分布，统计其中各类目占比，用这个占比粗糙地代表各品牌和类目的权重。

第二层，从有到提升准确率。完成之后，从线上回收数据，可以继续想，如何才能让识别和预测更加准确，用全局热度的判断方式是不是过于粗暴，如何通过完善规则的方式进行优化，例如之前只用了点击行为，是否可以引入下单行为？

第三层，配合搭建预测模型，完成从规则到算法的迭代。当规则过多、维护复杂且提升达到天花板的时候，就要考虑用算法解决问题，这时候产品经理需要提供训练模型的相关特征，或者直接给出标注样本，并且验收算法的准确率和召回率，这个过程也是算法产品经理的常规工作之一。

第四层，基于算法框架，不断寻找优化点。算法跑通之后，产品经理仍然要不断收集线上 case，分析是否达到了预期的效果，不断反馈 badcase，补充业务规则。这就是算法的日常维护。

以上四层是展示产品经理在“意图识别—类目预测”这项工作中的几种状态，每一层都不是逐一演化、不可跳跃的，完全可以在没有规则的情况下直接采用算法，产品经理在这个过程中不变的工作就是把握原理和业务诉求，其他的则随机应变。

2. 搜索层优化

搜索引擎部分便是策略经典的“召回→排序→精排→业务规则→展示规则”流程。

（1）召回

最简单的召回为命中即召回，这对于垂类行业短 query 已经足够，而对于中长字符串的召回，为了保证召回结果相关性，还需要定核心词求交等规则。

以资讯类内容为例，一篇文章词汇非常多，数以亿计的文章汇总之后，需要被检索的词汇量便难以计算，这给检索速度和系统的性能带来了极大挑战，所以为了提升检索速度，在对内容召回之前会建立内容的倒排索引。

这里的索引是内容的目录，倒排索引可以简单理解为离线维护的词和物品的关系表，是以物品的单个分词结果为目录，记录收录该分词结果的全部 item，当我们检索一个词的时候，首先找到这个词，再从词入手查询被引用的物品，这样就能实现快速查询的目的。

为了提升效率，不是所有的字段都会参与倒排，以资讯类产品为例，资讯的标题、作者、正文部分是需要建立倒排索引的，而资讯下方的评论则不会参与。

（2）排序与精排

搜索中的排序包含相关性、时效性、权威性、商业价值以及个性化等维度。

召回层和排序层的日常优化方向应该是最直接的，简单概括就是两个字："全"和"准"。"全"意味着召回的内容要丰富全面，对应的指标是召回率；"准"意味着准确，对应的指标就是准确率。接下来我们详细看一下如何提升这两个指标。

① 召回率

要求召回内容全面，但如何才能召回全面呢？优化大方向就是不断新增召回方案，由一路召回不断完善为多路召回，在某一范围内，召回路数越多，召回内容越全。

现在搜索常用的召回方案为文本命中召回，例如搜索"衣服"，会召回标题或简介中含"衣服"文本的物品，这是最为基础的召回方案。但因为用户的表达往往不够规范，同时物品的信息也未必全都是标准的文字信息，所以还需要补充很多召回策略。

例如标签召回，将物品重要信息通过人工或者机器的方式抽象成标签，再通过标签进行召回。

例如协同数据召回和 embedding 召回，这两种召回方式采用的是推荐的思路，前者是根据用户的交互行为，召回相似物品；后者是针对 query 和物品单独做向量，计算向量的相似度，进行临近召回。这两种召回方式都是现在常用的方法，尤其是后者，在搜索和推荐中效果显著。

例如多模态召回，除了基本的文本信息，内容的形态也越来越多，图片、视频、音频等都非常常见，所以除了文本之外的其他模态召回，也是可以探索完善的。

② 准确率

要求召回内容准确，搜索的形态往往是返回多条数据，所以准确率通常体现在排序上，排序越往前的越需要准确，排序非常滞后的，用户曝光概率较小，可以在评估准确率的时候截断不作参考。

排序的方法无非规则、机器学习和深度学习几种，在排序上优化思路并对症下药，规则排序不断探索更多的排序因子、更合理的排序权重；机器学习分析更多排序特征；深度学习解释较为困难，对应的可以不断找 badcase 做优化反馈。

③ F1-score

F1-score 是统计学中用来衡量二分类模型精确度的一种指标，它同时兼顾了分类模型的准确率和召回率。F1-score 是模型准确率和召回率的一种加权平均，F1-score=$2pr/(p+r)$，最大值是 1，最小值是 0。其中 p 代表 precision，即准确率；r 代表 recall，即召回率。

召回和排序作为搜索和推荐业务的基础，更多是研发工程师需要投入大量精力优化的，产品经理的参与形式更像是一块砖：研发工程师经验丰富，则产品经理可以适当放手，更多转向业务和配合；研发工程师思考有遗漏，产品经理则要义不容辞地参与到策略和算法中。虽然业界一直在探讨策略中产品的边界，但其实只要保证一切以最终结果为导向来工作就能获得不错的收获。

（3）业务规则

业务的需求往往很具体，仍以电商产品为例，今天需要给某个商家增加权重，明天需要给某些商品降权，或者直接过滤，或者要求展示的样式更加丰富，可以运营的空间更多，等等。综合整理各类需求，基本上可以按照以下几个方向来处理。

- 流量分配：例如给某一类内容做流量的倾斜，流量分配的方法有很多种，定位置、定比例、定数量、定权重。
- 动态通道：对于大量、长期但具体需求不固定的，可以设置专门通道，动态触发。
- 特殊干预：特殊干预属于粒度最细、最灵活的规则，可以支持 query—

item—位置—参数的详细具体配置。

业务规则层的优化目标可以概括为，将具体业务需求与通用的召回排序剥离开来，分层抽象处理为多类概括类型，并以灵活可配置的方案实现流量分配合理，满足用户需求和业务价值的平衡。

（4）展示规则

展示形式的变化重点在于两点：一是必要信息的展示；二是解决单一列表引起的用户视觉疲劳。对于前端展示规则的制定和优化，需要努力从以上两个方向考虑，具体如下。

- 基本的打散、过滤、去重。
- 哪些字段需要展示，展示信息的合理布局。
- 单一列表的打破和重构，例如某些商品卡片信息流采取不对称双列列表，某些资讯类信息流采用左图右文或上文下图等多种样式交替展示。这些都是优化单一布局的方式。

3. 内容层优化

纵观当前互联网头部产品，例如微博、知乎、淘宝等都是先沉淀大量内容，后衍生搜索，慢慢培养出“微博搜热点”“万能的淘宝”“有问题知乎搜一下”等固定的用户认知，其中更有“微博热搜”这项全民产品功能，包罗当下所有一手热点；而以技术著称的搜索巨头，以浏览器占据流量入口，慢慢变为一款工具，更多满足用户有明显意图的临时搜索需求，用户用完即走，非常被动。

所以说决定搜索上限的并不是算法和策略，而是内容。

国内互联网在头条系的剧烈冲击中，几乎全部完成了以消磨时间为产品目标的转变，从中也能够看到各家对内容生态建设的重视程度。各大技术主导型的搜索产品紧急行动，把业务重点放在内容生态的建设上，以 UC 为代表的各家浏览器在首页做推荐，百度也在培养百家号，将大量的资源向其倾斜……以上这些举动都是为了从根本上填充优质内容，弱化搜索产品的工具属性，打造自己的产品壁垒，通过优质内容吸引用户。

内容的定义非常宽泛，不仅仅是资讯和文章，对于社区产品来说，评论也是内容；对于视频产品来说，长短视频都是内容。内容的生产方包括 PGC、UGC 以及界限越来越模糊的 PUGC。但无论内容的载体、形态和生产方如何，对于内容的评估指标均有相似性，丰富度和质量度是监控重点。

（1）丰富度及生产速度

内容的丰富度体现在数量上，包括存量绝对量和增量速度。以抖音为例，视频数量和日新增量是其核心指标。除此之外，对于很多标品产品，丰富度的评估很重要的一方面是跟行业内和竞品平台对比。

以“毒”这款产品经典的潮鞋品类为例，要跟潮牌鞋的整个行业来对比，确定缺失的 SKU，尤其是其中的经典款和新款，这部分头部 SKU 是整个产品流量的重要来源，这个时候单纯地关注 SKU 数量意义就小了。

（2）质量度

只有优质的内容才能吸引用户，在关注量的基础上强调质也很重要。

以知乎为例，虽然每个人都有评论和写文章的权限，但只有优质问题和优质回答才能为产品带来口碑，如何鼓励用户持续生产优质内容，是其内容生态建设的重点。

（3）热点时效

在内容生态建设中，热点时效是全部搜索产品的重中之重，需要通过外部竞对监控、站内搜索热度变化监控、同类内容关键词监控、重点内容人工监测，实现热点的识别、发酵和下发。能否第一时间抢到热点内容，是衡量一个平台或产品能力的重要维度。

（4）用户需求满意度

丰富度、质量度和热点是单纯针对 item 进行客观评估，用户需求满意度的评估是在此基础上，评估 item 与用户需求匹配度，这点在搜索上的体现非常典型。搜索会监控用户输入的查询词，其中越高请求代表用户需求越大，相应的结果品类和数量必须更多更丰富，而对于低需长尾品类，在丰富度和质量度上的要求就可以适当降低。

从上述指标中，我们就能看出对于内容的优化方向可以用“全”“优”“新”“热”四个字来概括。搜索并非内容的直接生产方，要在内容建设的环节中做好需求收集和反馈的角色，并且保证整个内容生态里的新热信息能够及时下发，这两点是除了正常的内容分发之外，搜索的重要任务。

4. 前端产品层优化

（1）根据用户搜索习惯确定优化方向

前端产品设计遵循用户基本的搜索习惯，用户的搜索习惯往往包含以下几种。

- 用户搜索之前，意图不明确，需要更多的决策信息和方式搜索。
- 用户搜索中，已经可以捕捉用户意图，为了快速完成搜索，需要给出搜索提示。
- 用户搜索后，即已经获取大量符合初筛规则的信息，需要更加快速地定位到目标。与之对应的优化方向也显而易见。
- 搜索前，给用户热门内容或个性内容做引导，对应的常规产品是输入框内的默认词、中间页的热搜榜和热搜推荐等。
- 搜索过程中，点击输入框开始输入，需要在此过程中展示提示结果（sug），便于快速完成检索。
- 搜索后，通过产品设计缩小用户检索范围，并且根据用户需求变化设计搜索结果长列表，做好承接和兜底。

（2）搜索产品中重要的场景设计

搜索产品和普通 C 端产品一样，也是有很多细分场景的，只不过因为搜索的策略隐藏在输入框后，表达并不直观，这里列举几种典型场景划分方式和优化思路。

- 按照需求分布。可分为头部需求场景、腰部需求场景和长尾需求场景，头部需求存在量大而且 query 表达较为规整的特点，越到长尾需求越分散，query 也越多样性，对应到的 NLP 和召回排序策略也可以进一步拆分细化。
- 按照 query 类型划分。以电商产品为例，用户意图划分为衣服、3C 产品、食物等，不同的意图也可以对应到不同的场景，例如衣服场景下的信息展示更强调样式和美观度，而 3C 产品的信息展示更突出品牌和参数。
- 按照召回效果划分。可分为普通场景、少无结果场景和低转化率场景，其中后两者是搜索中最重要的场景，需要给用户足够的提示和内容承接。

以少无场景为例，可以通过推荐给予更多相似内容填充结果。可以根据 query 相似度计算，给出推荐的相关搜索，同时在前端做好文案提醒。

当然还有更多的划分方式，重点是挖掘不同场景的特点，用户需求和问题，进而针对性地提出优化方案。

这样拆解下来，优化的内容就相对清晰了。以归一层为例，之前没有做字符过滤的需要过滤，没有做简体繁体转化的可以抓紧完善，做过的就继续提升识别率、准确率。

再比如意图识别，对于综合搜索，通过用户输入query的分析，发现近期对于音乐的需求增长明显，而音乐类的意图识别较差，则需要单独针对音乐品类进行着重优化，如何优化需要继续分析，用户query中包含音乐歌曲名称、歌手、作词、作曲以及大量与某一音乐节目相关的关键词，可见音乐搜索意图的增长来源于热门综艺的带动，这时候就需要单独对综艺以及其中重点的片段进行挖掘计算，以提升综艺相关query的意图识别准确率。

再举一个纠错的问题，某些潮牌电商，其商品的品牌多起源于国外，所以存在大量中英文混杂的query，这时候纠错就不能只做中文纠错，还需要把英文的纠错列为优化重点。

10.3.2 从用户需求入手

日常迭代来源于用户的需求——这条定理对全部产品来说都是通用的，需求分析、场景挖掘、定位问题、提出解决方案，这条优化路径大家都不陌生，在策略中也是一样的。用户需求的反馈按照直接程度，可以划分为显性表达和隐性表达，仍然以搜索为例，显性表达又可以划分为直接反馈和query。下面来一一介绍。

1. 用户的显性表达——直接反馈

当用户有诉求或遇到问题时，会通过某些途径直接表达反馈，这是最典型的显性表达，线上咨询、客服服务和投诉都属于直接反馈的方式。产品要定期收集和分析用户反馈的内容，总结当前的问题作为需求，对于搜索来说，也要通过产品设计，增加用户需求显性表达的收集通道。

例如微信读书的搜索，在搜索页底部做了一个悬浮提示“没搜到？把你想找的书告诉我们”，通过用户的主动反馈，了解用户对搜索内容侧的需求，不断完善填充内容。

用户的显性需求非常直接易懂，是需求的重要来源之一，但是也要考虑到一个问题，能够主动表达自己诉求、使用反馈或者投诉渠道的用户多为活跃用户，他们在全量用户中仅占小部分，而绝大部分用户都属于沉默用户，使用产品，但是从来不主动打分和提要求。这让显性需求的收集方式显得片面局限，因此需要其他方式辅助补充。

2. 用户的显性表达——query

query 需求分析是搜索特有的分析方式，因为搜索是为数不多用户会主动输入明确信息的系统。推荐需要靠用户的行为、社交、地域等多维度信息来猜测用户兴趣，相比这下，搜索可以直接记录用户输入需求，就显得异常方便。

举个例子，某电商产品某段时间，用户的搜索 query 日志中，出现了大量的“×× 同款”，追溯原因是因为这位明星的某部剧上映，点击率高，深受粉丝喜爱，水涨船高，带动了衣服的需求。对于这个例子，背景和需求的定位都非常明显，接下来只需要辅以合理的落地策略。

- 分析“同款衣服”的品类和数量是否满足用户的需求量。
- 在其他场景和渠道中给予这些热门商品流量曝光。
- 基于“明星热点”设计搜索菜单，例如淘宝经常做的，当输入某些词时，搜索的结果页会通过 H5 做一些“粉丝弹幕”或者特型设计。这种活动就能很好地满足粉丝需求，也很有利于传播。

3. 用户的隐性表达——用户行为

即便有 query 输入信息作为分析依据，也是不够全面的，我们还需要通过用户的行为来了解用户的需求。用户行为分析的方法、工具和展示形式非常多，我们以一条用户行为分析为例，从最细粒度展示需要从用户行为分析中获取什么信息，所有的用户行为分析汇总，就是我们要的最终结论。

抽取一条用户行为日志，整理如下：

query1_面霜，query 来源_历史搜索词，结果页浏览深度_100，点击商品_无，query2_雅诗兰黛面霜，query 来源_手动输入，结果页浏览深度_20，点击商品_雅诗兰黛油性面霜，点击位置_2，点击商品_雅诗兰黛干性面霜，点击位置_3，是否下单_是。

注意，以上是通过日志整理出来便于分析的假数据，商品信息为虚假信息。

通过这样一条用户行为，我们可以得到以下信息。

- 用户变更搜索词，从“面霜”变更为“雅诗兰黛面霜”，说明用户的类目需求是固定的，但是对于品牌的需求是不断具体明确的。

- ❑ 第一次浏览深度为 100，但是点击商品为 0，说明用户对第一次搜索的结果不满意。
- ❑ 第二次关注的商品有两个，但是最终成交下单的是第二个，与第一个对比，商品的类目品牌都一致，但是护肤品的性质不同，说明后者比较符合用户的肤质。

从一条用户行为数据中我们就可以得出这么多信息，并且有与之对应的解决方案。

- ❑ 如何让用户在不需要变更 query 的情况下，快速定位到商品。为了减少用户品牌的 query 补充，需要对搜索结果做类目预测，最简单的类目预测方式是统计用户在某一个 query 下商品品牌的点击量及比例，按照这个比例分值做不同品牌商品的召回或者排序，用以解决品牌问题。
- ❑ 既然定位到用户在美妆护肤品类下非常关注的参数有肤质，那么可以继续调研联想，是否还有用户关注度较高的其他参数，能否将这些直接作为结果页的筛选项，帮助用户快速定位所需商品。

以上就是一条最为基础的用户行为分析，而一个需求的抽象是建立在大量的用户行为分析基础上，但是万变不离其宗，做好一条分析，是做好全部分析的前提。

10.3.3 从具体问题入手

1. 日常数据监控

每个产品都有完整的数据指标体系，可以监控整个系统是否异常，这部分分析方法在第 2 章已详细说明，这里不再赘述。

2. 专项分析

专项分析与日常监控不同，其意义在于“重点问题重点分析”。自己负责的产品模块中哪些属于重点问题，这应该是每个产品经理需要第一时间明确的事情。仍然以电商搜索为例，梳理自己的“重点专项”。

某年因为商家合作模式调整，导致众多商家退出平台，商品类别和总量都大量减少，这时候通过最简单的经验判断，也能确定这对搜索的流量和转化都会有影响。因此需要专门针对内容的缺失对搜索影响进行分析和量化，确定流量和收入的损失具体是多少，需要按照损失量级做一些拉活或促销活动。

10.3.4　从业务发展入手

从数据和具体的问题入手分析，都是基于现状的分析，基于现状分析最大的局限性在于很难快速捕捉整个行业的最新动向，从微小的变化里发觉并抓住未来机遇。如果陌陌只在不断打磨现有产品的路上飞奔，可能会成为更好的陌生人交友软件，却会错失短视频风口，无法顺利转身，成为短视频和直播的巨头。

对行业有分析，对业务有整体思考，也是一个初级产品经理向高级产品经理进阶的必备技能。这个过程的训练，最简单直接的方法是分析竞品，高阶一点的是关注和分析行业动向，再高阶则需要靠沉淀的信息和果敢决策，能谋善断，才能抓住别人无法抓住的机遇。这方面并没有速成的方法和固定的公式，是考验每一个产品经理能否走向更高层次的重要一步。

搜索整体架构是大厦之基础，用户需求是攻坚目标，具体问题是破局关键点，业务发展是长期蓝图，经常从这四个方面提取需求，复盘项目，才能保证全面的提升。

10.4　搜索产品案例实践

前面讲述了搜索日常需求挖掘、思维方式和分析方法，这节我们以一个实际的例子，详细讲述如何运用以上理论知识，完成一次系统的分析。

背景：某电商产品的搜索场景，通过数据分析，发现搜索后无点击行为占比较高，我们需要通过详细分析来定位原因，并且确定解决方案，要求划分方案的优先级和可实施性，确保迅速直接落地。

（1）明需求，并根据需求将用户搜索意图大致分类

这里的第一步仍然是采用分类的方式了解用户及用户需求。在电商的搜索场景中，不是所有的用户都有着明确的购买意愿，用户的需求在“主动寻找”和“被动浏览”这条轴线上，分布于“找”和“逛”之间。图 10-3 所示为用户需求分布。

图 10-3　用户需求分布图

例如淘宝搜索，马云说，每天晚上都会有 1700 万人逛淘宝，但是不购买，晚上睡觉前浏览线上商品这是因为当代人的一个生活习惯，即临睡之前即便没有购物需求，仍然会通过不断地搜索浏览来打发漫漫时光。

以电商行业为例，结合线下访谈与平台特性，我们先将使用搜索的用户需求大致划分以下 3 类。

- 找——目标购买。这类用户往往有具体的商品目标，且一定要找到该目标商品，可能加入购物车或者购买，也可能最终决定放弃。这是典型的“购买型”用户。
- 找逛之间——关注偏好。这类用户对某些品牌或者商品有特定爱好，会定期查询了解相关动态，例如美妆博主会定期关注热门美妆出了什么新品，自己能不能快速跟进出测评，目的性比较强，而且精准度比较高。
- 逛——了解认识。这类用户完全出于了解行业动向，比如“换季了，看看新出了什么衣服”“听说了两个牌子，搜搜看它们是什么风格”，或者无目的地浏览，与之对应的是我们在线下，没有目标，只是想随便逛街，打发时间。这是标准的“浏览型”用户。

以上需求划分或者行为动机划分的颗粒度依然较大，接下来的 session 分析会在需求的基础上进一步细化。

（2）估原因，通过经验分析

之所以要分析需求的原因，是因为不同的需求背景下，原因是不同的。假如我们不进行需求研究，只是根据自己的搜索和线上购物经验，猜测搜索后无点击的原因，大概会包含以下几点：

- 用户对具体的商品不满意；
- 用户对搜索结果不满意；
- 用户需求发生变化。

以上原因都是显而易见的，但问题也很明显：首先粒度太粗，完全无法为接下来定位详细原因做好铺垫；其次没有考虑到不同需求不同场景下的问题差异，也就是说没有跟用户需求的研究有效结合。举个简单的例子，对于以了解认识为目的的用户，搜索后无点击行为，但是如果发生浏览行为仍然说明本次搜索满足了用户需求；而对于有明确意图的用户，搜索后无点击则说明搜索或者商品本身存在需要解决的重大问题。

所以接下来要做的事情，就是结合需求的研究，定义好各种行为类型，进行后续分析。

（3）取数据——采集数据与人工整理

现在用户行为分析工具已经非常成熟，我们可以按条件筛选用户，一一查看行为，好处是比较直观易懂。即便没有相关平台工具，直接从用户日志中抽取数据，只要各行为埋点详细、参数齐全、时间戳精准，同样可用。相较前者，后者在可视化方面做得更好，但对分析问题本身的影响不大。

这里选取包含从输入某查询词点击查询至改写查询词或者离开搜索页过程中，无点击结果行为的 100 个搜索 session。

表 10-1 所示为用户 session 整理。

表 10-1　用户 session 整理

query	编号	查询词	query 来源	召回结果数量	浏览深度	点击商品位置	是否收藏	是否购买	其他操作
query1	1	Zara 儿童包包	历史搜索词	78	60	0	0	0	0
	2	优衣库	热搜词	1000	500	0	0	0	“按价格排序”
query2	1	Zara 包包	手动搜索	5000	1000	50	0	0	“按人气排序”
	2	帽子	手动搜索	2000	300	0	0	0	0

（4）定标准——如何将 session 归因至具体需求和问题

这一步重点解决的问题是“拥有什么特征的行为属于哪种需求类型，又存在哪种问题”。将数量巨大的行为归因成几大类，做进一步的分析。

这里需要注意，定标准中的“标准”是需求类型和问题的口径。

表 10-2 所示为 session 口径整理。

表 10-2　session 口径整理

需求—问题类型	行为口径					
	查询词数量	查询词类型	改写查询词	浏览深度	……	点击／加车行为

这里采用的行为即全部一次搜索 session 全部字段和参数信息，如下。

1）查询次数：一次完整的搜索 session 通常由多次查询组成，以包含且只包含一次 query 的行为作为一次查询。

2）query 类型：具体参照 query 分析里的分类，确定意图。

3）查询改写的类型。

用户变更搜索词的过程我们称之为“查询改写”。在《这就是搜索引擎》一书中，作者将查询改写的类型归纳为 4 类，分别是抽象化改写、具体化改写、同义化改写和多类型改写。这里按照日常工作经验，在其基础上补充总结了关联类型改写，我们通过案例看一下不同改写类型的目的，具体如下。

- 抽象化改写。将原来的查询进行语义抽象，比如由“ Zara 儿童包包”经过抽象改写为“ Zara 包包”，后者在语义概念层次上要更加宽泛，包含了儿童包包这个概念。之所以要做这种类型的改写，往往是因为原先查询找到的东西太少了，通过概念泛化增加搜索的召回率，以此方法找到更多内容。
- 具体化改写。具体化改写与抽象化改写相反，从宽泛的语义概念下行收窄，改写后的查询更加具体，这么做可以更加精准地定位查找内容。
- 同义化改写。此类型改写则保持改写前后的查询含义不变，比如将“儿童”改写为“小孩”，两者代表的含义是相同的，用户如此改写往往是对原先查询的搜索结果不满意，所以换了一种说法来继续搜索。
- 多类型改写。在目标明确且查找意愿非常强烈而返回结果不能让其满意的情况下，用户会进行反复的查询改写，导致一次搜索 session 包含多次改写，改写类型也不相同。
- 其他关联类型。即使用户的查询语义并无上述逻辑，通常也不代表前后查询毫无关联，尤其是在电商行业，依然可以根据查询词是否存在“品牌”“类目”“颜色”“款式”等内在相同点来判断用户意图的相关性和连续性。这里还有一类隐藏较深的关联关系，例如“ Sandro ”与“ maje ”两个品牌类型查询词看似无关，但了解品牌的人会知道这两个品牌都是著名的少女风格时尚品牌，因此这次的查询改写仍然是有关联的。

4）浏览行为与点击行为。浏览的深度和是否发生点击行为往往代表用户是否找到满意的商品。

5）切换排序方式。搜索的结果页通常提供多种排序方式，如默认、按照热度、按照价格、按照销量、按照时间等，用户在切换排序方式时候的反应影响查找商品决策的因素。

6）筛选行为。通过筛选，缩小查询范围。

7）加入购物车行为与购买行为。发生加入购物车或者购买行为代表用户找到目标商品，目标信息与第一次查询的偏移程度也可作为用户行为分析的内容。

用户搜索意图是由整个 session 综合分析得到，任何单一的行为都不能完整地代表用户意图。如何分析整个 session 判断意图呢，我们来看两个例子。

session1：用户第一次查询用的查询词为“飘柔男士洗发水”，召回结果数 = 浏览数量，点击次数为 0，无加入购物车及购买行为；第二次将查询词改写为“飘柔洗发水”，为抽象化改写，这次召回商品数量为 5000，浏览数量 1000，远多于第一次，本次发生点击行为，但点击商品位置排名较后。

非常明显，该用户有明确的商品目标，第一次“飘柔男士洗发水”召回结果数过少，未包含用户目标商品，进行抽象化改写后，扩大搜索范围，找到目标商品，发生点击，猜测可能存在目标商品无法召回问题，需分析召回问题，点击位置说明排序存在问题，有优化空间。

session2：用户第一次采用查询词“Chanel”，浏览深度大于平时浏览平均深度，切换过“按价格排序”；第二次改写查询词为“Gucci”，浏览深度大于平时浏览平均深度，无其他行为，两次搜索都无点击行为。

分析“Chanel”与“Gucci”并无风格类似等内在联系，但都为大家耳熟能详的热门奢侈品品牌；同时用户浏览深度较大，可判断是出于了解认识目的，即“线上逛街”；并无明显的优化点，可考虑增加更多资讯信息以及信息组织形式，满足浏览型用户“逛”的需求；用户切换过“按价格排序”，可能属于价格敏感性用户，可考虑增加优惠信息，辅助激发购物欲望。

如果两个例子不够，我们还可以继续抽样分析，慢慢就能够从中总结出某些行为的共性部分，抽象生成一份行为类型的规则表。

表 10-3 所示为 session 行为类型规则表。

按照这张表对每一条行为进行统计汇总，便可得出结论。

表 10-4 所示为 session 整理可形成初步汇总结果。

表 10-3　session 行为类型规则表

行为类型（需求类型—问题类型）	query 来源	query 改写次数	query 改写类型	浏览深度	是否有点击	是否购买 / 收藏 / 加车
主动 _ 精准意图 _ 召回结果不合理	手动搜索	≥ 0	抽象 & 具象 & 同义 & 关联	≥ 50	无	无

表 10-4　session 整理可形成初步汇总结果

需求类型	问题	问题类型	行为口径	数量	占比	方案	Case
主动 _ 精准意图	行业新手，不了解内容	用户问题					
主动 _ 精准意图	结果过多，未找到目标	功能问题					
主动 _ 精准意图	首次查询输入信息不全	用户问题					
主动 _ 精准意图	决策变更	用户问题					
主动 _ 精准意图	召回结果过少	策略问题					
被动 _ 了解认识	无	—					
被动 _ 关注便好	无	—					
被动 _ 关注便好	商品较少	内容问题					
被动 _ 关注便好	输入错误	策略问题					

需求类型和问题没有统一的口径规则，需要根据实际情况灵活划分，非常建议大家在做分析时认真亲自评测每一条 session，模拟用户角色，猜测当下的需求意图和遇到的问题，从中提炼规则。规则需要满足以下 3 个原则：

- 保证符合业务需求；
- session 覆盖率为 100%，可以应用全部 case，无遗漏；
- 各标准互斥无交叉。

（5）从问题角度汇总整理

因为最终的目的是要找到解决方案，所以将前面的表格从问题维度再次整理汇总，然后针对不同问题寻找解决方案。这里方案可以用前面讲过的方法逐层制定，最终按照问题的占比和投入产出确定落地优先级。

经过以上步骤，就完成了一次深入透彻的问题分析。

再次总结一下，完成一次完整分析的需要包含以下过程：

从整体把握用户需求—选取分析样本—确定分析维度和口径—定位详细问题—推导解决方案。

第11章 用户画像

一个公司的用户画像系统既可以支持推荐、广告、push 等营销类场景，提升流量变现效率，也可以支持产品部，加强对市场和用户的洞察，从而提升用户体验，扩大市场规模。因此用户画像系统是公司数据建设的重要模块。

本章讲述建立用户画像系统所需的知识，逻辑上包含以下模块。

- 第一模块：用户画像的整体概述（11.1 节）。
- 第二模块：从 0 到 100 搭建用户画像体系的过程（11.2 节）。
- 第三模块：生成用户画像的流程（本模块详细展示用户画像的生产过程，所以内容较多，包括 11.3 ～ 11.5 节）。
- 第四模块：画像的离线验收与线上验收（11.6 节）。
- 第五模块：用户画像落地时需要注意的问题（11.7 节）。

如图 11-1 所示，这些模块覆盖了标签系统构建、生产、验收的全过程。

11.1 用户画像概述

用户画像作为当下描述分析用户、运营营销的重要工具，被全部互联网人熟知和应用，已经成为每个公司数据建设中必备的一部分，也是数据产品比较热门的一个分支。

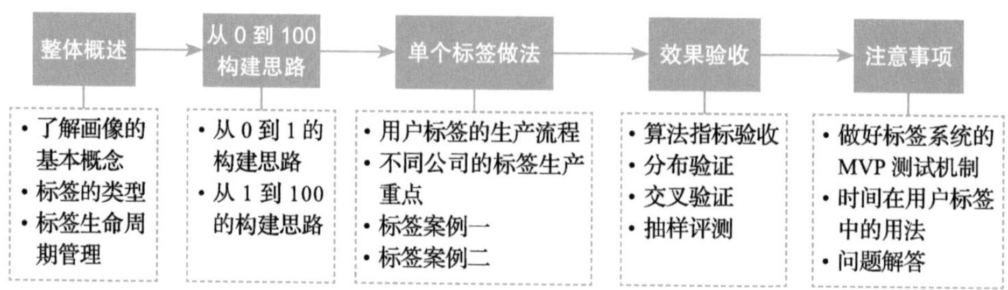

图 11-1　用户画像的介绍思路

即便没有做过用户画像产品，你也一定听说过画像、标签等名词。这一节我们就来解答以下常见问题：

- 什么是用户画像？
- 用户画像由什么构成？
- 画像和标签有什么关系？
- 标签有哪些类型？
- 标签的生命周期如何管理？

11.1.1　用户画像的基本概念

用户画像（简称“画像”）的定义并不复杂，系统通过用户自行上传或埋点上报收集记录了用户的大量信息，为便于各业务应用，将这些信息进行沉淀、加工和抽象，形成一个以用户标志为主 key 的标签树，用于全面刻画用户的属性和行为信息，这就是用户画像。

用户画像是一个标签树的结构，这个标签树是多层级、多维度组织的，设计的时候将末级标签作为最细粒度的刻画维度，末级标签对应的标签值就是用户信息在维度下的属性，标签值会通过采集、挖掘等方式计算生成。

以一个行为属性类型的标签举例，见表 11-1。

表 11-1　标签结构示例

一　级	二　级	三　级	四　级	属 性 值
基本属性	性别			女
基本属性	位置信息	城市位置		中国 – 浙江 – 杭州
行为属性	核心功能行为	banner	30 天内访问 banner 频次	4
兴趣偏好	品牌偏好	Gucci		0.89

从这个例子中我们可以看出几点信息。

- 用户画像是一个多层级的标签树，但层级并不是固定不变的，具体长度根据标签实际情况确定，可长可短，但建议总长度不要超过5级，复杂的层级对于管理和理解都有较大的成本和难度。
- 末级标签并不是固定的某一级标签，而是指每行标签最末端的标签。
- 标签值是末级标签的属性值，是用来描述末级标签的信息字段。标签值的类型有很多种，文本、数字、省市结构或者空间坐标都可以成为标签值。标签值的格式也不是固定不变的，离散型还是连续型，数字格式需要保留到小数点后几位，这些都是需要产品经理定义好的。

画像这种结构化的用户信息加工方式，极大程度上做到了完整、全面且直观地刻画用户。画像是用户在产品上的档案，便于人工使用、机器输入和算法理解。

简而言之，画像是由标签树及末级标签的标签值构成的，全面定量刻画用户的结构化信息产品。画像是标签的总成，用户标签是具体刻画用户的结构化信息，以下简称“标签”。

11.1.2 标签的类型

按照末级标签生产方式的不同，画像的标签可以划分为四种类型：直采型、统计型、挖掘型和预测型。下面分别来介绍每一种类型的概念和示例。

（1）直采型

顾名思义，直采型就是直接采集的用户标签，直接从用户基础信息表内取到的用户信息，不需要统计和计算。

示例：昵称、用户主动填写的姓名、年龄、身份证、性别等。

（2）统计型

统计型是利用用户日志数据，按照一定的规则进行简单统计的标签。这种标签只要需求和规则确定，加工速度非常快。

示例：初次时间、最后一次时间、频次、总次数等。

（3）挖掘型

挖掘型属于算法标签，利用用户行为数据或者文本数据，结合业务规则进行算法加工，输出对应的属性值或分值。如有必要，对分值进行归一化处理。

示例：偏好类标签是典型代表，包括产品偏好、具体功能偏好、内容兴趣偏好等。除此之外，敏感度标签也是典型代表，包括优惠敏感度、低价敏感度、活动敏感度等。文本数据的利用在微博、豆瓣等社区社交型产品中较多见，如需要对用户发表的状态和评论信息进行挖掘，输出对应的标签属性。

笔者在与同行讨论时得知，有些公司为了降低运营人员的理解和使用成本，会对标签值进行归一化处理，例如对于敏感度标签，0 ～ 0.3 为敏感度低，0.3 ～ 0.6 为中，0.6 ～ 1 为高。这样使用起来简单直接。

（4）预测型

预测型标签也是算法标签的一种，其原理与挖掘型标签相似，区别在于预测型重点应用于典型的预测场景，例如用户的流失概率。除了输出常规的标签值，还需要跟一定的预警和自动策略结合。

示例：用户流失预测是典型的预测型标签，利用用户生命周期的相关特征，预测用户流失概率，对于高风险用户及时采取召回策略。

11.1.3 标签生命周期管理

标签是有时效性的，每天都有大量的标签生产上线，同时也会有很多标签长时间不使用，变成废弃的僵尸标签。对于后者，为保持画像的简洁，需要及时回收下线；针对线上正在应用的标签，也需要很好地管理标签生命周期相关信息，例如使用数据的时间窗、数据是否更新、更新的方式及更新频次。

根据是否需要更新，可以将标签简单划分为两大类：静态标签和动态标签。

（1）静态标签

这里静态的意思是自标签生成起，就不需要更新。静态标签对应的往往是变更概率很低的属性，例如用户社会性别，一个用户的社会性别一旦确定就不会变更，这种标签就可以认为是静态的，不需要更新。

（2）动态标签

与静态标签相反，有些标签是动态变化的，例如重要动作的频次、距今天数等标签，需要统计用户从登录或者激活起至今的天数或者次数，这种标签就是动态的，需要更新的，而且需要从登录或激活时间累加，按天更新；另外还有一类标签，主要集中在用户偏好标签，用户对产品功能模块或者商品内容的偏好变化很频繁，所以对应的标签是动态的，而且需要滚动合并更新近一年或半年的行为数据，更新频次为天。

这就是标签生命周期管理需要确认的事情：标签是否需要按照什么方式以什么频次更新什么时间的数据。这也是标签管理的重要一环。

11.2　用户画像从 0 到 100 的构建思路

上一节讲述了用户画像的基本概念，这一节来看一下如何将这些概念落地到实际的画像建设中。在介绍画像构建时，我们把工作分为两步。

第一步：介绍从 0 到 1 的构建思路。

第二步：介绍从 1 到 100 的构建思路。

11.2.1　用户画像从 0 到 1 的构建思路

一个比较成熟的画像系统会有成百上千的标签，这些标签的生产不是一次完成的，而是随着业务的发展需要，逐步补充完善，最终呈现在大家眼前的就是一棵庞大的标签树。

跟自然界的树木一样，标签树要想长得茁壮参天，也必须有一个稳定的根基和合理的结构。在用户画像的构建前期，最重要的是搭好画像骨架，确保后续的发展过程中，依然保持清晰的结构和高延展性。相反，如果一开始为了抢时间，将大量标签无序地堆在线上，后期管理和使用的难度会迅速凸显出来，重构的代价巨大。

上面说到，一个好的标签树结构要满足两个条件：高概括性和强延展性。高概括性意味着结构体系能够很好地包含一个用户的基本属性和产品交互的相关行为，同时对于业务重点单独强调，没有遗漏；强延展性意味着结构全面的同时也有一定的抽象概括能力，保证新增的标签可以很好地找到对应的分类，整个体系不会过于收敛局限。

按照这个原则，画像通常从 8 个维度组织标签，分别为基本属性、平台属性、行为属性、产品偏好、兴趣偏好、敏感度、消费属性、用户生命周期及用户价值。

图 11-2 所示为用户画像整体架构示例，下面来具体介绍。

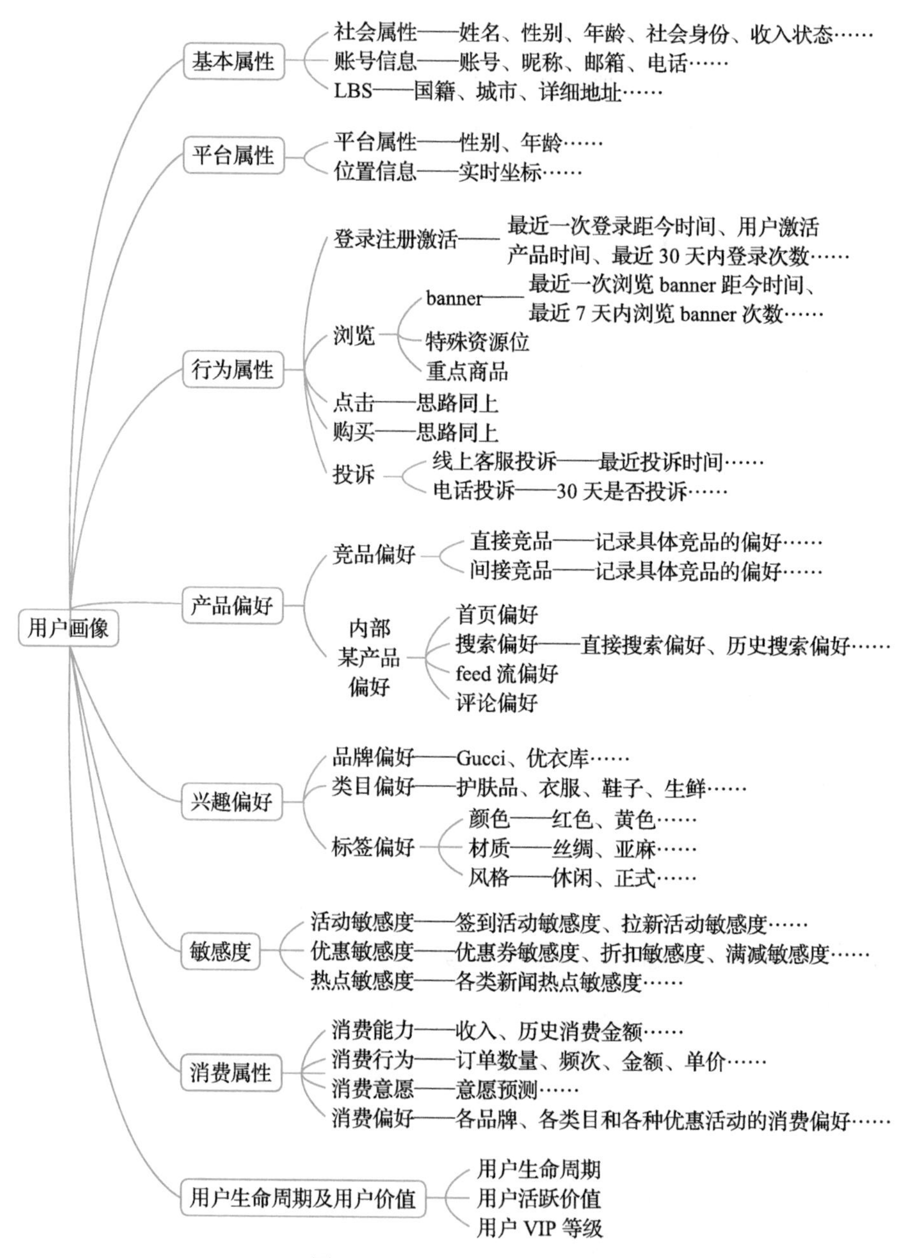

图 11-2　用户画像整体架构示例

1. 基本属性

基本属性是指一个用户的基本社会属性和变更频率低的平台特征，例如真实社会年龄、性别、婚姻状况、昵称、号码、账号、IBS 等标签。这些标签类型多为直采型，可从用户基本信息表中直接获取，不需要统计或者算法挖掘。

示例：社会性别 _ 女。

2. 平台属性

平台属性是用户在平台上表现出的基本属性特征，是利用用户行为进行算法挖掘，标识用户真实属性的标签。

典型的平台属性标签有平台年龄标签，这里你可能有个疑问，为什么在用户的基础属性中已经有年龄标签，但在平台属性中又有一个呢？这就涉及两者之间的差别。设想一个真实的场景，一个用户的社会年龄为 20 岁，但他喜欢中年人的穿衣风格，在使用 App 购物的时候，表现出的真实偏好是 30~40 岁的。对于这类使用产品时表现出的用户心智和真实年龄不相符合的用户，如果只采用用户上传的基本属性来为其推荐产品，是不是很难命中个体用户的兴趣呢？

两种不同的标签，本质上是用户自己上传信息的随意性和挖掘信息的权威性差异，是用户社会属性和真实属性差异。

我们仔细分析一下两者在数据源、计算逻辑、标签格式、标签值和应用场景等方面的差异，如下。

（1）数据源与计算逻辑方面

基本属性直接利用用户自行上传的、存储在用户基本信息表里的数据，平台属性则利用客户端或者服务端埋点上报采集的用户行为数据进行挖掘计算生成。基本属性是典型的直采型标签，平台属性是典型的算法挖掘型标签。

（2）末级标签和输出标签值方面

以性别为例，基本属性代表用户真实的社会身份，是确定的事实，典型标签形式为“性别 _ 女”，而平台属性则代表用户在性别维度的偏好概率，典型形式为“性别 _ 女 _0.80”，其中“女”为末级标签，“0.80”则代表用户在平台的女性身份上表现出的倾向程度。

（3）应用场景方面

平台属性通过用户行为进行挖掘，更能代表用户的真实倾向，输出结果比基本属性准确率高，在定向营销和算法里，年龄、性别等通常采用平台属性。而社会属性中电话、身份证、账号、昵称等使用较多。

3. 行为属性

行为属性记录的是用户的全部单点行为。用户的单点行为有很多，包括启动、登录、浏览、点击、加车、下单等，而且结合不同的产品、不同的模块交互、不同的时间窗选取，行为就更加复杂了，要想全面梳理，可以按照“产品 × 功能模块 × 用户单点行为 × 时间”四大要素来组织。

这里“产品 × 功能模块 × 用户单点行为 × 时间”的意思是，一个完整的行为应该包含“哪个产品”“哪个功能模块”“哪个行为”“哪些时间要求”四大要素，例如某浏览器体育频道最近一次访问时间。按照这四大要素组织行为，不容易发生遗漏。

示例：初次登录产品时间，最后一次启动距今时间，30 天内搜索行为频次，一个月内闪屏访问次数等。

4. 产品偏好

产品偏好是对用户使用某些产品、产品核心功能或者其他渠道的偏好程度的刻画，属于挖掘型标签，其中产品的选取可以包括自家产品、竞品；功能和渠道既包括站内产品功能，也包括 push、短信、开屏、弹窗等几大运营和产品法宝。

示例：搜索模块偏好、直接竞品 _ 京东偏好、短信偏好。

5. 兴趣偏好

兴趣偏好是用户画像内非常重要的维度，以电商产品为例，用户对商品的喜爱程度是用户最终的信息之一，兴趣偏好是对用户和物品之间的关系进行深度刻画的重要标签，其中最典型的是品牌偏好、类目偏好和标签偏好。

示例：品牌偏好 _ 优衣库 _0.91、类目偏好 _ 美妆 _0.80、标签偏好 _ 红色 _0.70。

6. 敏感度

在做营销活动时，我们留意到有些用户不需要优惠也会下单，而有些用户一定要有优惠券刺激才会下单，而且优惠券的额度会影响其下单的金额。这种情况下，如何识别出对优惠敏感的用户并为其发放合理券额的优惠券，保证优惠券不浪费，从而使促销活动的 ROI 最大？其中一个很重要的标签就是用户的敏感度标签。敏感度代表用户对平台活动或者优惠的敏感程度，也是典型的挖掘类标签。

示例：热点敏感度、折扣敏感度。

7. 消费属性

无论是电商、内容还是其他领域，公司的目标最终都是收益，所以消费属性往往作为一个单独的维度重点刻画。消费属性既包括统计型标签——消费频次、消费金额、最近一次消费时间等，也包括挖掘型标签——消费能力和消费意愿，还包括敏感度标签——优惠促销敏感度、活动敏感度、新品敏感度、爆款敏感度等。

8. 用户生命周期及用户价值

用户生命周期是用户运营的重要法典，一个用户从进入产品到离开，通常会经历“新手”“成长”“成熟”“衰退”“流失”这 5 个典型阶段，每个阶段对用户的运营都存在策略差异，画像在其中的作用是明确标记用户所处生命周期的阶段，便于后续业务人员落地。

用户价值是体现用户为产品贡献价值高低的标签，最经典的是通过 RFM 模型获得交易维度标签，此外，也应该看到用户的其他价值，例如为产品贡献活跃度，通过裂变拉来新用户，这些都可设计相应的标签。

示例：新手、成长、成熟、衰退、流失、高价值用户、VIP 等级等。

11.2.2　用户画像从 1 到 100 的构建思路

在 11.2.1 节，我们介绍了如何搭建用户画像的基础框架，这一节讨论一下，有了基础框架，到底应该如何着手一步步完善画像标签树，如何从一个基于业务的需求落地为标签的设计，如何将标签应用到具体的业务中。

要解决“如何做”和“如何用”这两大问题，要从问题的根本开始思考，也就是我们为什么要做用户画像，用户画像的作用是什么。了解了这些问题，便能水到渠成，根据用途合理地设计方案。

用户画像的主要目的有以下 3 个：

- 用于用户信息的统计，建立对产品、对用户的基本认知；
- 用于用户定向营销，利用人群圈选投放物料；
- 用于算法，沉淀用户特征，供模型使用。

标签的完善也可以按照这 3 个维度不断丰富，以下分别举例说明标签建设的思路。

1. 用于统计，对产品、对用户的基本认知

每个产品功能策略的完善，都需要建立在对产品、对用户的充分认知基础上，也就是说，用户是谁，有何特点，基本情况如何，这些是用户画像需要回答的重要问题。

思路拆解：既然要了解用户的基础信息，就需要将用户基本属性进行拆解，包括年龄、性别、居住城市（几线）、家庭结构（婚否、孩否）等。为了盈利考虑，还需要了解基本的收入水平、消费能力等。将拆解的维度抽象，构建对应标签，然后进行分布统计，便能生成一份基本的用户认知报告。

标签结果：年龄、性别等。

2. 用于定向营销和精细化运营

运营人员作为画像的重要业务使用方，每天都会通过标签圈选人群，做定向的用户、活动、内容精细化运营，以及各 App 每天都在进行的促销活动。这些运营和活动的场景分布在产品的各个渠道和各个资源位，对场景和人群的精细程度要求都很高。

举一个日常工作中最常见的需求，通过一次数据分析发现，产品的流失用户占比提升，经过讨论，大家认为一次结合利益点的 push 推送是召回流失用户的有效且快速的手段；同时 push 作为各个业务都在争取的有限资源，希望可以提高使用效率，确保 push 这个资源渠道的整体 ROI。以上需求希望画像可以支持。

思路拆解：从这个需求背景中，我们做一次关键词提取，不难发现，关键词是“流失用户”“利益点”“ push”“效率”。其中“流失用户”是用户身份识别，“利益点”是用户优惠敏感度，“ push”是产品渠道资源，“效率”意味着要尽可能确保全选人群精准，不能为了覆盖率牺牲准确率。

思路拆解完毕，具体落地就简单多了，参考步骤如下。

第一步，确定流失用户的口径和标签。这里需要用到用户生命周期的划分，从中识别并标识出流失用户。

第二步，分析对流失用户拉回效果最好的利益点，例如优惠券、折扣、礼

品或其他内容。这一步需要运营和数据开发人员根据日常经验和数据分析完成，对于画像的要求是基于分析结论，挖掘不同用户对于优惠折扣的敏感程度，这一点在前面介绍敏感度标签时有论述，最终目的是确保将每一分钱都花在刀刃上。

第三步，确定拉回的明确目标，是拉回规模还是准确率。通过需求分析可以确定，本次拉回在资源有限的情况下，需要提升人群识别的准确率。画像实现准确率的方法有两个，一是提升画像算法的准确率，这部分主要依赖算法本身，无法一蹴而就，因此这里选择第二个方法，即增加人群全选的条件，也就是新增标签，供圈选求交。

根据背景分析，我们可以增加流失用户关于 push 渠道打开意愿的标签，提高 push 资源的使用效率。

经过上述分析，需要生产的标签如下。

- 用户生命周期 _ 流失。
- 用户折扣优惠敏感度。
- push 使用标签。这里可用统计型标签，例如 push 最近一次访问时间，在使用时设置条件为“最近 3 天，最近 7 天”；也可用综合的算法挖掘型标签，即 push 渠道偏好。

通过以上需求分析和思路拆解，画像的建设过程应该比较明确了，这里再留一个思考的案例，可以尝试分析如何落地：平台新上一款商品，初期需要在某模块展示给目标用户做推广，同时尽量不打扰非目标用户，且不降低该资源位的整体转化效率。

思路拆解：商品的目标用户——商品可以按照哪些维度拆分关键信息？模块位置——用户的模块功能使用偏好是什么？准确率的要求——如何提升画像应用的准确率？

回答好以上问题，这个需求的标签便能顺利获得。

3. 用于算法，主要应用于搜索推荐、风控广告等策略方向

标签除了用于基本的用户群体描述、定向营销和精细化运营，还有一个相对来说新颖又广泛的用途：用于各算法的各个环节。在召回和排序两大经典策略流程中，都可以用到用户画像，这里我们举一个画像在推荐系统召回层的应用案例。

需求背景：推荐系统的本质是从海量信息中计算用户最感兴趣的部分，对应推荐系统的“召回—粗排—精排”，是一个“层层精选”的过程。其中召回层是精选的第一道流程，为后续计算打分准备初步的兴趣候选集，这里候选集的生成方法之一就是用户画像法。下面仍然以电商业务为例，讲述如何用用户画像做兴趣召回。

思路拆解：召回的作用是粗筛，帮助推荐系统计算第一道用户兴趣池。这里用户对物品的兴趣可拆解为对商品品牌、类目和商品标签的兴趣，这就转化为前面介绍的内容了，用户标签中有品牌偏好标签、类目偏好标签和标签偏好标签，只需要在所有品牌、类目、标签下维护一个按照商品质量或者热度降序排列的列表，这样只要获取到用户标识，便能从用户画像中获取偏好的品牌、类目和标签。再从品牌、类目和标签下的商品列表中召回相应的商品，根据候选集大小的设计，做 top *k* 截断召回。这样，这部分商品就完成初步的召回，为进入下一个流程进行粗排和精排做好了准备。

11.3 单个用户标签的做法

经过前面的学习，我们对用户标签体系有了整体的认知。那么，单个标签是怎样生成的呢？下面我们将讲述标签生产流程，并且用案例详细解释每个流程环节。

11.3.1 用户标签的生产流程概述

一个用户标签的制作流程整体如下。

1）标签定义：给出标签的定义，即发生什么行为的用户可以打上这个标签。

2）用户行为获取：探究不同的用户行为的获取难度，包括怎么获取数据、怎么处理数据。

3）模型设计：经过分析，确定了哪些行为之后，就可以进行模型的设计。

4）标签计算：对原始用户行为数据进行计算，生成标签。

5）标签评估：对生产的标签进行评估，看准确率、覆盖率等指标是否达到预期。

图 11-3 所示为用户标签的生产流程，下面来具体介绍。

（1）标签定义

一个用户标签是由用户的不同历史行为组合而成的，可以写成 $y=\sum f_n(x)$，其中 $f_n(x)$ 是单个的用户行为。所以标签的定义主要是指这个标签包括哪些用户行为，这些用户行为以什么方式组合计算。

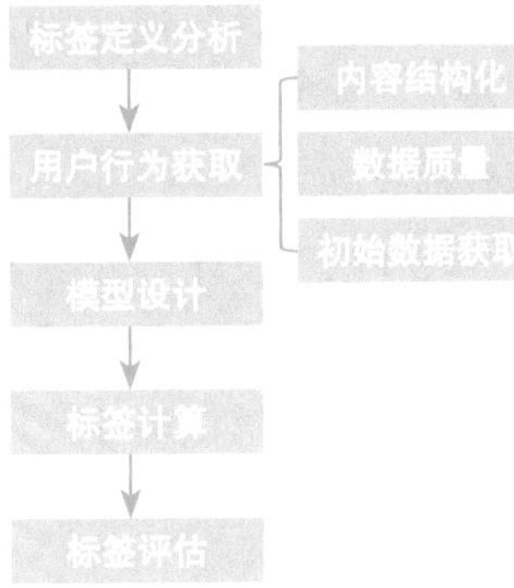

在调研阶段，产品经理可以只思考这个标签包括哪些用户行为，组合用户行为在模型设计那一步再考虑。

图 11-3　用户标签的生产流程

（2）用户行为获取

一个完整的用户行为（session）包含 5 个要素：用户、时间、接触点、内容和操作。要把这 5 个要素都获取到。

单纯的用户行为并不难获取，但是很可能不能直接使用，需要经过以下三个步骤的处理。

1）内容结构化。用户行为的五要素中，用户、时间、接触点、操作都是可以通过日志获取的。我们常见的文章、视频等内容都是非结构化的，不能作为数据直接被使用。内容只有结构化后，成为有价值的数据，才可以被分析、被计算。

因为获取到的用户行为是给算法或者规则计算用的，所以获取的用户行为五要素中，内容要经过结构化后才算是获取了一条有用的数据。

内容结构化的方式包括分类、tag、关键词等，这些都会作为该内容的内容标签，被算法使用。每个做用户画像的产品经理都要熟悉内容结构化的方式。

内容结构化后，可以以标签的形式存在，是用户标签生产过程的中间标签。文章结构化后，会有文章标签；商品结构化后，会有商品标签；促销方式结构化后，会有促销标签。

2）数据质量检查。数据从采集到使用的过程中，会出现各种数据质量问题。在获取数据时，要先做数据质量的检查和改善，需要注意以下几点：

- 人工标注的数据质量；
- 中间过程中使用算法计算的环节会有准确率的问题；

- 如果是用户人工填写 / 选择，也会有错误、不全等问题；
- 数据处理流程中的无效、失效数据。

3）基础数据获取。内容结构化和数据质量检查可能需要一些新数据，而这些数据需要开发新功能才能获取到，这个开发新功能获取新数据的过程就叫基础数据获取。

（3）模型设计

模型设计主要是指不同用户行为的组合方式计算。如前文所述，模型设计包括直采型、挖掘型等，具体采用哪种方式，需要产品经理和团队根据实际的情况来综合评估。

（4）标签计算

这部分由研发人员来完成，不赘述。前面的所有步骤都是产品经理调研需求的过程，都需要完整地写到需求文档中，以帮助研发人员来理解需求。

（5）标签评估

标签评估方法会在 11.6 节详细讲解，这里介绍一下产品经理常用的标签评估方法：准确率。准确率既可以分成 5 档，即完全准确、大部分准确、合格、不准确和完全不准确，也可以分成 2 档，即不准确、合格。经过多次评估后，笔者团队一般用后者，更利于将工作重点放在不准确的部分，有助于缩短评估时间。

11.3.2 不同公司的标签生产重点

标签生产的每个环节都很重要，但是在不同的公司，根据数据类型不同，标签生产的侧重点会不同。

- 内容已结构化，用户行为丰富。这种情况下，针对复杂的用户行为，如何进行模型设计就是重点。比如电商和泛电商公司，商品的结构化非常完善（如分类、属性等），用户行为丰富（如浏览、点击、收藏、成交等），并且用户行为频次较高，所以在模型设计上需要花的时间和精力较多。

对于这种情况，11.4 节提供了一个案例。

- 内容结构化比较困难，用户行为简单。这种情况下，对内容结构化的处理要求较高，是整个标签处理流程中的重点和难点，模型设计反而相对简单。比如搜索、信息流、视频、广告等领域，有以下特点：

- ■ 内容都是非结构化的，处理起来比较难；
- ■ 数据的质量不够好，数据获取的维度分散；
- ■ 用户行为种类少，以浏览和点击为主。

对于这种情况，11.5 节也提供了一个案例。该案例中，用户标签的组成部分之一——内容标签占了较大篇幅。

根据公司数据基础的不同，也会有侧重点的不同。数据基础较薄弱的公司，在数据获取部分花的时间就会比较多。而这偏偏是刚开始做用户标签时，产品经理容易忽略的点。没有经历过标签完整生产流程的产品经理，会以为自己把标签需要的用户行为都考虑到，下一步只用从各个系统中把用户行为数据取出来，让算法工程师做计算即可。但是实际场景中，数据可能不能直接使用，主要有以下两种情况：

- ❑ 没有数据，需要自己从零开始搭建，那么就要考虑需要协调的资源。
- ❑ 有数据，但数据质量不好或者数据没有结构化。非结构化的数据有一些算法是不能理解的，因此要增加结构化的步骤。

这时要想办法获取数据，数据获取的方式包括埋点、人工输入、爬虫抓取等。

总之，有良好的数据可以直接使用的情况并不多。用户行为数据会出现各种各样的情况。而产品经理如果对各种情况没有足够预估，会导致项目排期时间短，不能按时完成。

而数据对于用户标签的效果影响非常大。笔者曾在数据产品群里收集过对策略产品系统（比如搜索、广告、用户画像等）的效果影响因素。

- ❑ 有的产品经理认为，数据占 70%，产品占 20%，算法占 10%。
- ❑ 也有的认为，用户交互界面占 30%，数据占 30%，产品定位等占 20%，算法占 20%。

可见，不同情况下，产品经理都认为数据的重要性很高。

在很多公司，产品经理的实质工作之一是，思考哪些数据可以用于制作标签，然后想办法获取这些数据。

11.4 标签案例一：算法标签的一般生产流程

直采型和统计型标签生产方式比较简单，确定标签和标签值格式，按照明确的规则即可完成，比较复杂的是挖掘型和预测型算法标签。下面我们以“类目偏好”标签为例，说明算法标签的一般生产流程。

11.4.1 标签定义分析

用户的历史行为隐藏了用户对于某一个类目商品的喜爱程度和主观打分，类目偏好标签是将这些行为数据进行加工计算，沉淀到画像中。例如，一个用户对衣服的偏好为 0.83 分，对帽子的偏好为 0.12 分，示例如下：

用户标志 _ 偏好 _ 类目偏好 _ 衣服 _0.83

用户标志 _ 偏好 _ 类目偏好 _ 帽子 _0.12

这里的“0.83”和“0.12”就是我们需要计算的标签属性值。

11.4.2 用户行为获取（特征探查）

一个电商产品绝大部分数据来源为站内用户与物品的交互数据，这部分数据相对容易处理，只需要做好打点上报和数据清洗工作即可。

用户行为获取的难点和重点有两个：新用户行为如何获取，是否用户的全部行为都需要参与计算。

（1）新用户的行为如何获取

新用户行为的获取方式有以下两种。

- 产品设计。新用户站内数据的获取依赖产品设计，在用户进入产品时，通常会有一个新用户引导页。我们可以打开手机，看一下小红书的新用户引导页，会引导用户关注自己喜爱的话题，这样就能通过用户的自主行为完成用户兴趣的第一步收集。
- 策略设计。除产品功能设计外，还可以通过策略设计。例如在首页重要场景，设计绝对热度逻辑推荐场景，用户从热门内容中选取自己感兴趣的物品，产生浏览、点击等行为，这也是完成新用户收集的方法。

（2）是否全部行为都需要参与计算

这个问题的答案一定是否定的，尤其是画像建设初期，不宜一次加入过多特征训练，因为结果很难把控。行为特征选择依据，可以参考两个标准。

- 该行为是不是影响用户决策的核心因子。以传统平台型电商产品为例，影响用户决策的绝大多数行为是围绕物品本身展开的，很多社交、个人状态等信息，对用户是否购买商品影响不大，该行为可以不要。所以选取核心行为，是取得最优结果和提高效率的第一步。

- 该行为是否稀疏。很多行为虽然重要，但因为操作门槛高，数据稀疏，一样影响模型的训练，初期可以不引入。

11.4.3 模型设计

标签的定义和数据已经确定，接下来的问题就是如何通过计算得到标签的标签值，我们这里介绍机器学习常用方法。

机器学习在用户画像中的应用，仍然遵循“标注数据—训练集建模—测试集验证”的基本流程，如图 11-4 所示。下面来具体介绍。

图 11-4 机器挖掘标签的基本流程

1. 标注数据

抽取几万条种子用户数据做标注，为算法建模提供训练和测试样本。在数据标注的时候需要注意，虽然用户和物品的交互行为非常多，但为了保证数据的准确和效率，通常选取核心数据进行标注，例如一个用户对商品有搜索、浏览、点击、加车、下单、转发、截图、聊天等多种行为，但在标注用户对物品是否有偏好的时候，往往只选取加车和下单两种行为，其他的不在标注范围内。

2. 训练集建模

这里就需要利用 11.4.2 节中特征分析的结论，哪些行为是影响用户对类目偏好的有效特征，需要模型引用，哪些不属于用户的决策因素，不需要考虑，这是产品经理需要做的重要工作，而具体模型的选择和参数调优，则由算法工程师来主导。

虽然算法建模是一个研发主导的技术型过程，但这里面特征的选取却是需要产品经理发挥自已对业务和用户理解的优势，重点介入的，介入的方式有以下几种。

（1）明确哪些特征属于重要特征

仍以电商为例，特征一共分为4个维度：用户的特征、物品的特征、用户—物品的多维特征和环境特征。在每一个维度内，最能影响业务表现的特征是什么，这是产品经理要明确的问题。

例如某个以GMV为优化目标的商品列表场景，影响最终收入的因素如下。

- 用户侧：用户的年龄、性别、经济能力、客单价和历史订单GMV等，这些都属于影响用户付费的重要因素。
- 物品侧：除了物品的文本、图片信息外，价格和近期价格变动以及优惠程度也是重要特征。
- 用户—物品的多维特征：这里涉及用户对物品相关维度的特征，例如用户对物品所对应的类目、品牌的历史购买次数、历史购买总金额等。
- 环境：时间、是否为促销季、优惠券的额度等。

这些重要的业务特征，都需要产品经理通过数据分析和日常经验的积累，转化为模型的特征，帮助算法更好地输出符合需求的结果。

（2）评估特征的权重值是否符合业务认知

人工提供有效特征是建模前的步骤，算法在训练完成后，也会输出各特征所对应的真实权重，例如：

用户历史消费总金额 0.98

用户对品牌的历史点击次数 0.89

商品的优惠占总价的比例 0.76

当算法输出特征和对应权重的时候，产品经理一方面需要根据自己的经验，判断这些权重的合理性；另一方面，需要从这些特征中抽象出真实有效的决策信息，沉淀为自己的经验，便于建立更完整的业务认知。

3. 测试集验证

经过多次训练，基本可以获得一个较为准确的模型，接下来要在测试集进行验证，输出重要的AUC指标，由大家来评估是否可以上线。

需要注意的是，AUC的绝对值高，提升幅度大，并不代表线上会有同样的提升，画像是一个复杂的系统，单一一环的效果并非简单叠加，具体还需要在线上进行A/B测试。

4. 画像加工

经过以上步骤的计算，便得到了一个初始的数值，用户标志 _ 偏好 _ 类目偏好 _ 衣服 _3982，这个数据是否可以直接使用呢？答案是否定的，还需要进行以下步骤的加工。

1）确定衰减方案。前面提到标签是有生命周期的，其背后的意义是用户的兴趣是在变化的，今天表现出对衣服的强烈兴趣，画像进行捕捉记录，但今天的兴趣会随着时间的流逝影响降低，因此必须不断地与每一天的新兴趣融合。旧兴趣影响逐步降低的过程就是衰减的过程，对于衰减而言，重要的是求取半衰期，以计算衰减系数。感兴趣的读者可以详细了解一下计算衰减系数的数学方法。

2）更新频率。整个画像的更新频率取决于旧兴趣衰减的频率。一般画像标签的衰减时间粒度可以定为天，即每天乘以一次衰减系数，再与新数据融合；但对于实时画像，这个时间粒度可能就需要定为小时或者分钟级别。

3）数据归一：可以注意到，通过以上方式生成的属性值是不规范的，为了使用方便，便于对比，可以统一将属性值映射到 0~1 之间的数字，这就是归一处理。

经过以上步骤，便可以得到一个动态的、不断更新的、准确的偏好标签了。

11.5 标签案例二：加入内容标签的用户标签生产流程

用户行为五要素中，用户、时间、接触点、操作这四种要素可以从日志中获取，只有内容是不是满足需要是未知的，是数据获取过程中的难点。因此需要有内容标签，将内容结构化，以支持用户标签的计算。

本节同样以类目偏好标签为例，并具体到宠物行业偏好，首先讲解如何做标签定义的分析；然后讲解内容标签的制作，包括直采型、规则型、算法型，中间会穿插数据获取和资源协调的知识；最后讲解有了内容标签的基础后，如何制作用户标签。

11.5.1 标签定义分析

不管什么类型的标签，生产的第一步都是给标签做定义。标签的定义会直接影响到后续的思考，所以在开始做一个标签之前，一定要花时间想一想，什么样的用户可以打上这个标签，这个标签是哪些用户行为的组合。

比如，要定义标签“宠物行业偏好”，可以拆为以下用户行为。

用户行为一：用户会经常浏览宠物的文章。

用户行为二：点击宠物相关的广告等。

用户行为三：购买宠物类别的商品。

用户行为四：关注宠物频道。

用户行为五：……

另外，最好把用户历史行为数据找出来验证，看看自己的定义对不对。比如，笔者曾经认为搜过“三个月”等时间类的词的用户，可以打上母婴类标签。因为用户在搜索框输入简写词时，搜索引擎会自然捕捉到他的意图，而“三个月”一般是“三个月宝宝”的简写（见图 11-5）。

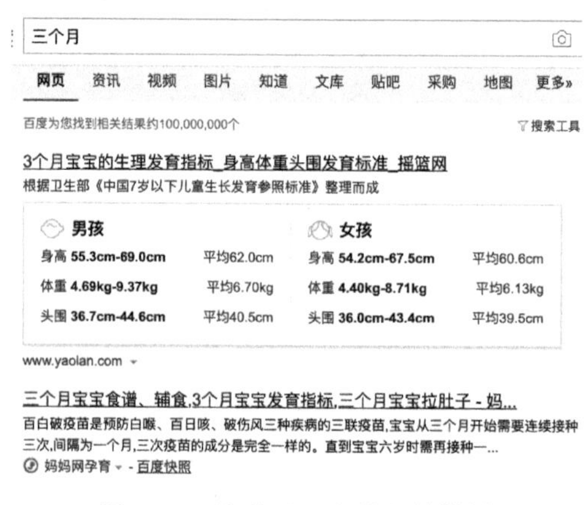

图 11-5 搜索“三个月”的结果

然而，笔者后来发现，很多该类词的用户是为了搜索宠物，“三个月”是“三个月小狗”的简写。

11.5.2 内容标签制作

上述用户标签“宠物行业偏好”的用户行为，在以内容标签作为中间产物后，描述就会发生以下变化。

用户行为一：用户会经常浏览宠物的文章→用户经常浏览带有宠物分类标

签的文章。

用户行为二：点击宠物相关的广告等→点击带有宠物分类标签的广告。

用户行为三：省略。

本节主要讲内容标签制作过程。限于篇幅，我们只举两个内容标签制作的案例：文章分类标签和广告分类标签。

1. 内容标签制作方法

和用户标签类似，内容标签可以有3类生产方式：直采型、规则型、算法型。

1）直采型：直接从基础信息表内取到的内容数据，不需要统计和计算。这些内容数据大多是人工输入的，所以直采型的难点在于对人工输入的数据进行管理。

人工输入方式分为3种，各自的数据质量风险点如下。

- B端用户输入：B端用户输入，是为了用标签获取流量，所以倾向于选择大流量而不是精确流量。
- C端用户输入：如果没有直接利益导向，用户可能不输入准确数据。
- 公司职能部门输入：首先这个部门的资源要能争取下来，这个部门为什么要支持你；其次，需要完善的输入规范和质量检测。

2）规则型：按照一定的规则进行简单统计，这种标签只要需求和规则确定，加工速度非常快。

3）算法型：对内容进行算法加工，输出对应的属性值。

本节的案例中，对于每个标签都会讲上述3种生成方法，同时也会讲每一种方法会碰到的困难、所需要掌握的技能和协调的资源等。希望产品经理在看本节时，不仅了解标签制作方法，也能够深入了解实际生产标签时的真实环境。

2. 内容标签案例一：文章分类标签

“宠物行业偏好”定义中的用户行为一是浏览宠物的文章，需要对文章提取文章行业分类标签，简称文章分类标签。文章分类标签有以下3种生成方式。

- 算法型：人工标注一批宠物类文章数据，由算法学习和训练模型，模型训练好后，就可以对新的文章生成文章分类标签。
- 规则型：统计文章中出现的某个分类关键词的次数，超过一定阈值，就打上该分类标签。

- ❑ 直采型：让博主发送文章时，输入文章的分类，将该分类存储于数据库中，标签系统可直接调用。

下面详细讲解不同类型标签的生产过程。

（1）内容标签制作方法一：算法型

标签生产步骤及产品经理要考虑的风险点如下。

1）人工标注宠物类文章，以供算法学习。

- ❑ 风险点：要为算法准备足够数量的标注文章，否则会影响算法学习的效果。
- ❑ 解决方案：爬取分类文章，生成分类文章库。此方案需要开发或者修改爬虫软件。
  - ■ 所属标签制作流程：基础数据获取。
  - ■ 所需资源类型：开发新产品 / 功能。

2）算法训练。

对文章进行分类，需要分类器学习到文章的特征。比较常见的用来分类的文章特征是文章的词（还可以是单字、bigram、trigram 等），不同类别的文章，词的权重分布大不相同。将文章通过数据预处理（分词、过滤停用词），计算出文章的词的权重（tf-idf），作为文章的特征，结合人工标注的标签，就可以让分类器学习到每种类别文章的词的权重分布。这样，当遇见一篇新的文章时，分类器就可以根据现有文章的词的权重分布，来判断文章的分类。

除了传统的机器学习方法外，最近几年深度学习算法也比较火，而且效果也很不错。笔者所在的公司用过几次深度学习做分类，效果都超过了传统机器学习分类算法。

图 11-6 所示为算法型文章分类标签的思考过程，可以简单分为以下 3 个部分。

- ❑ 中间是实现算法分类的主要过程。
- ❑ 左边是对应的所需资源，产品经理在这个思考过程中的每一步，都要考虑实现方案和所需资源，从而判断可行性。
- ❑ 右边标明了使用了标签制作流程的哪一步，是为了让读者通过这个案例，更深入地理解标签制作流程。

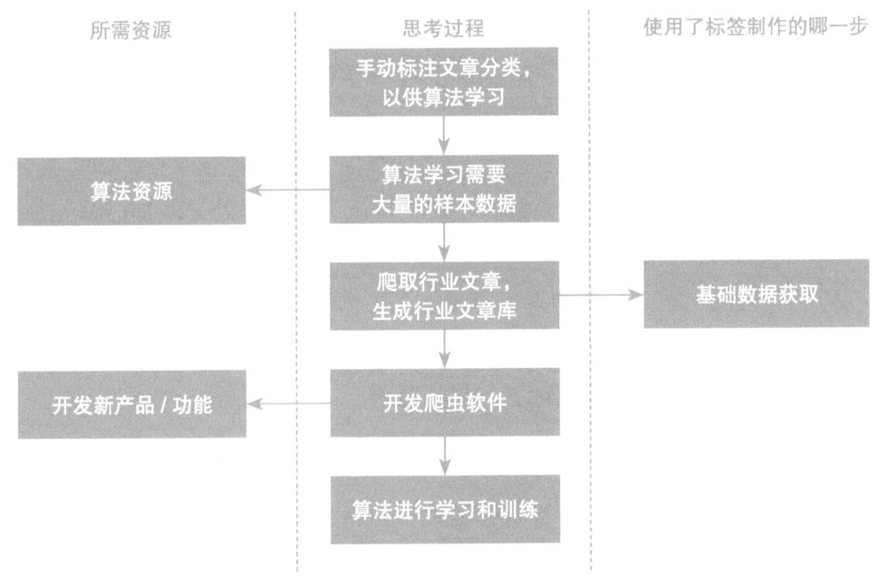

图 11-6 算法型文章分类标签的思考过程

（2）内容标签制作方法二：规则型

如果一个标签还处于前期探索阶段，要想知道此类标签是否会有效果，用算法来开发的时间较长，因此就会用规则来做。

具体做法是，如果统计文章中出现的某个行业关键词的次数超过一定阈值，就打上该行业标签。

规则类文章分类标签的思考过程如下。

1）文章的分类判断规则。比如一篇文章中出现了很多次“小狗”和“狗粮”，这两个关键词都属于宠物行业，该文章的行业分类标签就是宠物。这样就需要一个行业关键词库。

2）建立行业关键词库。标准的行业关键词库的建立时间一般较长，但是在探索期，做关键词库的要求没有那么严格，一个相对原始的行业关键词库就可以用了。常用的办法是抓取各个行业顶级媒体，比如美食行业，就可以把大众点评的美食频道给抓取一遍。

- 所属流程：基础数据获取。
- 所需资源：开发新产品 / 功能。

3）上述使用关键词库的方式会有准确率问题。有的词可以有多种意思，比如“熊猫”既可能指动物，也可能指电视机。还有文章和关键词意思完全不匹配的情况，比如如果一篇包含“宝马”的文章大部分内容是“开宝马撞人”，那么就不能给它打上“宝马”的内容标签。

- ❑ 解决方案：人工解决，由产品经理加强对数据质量的检查，如果有影响比较大的案例，就用规则解决。这种解决方案的好处是新加的都是规则，不需要新开发系统。
- ❑ 所需资源：人工资源。（人工资源指人工标注的资源，下同。）
- ❑ 所属流程：数据质量。

图 11-7 是规则型文章分类标签的思考过程。

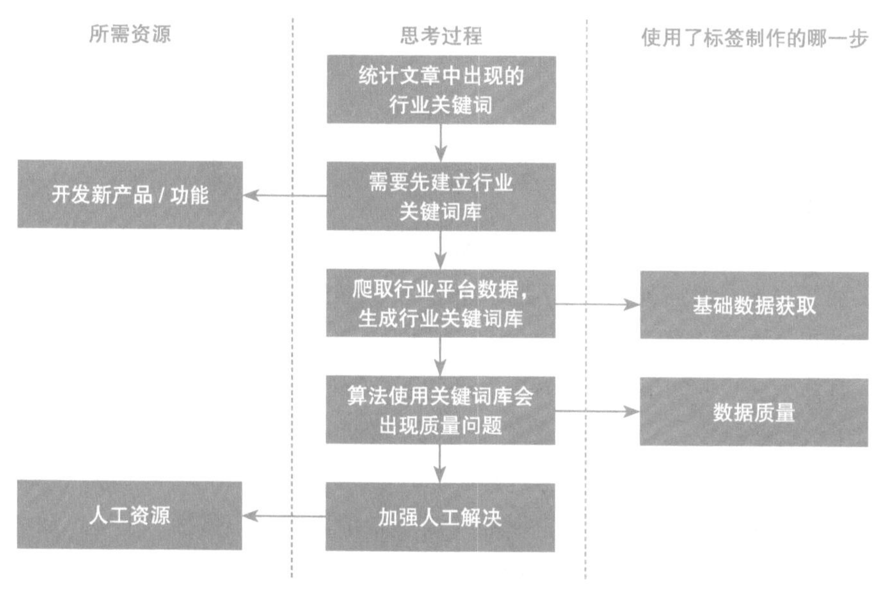

图 11-7　规则型文章分类标签的思考过程

说明：本方法是为了说明如何用规则快速生产标签，常用于标签的探索期。

（3）内容标签制作方法三：直采型，由博主输入

具体做法是，做一个后台设置的界面，让博主在发送文章时输入文章的分类。本直采型的数据是 B 端用户输入。

主要流程如下。

1）在发布文章的界面做一个选择文章分类的功能。所属流程：基础数据获取。

2）出现问题：大的分类，流量就会大，所以博主发布文章时，会给自己的文章倾向于选择大分类，而不是准确分类，从而带来数据质量问题。

3）与流量分发部门沟通，给准确分类的文章更高的流量。所需资源：需要跨部门沟通算法资源。

直采型文章分类标签的流程较简单，就不提供流程图了。

说明：本方法是为了说明其他部门的机制可能会对内容标签的数据质量提升有很大帮助。产品经理平时就要了解各个部门的业务和机制，以备不时之需。

---

3. 内容标签案例二：广告分类标签

“宠物行业偏好”定义中的用户行为二是浏览宠物类的广告，需要先对广告进行分类判断，打上广告行业分类标签。

本案例和上一个案例都是分类标签，但是又多列了几种方式。可以看到，即使是同一种标签，也有多种做法。这也是笔者一直强调的，产品经理会经常面临不同方式的选择，所以对于标签的生成方式，要熟练掌握，以便时时判断不同实现方式对项目的影响。

说明：这个环节仍然可以用算法来做，深度学习非常适合给广告图片分类。但是前面讲过算法的步骤，这里的流程也一样，只是样本数据需要准备大量的图片分类数据，所以本节就不讲算法实现了。

（1）内容标签制作方法一：直采型，人工标注

具体做法是，让标注团队给广告图片打标签，流程如下。

1）人工标注。在最开始数据不足的阶段，都需要大量的人工去做标注。既然需要人工打标签，就要调用公司标注团队的资源。

所属流程：基础数据获取。

2）给人工标注团队制定标注规则。标注规则要包括标注标准、考核要求等，比如随机抽样，合格率在多少以上标注数据算合格。

所需资源：人工资源。

3）当标注量大的时候，就要考虑提供预标注系统。在预标注技术加持下，可以大批量减少人工操作。

4）当标注量大但不连续时，产品经理可以联系外包团队来做。

说明：本方法讲人工标注。人工标注一般都涉及多人合作、跨部门合作、跨团队合作，对产品经理的标准管理能力有很高要求。

（2）内容标签制作方法二：直采型，广告主设置

具体做法是，由广告主设置自己的行业，广告的行业标签直接调取广告主的行业数据，流程如下。

1）在广告主注册的时候，可以让广告主选择自己的分类，这样他无论投放什么，广告的标签都可以调用广告主的分类。此方案需要开发一个填写广告主分类的界面。

2）出现问题：广告主可能会选择错误的分类。

3）解决方案：利用算法判断广告主填写分类的准确性，如果不准确就对广告主示警。

4）出现问题：广告主都是商务团队谈判来的，是商务团队的 KPI，如果在注册时多了分类这一步且有错误示警，对广告主不友好，商务团队会不会反对？

5）解决方案：获取到广告主的分类数据，对商务团队分析客户情况有较大帮助，所以商务团队应该推动这件事，而不是反对。

6）出现问题：当推动到这一步时，广告主分类数据会同时被商务团队和标签团队使用，那么，商务团队用的分类标准和标签团队用的分类标准是一样的吗？会出现什么问题？

这一步留作思考题。

说明：本方法是为了讲当需要其他部门配合时，也需要为对方的利益考虑。收集数据对数据部门有很大作用，但对于业务部门的 KPI 不一定有直接作用。了解业务部门的利益点会有助于产品经理推动项目。

4. 内容标签的整体思考框架

综上，内容标签的整体思考框架如图 11-8 所示。

由图 11-8 可以看出，一个内容标签要考虑的方面非常多。在标签定义分析后，产品经理首先要想到有哪些方法可以用来生产内容标签，同时也要想到每种标签需要调用的资源，特别是算法资源用在哪个环节。在这个过程中要求的

能力包括但不限于以下几种。

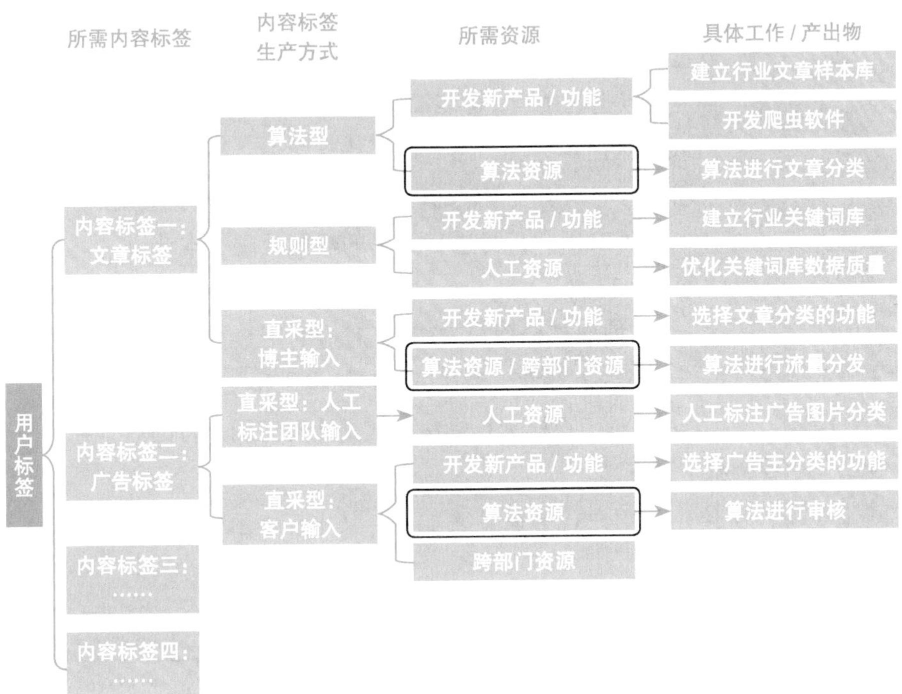

图 11-8　内容标签的整体思考框架

- 熟知各种内容标签生产方式。对于上述所有的步骤，要了解其大概的实现方式、时间和难度。
- 熟知各种数据质量可能出问题的情况。
- 熟知各种基础数据获取的方式。
- 对公司各个部门的能力范围和需求都要很了解。

11.5.3　用户标签模型设计

内容标签生产完后，就可以和用户行为五要素中的其他四要素一起，共同生成用户标签。本节主要讲用户标签的模型设计过程。

1. 同一个标签的不同模型设计示例

在给文章打上文章分类标签，给广告打上广告分类标签后，用户行业分类标签（以宠物分类标签为例）的模型设计可以有以下 3 种。

- 直采型：取过去 30 天浏览过带有宠物分类标签文章（简称宠物标签文章）的用户，作为宠物行业分类用户。
- 统计型：取过去 30 天浏览过宠物标签文章的用户，并去除浏览过 3 次宠物标签广告但没点击的用户（可能没有兴趣），作为宠物行业分类用户。
- 挖掘型：由人工对样本标注，然后用算法来学习。算法会自动学习其规律，从而给用户打上宠物类偏好的标签，作为宠物行业分类用户。

直采型和统计型都是对用户行为进行简单的规则处理，本节讲一下挖掘型的模型设计，具体处理过程如下。

1）获取用户行为：抽取部分用户 ID 及其对应的用户行为。用户行为要按照上节的要求，包括完整的五要素，经过了内容结构化和数据质量处理。

2）人工标注：人工对用户样本打标签，就是人看完用户行为后，判断是否应该给用户样本打上该标签。

人工标注所使用的用户行为表见表 11-2，其中 1 表示标签的序号，0 表示无标签。

表 11-2　人工标注所使用的用户行为表

<table>
<tr><th>用户 ID</th><th>用户行为</th><th>人工打标签</th><th>算法打标签</th></tr>
<tr><td rowspan="4">用户 ID 一</td><td>行为一</td><td rowspan="4">1</td><td rowspan="4">1</td></tr>
<tr><td>行为二</td></tr>
<tr><td>行为三</td></tr>
<tr><td>行为四</td></tr>
<tr><td rowspan="3">用户 ID 二</td><td>行为一</td><td rowspan="3">0</td><td rowspan="3">1</td></tr>
<tr><td>行为二</td></tr>
<tr><td>行为三</td></tr>
</table>

3）算法训练，过程如下。

首先，产品经理将人工标注的样本数据提供给算法工程师，同时提供的还有对本次算法上线的要求，比如准确率 85% 等。这个要求很重要，因为每次上线都会根据当时的情况进行指标和阈值调整。比如当时的线上版本 badcase 率有 10%，而本次算法作为优化，就将 badcase 率作为上线要求。

其次，算法工程师将数据分为训练集和测试集。使用训练集进行训练，训练完成后，对测试集的用户进行标注。

最后，对比人工标注和算法标注的差别，不断优化。直到优化到算法工程师认为达到上线要求后，发给产品经理。

4）标签评估：11.6 节会讲标准的评估方式，这里只讲准确率的评估。

- 人工标注和算法标注的差额 / 样本总量就是准确率。
- 如果产品经理觉得准确率达到要求，就可以上线了。
- 准确率的阈值确定，一般以不给用户带来负面印象为下限，即低于该准确率，用户就会有明显的感知，认为产品有质量问题，这种情况就不允许上线。

2. 做模型设计时产品经理需要考虑什么

产品经理在做模型设计的时候，考虑的是使用哪种方式来做，是直采型、统计型还是挖掘型。有人可能会问，为什么还要考虑，直接用挖掘型做不就行了吗？甚至，前面说了，深度学习的效果比机器学习还好，为什么不直接用深度学习来做？问这个问题的人只考虑到了效果，而产品经理在考虑实现方案时，要综合考虑多个方面。

（1）算法研发的资源有限，应该用在哪个环节

从上面我们可以看到，用户画像的每个环节都可以用算法来做，比如数据质量管理、内容标签、模型设计等，那么就要统一考虑研发资源，比如数据质量低，需要研发用算法来改善等。所以研发给其他环节开发算法，模型设计这一步就可以用规则来做。

图 11-8 所示为内容标签的整体思考框架，找一找其中可以用算法来做的环节有哪些，然后自己判断下，算法资源用在哪个环节会对整个标签效果带来最大提升。

（2）业务场景适合哪种标签

综合来说，业务变动频繁、数据也变动频繁、对时间和效果要求比较高的项目，用直采型和统计型较多。比如标签的 MVP 阶段，在探索标签的可行性时，就会用规则来做；比如某个重要客户需要某一类标签，并且时间比较紧时，用规则来做。

业务相对稳定、可以给算法工程师较长时间开发的项目，就可以采用挖掘型。

（3）资源协调

每种用户行为获取，都可能涉及人工标注团队、功能开发团队、功能所在

系统的产品团队、算法团队等多方面资源的协调，能否协调下资源来，也是一个要考虑的因素。

（4）是否需要更多的用户行为数据

数据种类对效果的影响较大，多一种用户行为数据，可能就会对结果有较大提升。团队的精力更可能放在新的用户行为获取上，而用户行为获取可能需要算法开发，因此已有的用户行为模型设计就采用简单的方式。

11.6 用户画像的效果验收

前面已经充分讲述了用户画像的概念、整体架构的搭建、具体需求的落地实施，接下来我们探讨一下标签做完之后如何验收。比起标签的设计、口径和计算逻辑，标签生产完成之后的效果验证更加重要且困难。

整个效果验证分为离线部分和线上部分，线上试验的方法大家都比较清楚，就是经典的 A/B 测试，这里重点讲述离线验收的几种方法和环节。离线验收主要分为算法指标验收、分布验证、交叉验证和抽样评测四种方案。

11.6.1 算法指标验收

算法指标是对算法能力的评测，例如机器学习，常用指标为 AUC、AUC 提升率、召回率及准确率四大指标。AUC 是算法的常用指标；提升率则是跟之前的迭代对比，评估本次的提升幅度；召回率和准确率是算法基础指标，用以评估标签的覆盖情况和准确情况（第 10 章已经详细讲述过）。

在使用算法指标的时候，需要注意一点，以 AUC 为代表的指标是监控每次模型迭代的相关指标，是确保标签效果的第一步，但算法指标提升与线上效果并非呈标准的线性关系，所以可以信 AUC，但不能尽信 AUC。

11.6.2 分布验证

分布验证是算法标签的过程验证方法，一个算法标签做完，输出结果是海量的“用户标识 – 分值”对，如何验证这些“用户标识 – 分值”和合理性呢，方法是选取待校验的标签和标签值，再选取最能影响用户在该标签分值的一个单点行为，比较分值和行为在用户轴上的分布情况。

以类目偏好标签为例，如图 11-9 所示，第一个分布图横坐标是用户，纵坐标是类目偏好的分值；第二个分布图横坐标也是用户，纵坐标则选取最能代表用户对类目偏好程度的下单行为——用户订单量。将两者进行对比。

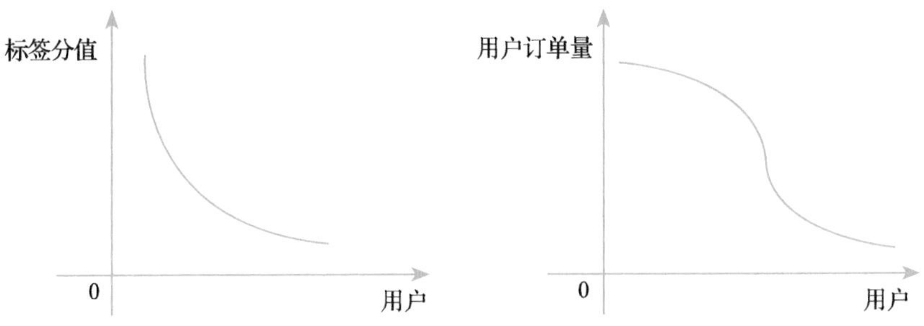

图 11-9 标签用户分布与用户真实行为分布对比

可以看到，用户和具体标签值分布呈现“L”型，用户和用户订单量呈现“S”型，两者存在较大的差异。这里值得一提的是，分布验证是过程验证方法之一，不是衡量线上最终效果的唯一指标，有些情况下不能一概而论，认为标签错误，但是可以作为标签的一个重要优化方向。

11.6.3 交叉验证

交叉验证是典型的用业务经验大规模校准算法标签的一种有效方案，其原理非常简单朴素。即便在没有定量的用户标签的情况下，我们对业务也有着基本了解，例如年轻人喜爱潮牌，中年人喜欢优雅风格的奢侈品，一线城市人群购买力强于三四线城市人群，学生的年龄普遍低于有工作的成年人。这就是交叉验证的前提：用已经验证过的正确标签和新标签做交叉，得到较为综合的用户特征，再根据经验判断新标签是否合理。

例如，通过将年龄标签和消费能力标签交叉，性别和偏好交叉，最近一次访问时间和流失预警标签交叉，判断年龄低的用户群消费能力通常不高，女性群体通常不会喜欢男性商品，最近一次访问时间在最近 3 天内的通常不会是流失用户。交叉验证的标签数量越多，验证结论的置信度就越高。

11.6.4 抽样评测

经过分布验证和交叉验证后，我们可以对标签的准确率有一个整体的认知，如果需要对准确率进行量化，抽样评测是常规手段。具体方案为，根据需要随机抽样或者抽取头部用户样本，与线上一定时间窗口行为统计数据做对比，辅助人工评测，标注合理的样本数量，来统计准确率。

例如在用户兴趣偏好标签输出后，统计用户 3 个月内不同类目标签的点击次数（点击行为比较能够代表用户的意愿），如果兴趣分值高但实际点击次数非常低，则认为标签是有问题的。没有问题的数据占比即是抽样评测的准确率。

这就是标签完成后的四大验收方法。通过了离线验收的标签可以上线试验，监测真实效果，观察其是否对业务有切实的提升。

11.7 做好标签系统需要注意的事项

本节对做标签系统过程中容易出现的问题做一些补充说明。

11.7.1 做好标签系统的 MVP 测试机制

笔者最开始做标签系统时，并没有把它当成一个非常难的项目。但是做了半年后发现，新做一个用户画像系统，而且要在短期内做出效果是非常难的，可能要走很多弯路。走过的弯路如下。

- 完全根据需求排优先级。大家可能会说，用户画像产品目标有什么难的，跟着业务需求做就可以了。实际上不是，因为在公司没有项目的时候，提需求的人，是通过使用其他公司的画像得到的经验，可能与你们公司的数据特性并不匹配。
- 开发太多标签，会有很多无用的标签。标签的维度虽然很全、很丰富，但是做起来要投入很大的精力，而实际业务运营中，使用的肯定没有这么多。
- 真正对业务有用的标签可能连排期都排不上。

数据产品经理群里也有人抱怨：

- 可能你刚打的标签还没用到就已经被业务给废弃了；
- 我们的业务团队都不爱给大数据提需求，有排队的功夫自己都做完了。

在经过一些波折后，笔者终于探索出可以保证标签有效的机制，那就是标签 MVP 机制。

1. 标签的 MVP 机制简介

MVP 是指最小可行性产品，本质是为了加快迭代速度，以便获取认知。

对于标签来说，在 MVP 阶段，需要获取的认知包括以下几类。

- 市场认知。产品经理想要知道某一类标签有没有用户点击，会不会带来后续的购买，商业价值如何。
- 标签规则认知。不同的用户行为代表不同的意向，比如看汽车贷款文章比看汽车文章更能表明用户的买车意图。如何将这些用户行为用规则组合成用户标签，也需要产品经理进行 MVP 测试。
- 测试算法效果。算法工程师想要知道算法开发的方向对不对，也需要用户行为反馈，所以也会采用 MVP 的方式。这种方式与小流量 A/B 测试的区别是，小流量 A/B 测试需要算法被开发好后上线测试，而 MVP 指算法工程师为了测试自己的想法，不一定非要把算法开发好，不管用什么方法，能够离线把用户圈定就可以。

可见标签的 MVP 机制既支持产品经理的工作，也支持算法工程师的工作，是非常重要的。而这个机制只需要开发一个小工具即可完成，性价比不可谓不高。

2. 标签的 MVP 流程

1）产品经理和业务人员商定符合该标签的用户特征。

以宠物行业偏好为例，用户可能会出现以下特征：用户会经常浏览宠物的文章、点击宠物相关的广告等、购买宠物类别的商品、关注宠物博主等。

2）人工设定提取具有上述特征用户的规则。

3）将规则用 SQL/ 其他语言写出来，去数据库取对应的用户 ID，做成用户包。

4）利用 MVP 测试的工具，将用户包投到线上，看数据效果。

5）如果效果好，产品经理就会列入产品需求，提给研发人员，进行需求排期；如果效果不好，就继续更换用户特征，进行线上测试。

3. 标签的 MVP 工具

可以看到整个标签体系中的标签非常多，随时都有不同的用户包在线上测试，所以要有 MVP 工具，也就是一个用户包投放的功能（见图 11-10）。

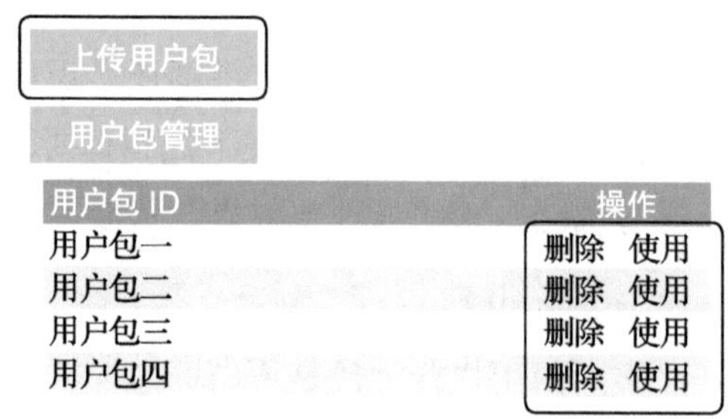

图 11-10 用户包投放的功能

用户包投放的基本功能有以下两个。

- 上传用户包：产品经理可以上传自己生成的用户 ID。
- 用户包管理：展现用户包列表，产品经理可以进行投放、暂停、删除等管理操作。

11.7.2 时间在用户标签中的用法

标签的时间选择，主要根据标签是代表的用户意图还是兴趣。意图是指用户想要做什么，一般会用较近的时间；兴趣是用户喜欢什么，兴趣一般会维持较长时间，所以兴趣标签采用的时间窗口较长。比如行业偏好是一个兴趣标签，因此采用的用户行为时间一般较长。

时间作为一个要素，使用的时候有以下技巧。

- 标签测试。如 11.7.1 节所述，产品经理在做一个新标签之前，需要了解标签的市场反馈效果，这个时候通常要做一次 MVP 测试。只用把时间设定为最短，比如一天或者一个小时，就可以得到这个标签的最理想数据，知道标签点击率最高能到多少。因为时间越短用户越强，效果越好。
- 标签优化。在上线后，如果发现标签的效果不理想，但是业务方又急需这个标签，那么最快而且有效的方式就是把标签的时间缩短。我们曾经看过一类标签，按照发生行为的时间距离现在的天数，做了一个点击率从 0 天到 30 天在 7 天、15 天这两个时间点，都有着明显的点击率变化。
- 时间窗。客户通常会有不同的精准度需求，所以需要提供对同一标签的不同的时间选择。这样可以灵活地满足不同的客户需求。

比如，某个标签的成本远低于客户的要求，那么客户就会希望要更多该标签的用户。这种情况下，就可以提供时间窗，允许客户自己加长标签采用的用户行为时间，比如从 30 天增加到半年。

11.7.3　问题解答

本节问题来自数据产品经理社群，包括标签系统效果、标签系统如何结合业务、标签的生产选择等三个问题。

问题一：怎样可以不只是将用户群标签化图谱，而是能有效地将应用落地、提升业绩？我曾经想过做用户画像，被上级反问一句“做完怎样提升业绩”，因为没想明白，就没做了。

回答：做画像不是目的，而是手段。画像本身不能独立产生业务价值，但是想要业绩提升，想做精细化运营管理，丰富的用户画像是基础。有对用户充分的认识，例如人口属性、长短期偏好、行为意图的挖掘，首先能将用户识别出来做分层，其次结合手头可调用的主动 / 被动的触达手段（push、广告、站内个性化承接等），尽可能转化每一层的用户，使漏斗效果达到最优。

问题二：最近接到任务做用户画像规划，结合精准营销场景和通用标签的视角，但不知道该怎么做。

回答：结合你司的业务逻辑，在什么场景下用画像、以什么样的方式解决问题已经很清楚了。首先，结合实际情况梳理对应的营销动作，找出这个环节中需要画像的哪些维度；然后，根据能拿到的用户行为数据，设计初版的标签结构，对于不同分类的标签按照不同的方式加工即可。

问题三：前期如果不做算法类，怎样实现呢？根据业务规则和理解，选择标签直采和组合吗？比如定义一个类似于这样的规则，“用户一天内点击彩妆页面 3 次，说明对彩妆感兴趣”，然后给各类别加权重吗？

回答：这个问题可以结合问题一及其问答一起来看。画像不是目的，是解决业务问题的手段。作为产品经理，我们在上手设计方案、考虑实现问题的前提时，一定要反复确认需求，要确认场景中的问题以及问题的真伪，确认问题是否需要画像来解决。

对于你这个问题，这样的标签可以设计为连续值标签来增加标签使用的灵活度，减少固定规则的开发，业务使用的时候根据场景自由组合即可。（标签名 = 点击彩妆次数，标签值为 0 起始的连续值，逻辑关系可设置为等于、不等于、小于、小于等于、大于、大于等于。）

标签的连续值设置页面示例：如果是末次活跃距今天多少天这样的连续值，一般会提供如图 11-11 所示的界面，可以让用户自由筛选条件。

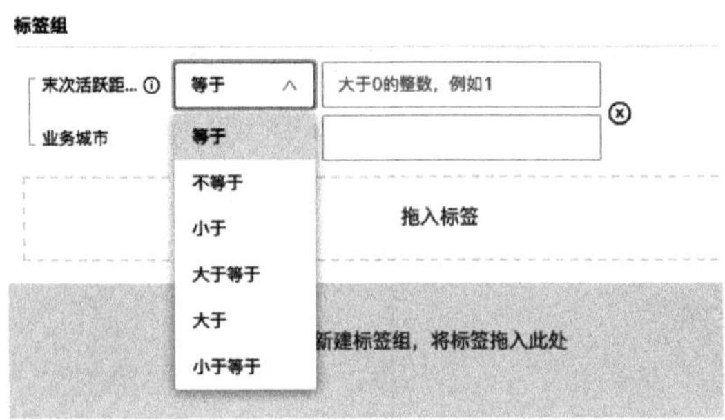

图 11-11　用户末次活跃距今天的时间筛选

后记 一个老数据人的杂谈

历经了 3 个月的时间，经历了写稿、改稿、审稿，再不断改稿的过程，终于和几个小伙伴一起完成了这本书，有种如释重负的感觉。在写书的同时，依然在知乎和微信群里为大家解答数据产品相关的问题，深感这本书是真的非常有必要快一点、再快一点让大家见到。

本书是多人合著的，所以在写作风格上可能有些差别，虽然这可能会对阅读体验有些影响，但是每一位作者都是从业多年、有实战经验的数据产品经理，相信这些经验能够为打算做数据产品经理的新手和要提升自己的数据产品经理带来帮助。

这本书注重数据产品经理的理论部分，旨在让读者对产品经理涉及的知识领域和理论体系有一定的认知。然而数据产品经理，特别是策略类的数据产品经理，更多的是需要有实际的环境去体验，才能知道会面对什么问题，如何解决。因此我们同时规划了第二本书，主要介绍数据产品经理在不同领域的实际案例，让大家可以对数据产品经理有更加真实的感受和认知。第二本书主体部分已经基本完成，应该很快也会和大家见面，大家可以期待一下。

数据产品经理在公司内属于比较垂直的体系，所以公司在需要做数据平台或者算法策略的时候，更希望由一个经验丰富的、可以快速给企业带来收益的数据产品经理来主导。特别是在竞争和生存压力越来越大的今天，企业对时间和收益的要求越来越高，这也就对数据产品经理这个岗位的要求越来越高。然而数据产品经理是最近几年才独立出来的岗位，真正设立这个岗位的公司并不多，而且大部分是大公司，还都在上升期，所以市面上可以找到的成熟数据产品经理很少。而这些大公司一旦有人员流失，他们更希望用应届的校招生来补充，然后培养，因为这样可以让自己的体系建设更加健康和稳定。所以虽然如今数据产品经理越来越火，需求也不断增多，但是要拿到好职位还是非常难的。

数据产品经理这一行就是这样，有比较高的入行门槛，这个门槛不仅是更高的垂直知识体系，还是工作经验。对于这个行业，没有工作经验，就没办法找到好的职位，没有做过这个职位，就得不到工作经验。经过仔细思考，我认为在一个需求增长的行业里面，大家还是可以做一些事情来让自己变得更有价值，更容易获得比较好的岗位。

通过这两本书的学习，是不是就可以顺利进入数据产品这个领域呢？这个问题一直有很多人问我，我也在问自己。我觉得大家还缺少一个积累经验的机会，所以建议大家主动出击，锻炼自己，增加自己进入这个行业的机会。

首先说一下是去大厂还是去小厂的问题。对于绝大部分职位，我始终建议如果可以，一定要去大厂，而且大厂是可以通过努力获得机会的。但是对于数据产品经理这个职位，由于上面提到的原因，直接进入大厂是很难的事情。所以对于非策略产品经理想转型策略产品经理的人士来说，可以考虑从小厂进入，积累经验，然后进入大厂。同时，现在很多传统厂商在进行互联网转型，比如 vivo 和 OPPO 这样的手机厂商，再比如龙湖和富力这样的房地产商，它们都在挖掘数据在自己产业中的价值，这个时候进入这些公司，积累经验，以后再去互联网大厂，也是一个很不错的选择。

再说一下如果没有机会直接成为数据产品经理，如何提升自己的数据能力。

如果目标是成为数据仓库相关的数据产品经理，可以和公司的程序员搭个伙，一起成长。目前数据仓库几乎成了中大型企业的标配，对于程序员来讲，搭建、运维及开发数据仓库经验是非常重要的经验，特别是在大数据越来越普及的今天，程序员也许可以试试另一条路。用这些吸引你身边有想法的程序员一起干，也许你们俩可以一起成为给公司带来变革的明星。

如果能够接受比较长期的逐步成长，可以考虑以开源项目为起点，安装数据仓库套件，这样一路走下来，可以对数据仓库的整体原理理解更深刻，不过这个过程对于程序员来说好处更多，积累也更多。如果希望在相对短的时间内快速成长，那么可以考虑一起使用阿里的 Dataphin。阿里的 Dataphin 可以帮你们绕过很多前进路上的磕磕绊绊，专注于解决问题和基于阿里云技术体系的解决方案。这种方案对于产品经理的成长来说好处更多，因为直接关注产品领域的问题，当然对程序员来说也是有收获的。当然，这种快速成长也是有代价的，Dataphin 的价格不算太便宜。可以按需购买，在能承受的范围内给自己一个很好的试验场。把自己公司的业务进行移植，总结公司现有解决方案和数据仓库解决方案之间的差异，成长为一个合格的数据仓库领域的数据产品经理是没有问题的。

如果目标是成为报表类型的数据产品经理，可以和业务配合，搭建能充分反映运营状况的报表。报表不仅包含运营当前最关注的指标，比如日活、月活、次日留存、7 日留存等，也要包括业务相关的能体现漏斗和用户分层的模型。通过多观察指标变化、漏斗及分层用户的变化或者迁移，与业务一起进行思考和结论沉淀。最终能够快速判断，业务的需求用哪种报表展示更合适，比如指标对比、指标曲线、指标变化率曲线、交叉指标、四象限坐标法等。

如果想进入策略类的领域，则要多和运营的小伙伴搭伙，关于增长的策略、关于用户生命周期的营销策略都是应该关注的。最终沉淀出提升转化和付费的方法论。

对于搜索、推荐及风控等领域，很难获得实验环境和经验，目前只能通过读书来了解。市面上关于搜索和推荐的书大部分是面向算法工程师的，对于产品经理不太友好，相对值得推荐的有《产品逻辑之美》和《推荐系统实践》。而对于以分享知识为快乐源泉的我来说，我很希望做一个可以实战的环境，给更多的产品经理使用，让大家可以真正感受这些领域的产品。这个计划需要的时间比较长，一旦搭建好，我会在我所能利用的所有渠道发布，尽可能帮助更多的小伙伴。

做了以上准备，也许你依然不能完全胜任数据产品经理的角色，但是你已经比一般的产品经理拥有更多的竞争优势。

最后的最后，说一下数据产品经理的成长路线和投入的时间。

初级阶段需要学习的是数据仓库相关内容，建议领域内的工作时长为 2 年以内。指标和报表相关内容，建议领域内的工作时长为 1 年左右。同时积累一些数据基础处理能力，优先推荐用 Excel 操作。要能够独立完成数据分析报告。

中级阶段需要学习的是增长类的策略，而且需要深耕，所以一般需要 2~3 年时间，在一个垂直领域走到中级阶段。在这个阶段，要对搜索、推荐及广告有一定的了解。要建立自己的分析体系和增长方法论。

高级阶段需要学习的是行业级的思维模式，深入了解推荐和搜索等架构的原理，可以给出行业级的解决方案，能够进行数据产品的梯队建设。

当然，由于每个人进入行业的职位不同，可能成长路线也不一致，上面只是给出了一种个人推荐的成长方式，也是成长起来比较扎实的方式。

虽然总觉得还有事情要写给大家，总觉得是不是还有些地方做得不够好，但是总要有个结尾。最后希望数据产品经理们能够在本书及本书姊妹篇的帮助下更快速地建立自己的知识体系，更好地完成自己的项目，成为更好的自己。同时，也希望大家和我们一起交流，在成长的道路上，我们携手前行。

李凯东

2020 年 8 月